2 见30页

在路上

全面的目的地指南
深入的调研、详细的内容以及贴心的提示

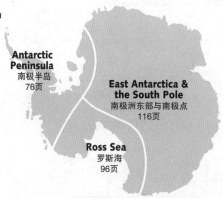

Southern Ocean
南大洋
30页

Antarctic Peninsula
南极半岛
76页

East Antarctica & the South Pole
南极洲东部与南极点
116页

Ross Sea
罗斯海
96页

U0332690

4 见220页

生存指南

重要的实用信息助你旅途顺利

交通指南

到达和离开

本书作者：

亚丽克西斯·艾弗巴克（Alexis Averbuck）

欢迎来
南极

探险

　　南极的震撼在于它的偏远、极寒，在于那里的巨型冰架、绵长山峦，更在于那片土地上各色珍奇的生物。无论是科学家、支援队员还是政府官员、游客，无论是搭乘航船还是飞机，踏上这片与世隔绝的大陆，都不是轻而易举的事。在这里，所有的旅行线路和时间安排只能视冰层和天气状况而定。你可以在开放海域观赏鲸鱼、探访企鹅群居地、拍摄壮丽的浮冰。游客甚至可以攀登南极山峰，或是在冰冷的水上划着皮划艇。而最令人叹为观止的还要属宏伟冰川上陡峭的裂缝，以及一望无际的极地冰盖。

野生动植物

　　受《南极条约》(the Antarctic Treaty)保护的南极大陆栖息生物种群早已适应了这个独特的家园。体型庞大的鲸鱼会迁徙到更远更广的地方；有些动物则总是生活在南极大陆周围，比如威德尔海豹(Weddell seal)和帝企鹅(emperor penguin)。数以百万计的海鸟掠过世界上最富足的海洋——南大洋的海面。信天翁、海燕等海鸟围绕着海面盘旋飞舞。南极野生动物不惧怕人类，面对游客，海豹们通常仅报以一个了无兴致的哈欠，企鹅们则忙着哺育幼鸟或躲避其他动物的猎食。有趣的是，人类的反应却刚好相反。

雪、冰、水、石——这纯粹的元素构成了南极，并赋予这片广袤的白色荒原独一无二的魅力。南极，怎一个"美"字了得。

（左）北部半岛，格雷厄姆地，冰拱门
（下）帝企鹅的幼崽

历史

探险家以及他们的君主和赞助人的名字刻在了南极洲的海岸上。著名探险家如库克（Cook）、阿蒙森（Amundsen）和斯科特（Scott）等都曾试图深入这片广袤而神奇的土地，也不同程度地获得了成功。游客大可追随他们的脚步，想象着乘坐嘎吱作响的木船艰难地破冰航行，或是拖着人力雪橇奋力穿越极地高原会是怎样一番境遇。探险家们的小屋有些至今仍然屹立不倒，保留在皑皑冰雪中，向人们述说着很久很久以前的探险故事。

灵感

南极洲有种无以名状的魅力，可以叫做灵感，也可以叫做壮丽……这是一种不能言传的感觉——置身这片广袤壮阔的土地，人仿佛化作了一粒微不足道的尘埃。在这片陆地上，布满沟壑的冰塔漂浮于几何形态的饼状冰块之间，几乎从未有人涉足的山峰，冲破海面雾气巍然耸立着，野生动物远离尘嚣、年复一年地循着自己的节奏生活着，任凭我们的思想在这鲜有人类印记的地方自由翱翔：这，就是神奇。

*注：南大洋通常指南极洲周围水域，即南纬50°附近的印度洋、大西洋和南纬55°～62°之间的太平洋海域。

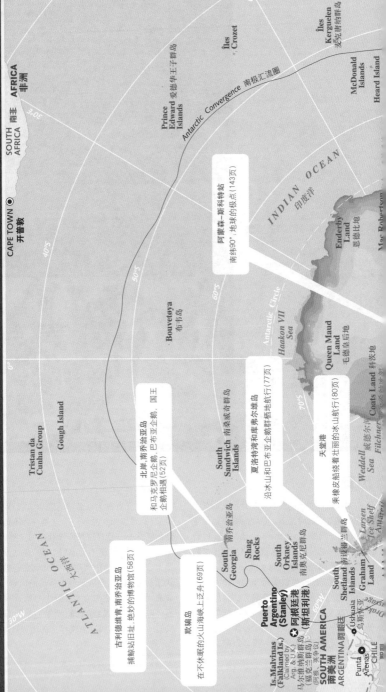

CAPE TOWN ● 开普敦

SOUTH AFRICA 南非

AFRICA 非洲

ATLANTIC OCEAN 大西洋

INDIAN OCEAN 印度洋

Antarctic Convergence 南极汇流圈

Tristan da Cunha Group

Gough Island

Prince Edward Islands 爱德华王子群岛

Îles Crozet

Îles Kerguelen 凯尔盖朗群岛

McDonald Islands

Heard Island

阿蒙森-斯科特站
南纬90°：地球的极点（143页）

北岸 南乔治亚岛 国王、和马克罗尼企鹅，巴布亚企鹅 企鹅相遇（52页）

Bouvetøya 布韦岛

South Sandwich Islands

Enderby Land 恩德比地

Mac. Robertson

古利德维肯，南乔治亚岛
捕鲸站旧址：绝妙的博物馆（58页）

欺骗岛
在不休眠的火山海峡上泛舟（69页）

South Georgia 南乔治亚岛

Shag Rocks

夏洛特湾和巴布亚企鹅群而此航行（77页）

天堂港
乘橡皮船绕着壮丽的冰山航行（80页）

Queen Maud Land 毛德皇后地

Coats Land 科茨地

Antarctic Circle 南极圈

Haakon VII Sea

Weddell Sea 威德尔海

Filchner

Larsen Ice Shelf

South Orkney Islands 南奥克尼群岛

Puerto Argentino (Stanley) ● 阿根廷港（斯坦利港）

South Shetland Islands 南设得兰群岛

Graham Land

Is. Malvinas (Falkland Is.) Claimed by Arg. & U.K.
马尔维纳斯群岛（福克兰群岛） (阿根廷，英争议)

SOUTH AMERICA 南美洲

ARGENTINA 阿根廷

Ushuaia 乌斯怀亚

Drake Passage 德雷克海峡

Punta Arenas

CHILE

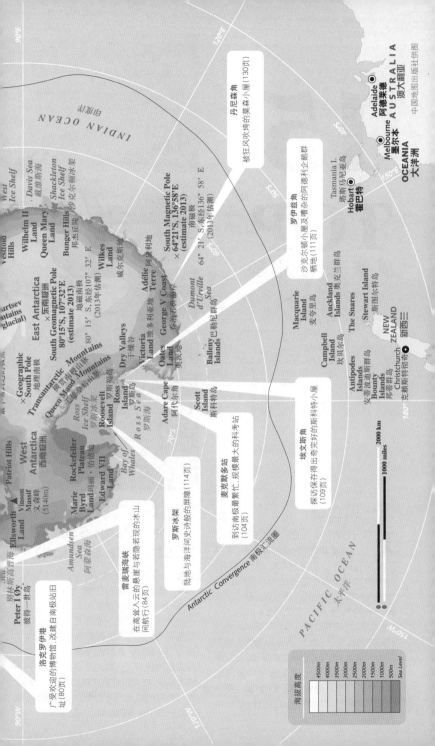

90°E

120°E

INDIAN OCEAN 印度洋

West Ice Shelf 威斯特冰架

Davis Sea 戴维斯海

Shackleton Ice Shelf 沙克尔顿冰架

Vestfold Hills

Wilhelm II Land 威廉二世地

Queen Mary Land 玛丽皇后地

Bunger Hills 邦杰丘陵

South Geomagnetic Pole 地磁南极
80°15'S, 107°32'E (estimate 2013)
80° 15' S, 东经107° 32' E (2013年估测)

Wilkes Land 威尔克斯地

East Antarctica 东南极洲

Adélie Terre 阿德利地

Victoria Land 维多利亚地

George V Coast 乔治五世海岸

South Magnetic Pole 磁南极
×64°21'S, 136°58'E (estimate 2013)
64° 21' S, 东经136° 58' E (2013年估测)

Dumont d'Urville Sea 迪蒙·迪维尔海

Ballery Islands 巴勒尼群岛

120°E

Adelaide 阿德莱德 AUSTRALIA 澳大利亚

Melbourne 墨尔本 OCEANIA 大洋洲

中国地图出版社供图

40°S

150°E

Tasmania I. 塔斯马尼亚岛
Hobart 霍巴特

丹尼森角
被狂风吹垮的莫森小屋 (130页)

罗伊兹角
沙克尔顿小屋及屠杀的阿德利企鹅群栖地 (111页)

50°S

Macquarie Island 麦夸里岛

Auckland Islands 奥克兰群岛

The Snares

Stewart Island 斯图尔特岛

NEW ZEALAND 新西兰

Campbell Island 坎贝尔岛

Antipodes Islands 安蒂波迪斯群岛

Bounty Islands 邦蒂群岛

Christchurch 克赖斯特彻奇

× *Geographic South Pole* 地理南极

Transantarctic Mountains 横贯南极山脉

Queen Maud Mountains 莫德皇后山脉

Dry Valleys 干燥谷

Oates Land 奥茨地

Adare Cape 阿代尔角

Scott Island 斯科特岛

埃文斯角
探访保存得出奇完好的斯科特小屋 (109页)

麦克默多站
到访南极景繁忙、规模最大的科考站 (104页)

Ross Sea 罗斯海

Ross Ice Shelf 罗斯冰架

Roosevelt Island 罗斯福岛

罗斯冰架
陆地与海洋间史诗般的屏障 (114页)

Bay of Whales

Marie Byrd Land 玛丽·伯德地

Rockefeller Plateau 洛克菲勒高地

Edward VII Land 爱德华七世地

雷麦瑞海峡
在高耸入云的悬崖与岩壁之间惊叹奇观的冰山 (84页)

West Antarctica 西南极洲

Ellsworth 埃尔斯沃斯

Patriot Hills

Vinson Massif 文森峰 (5140m)

Amundsen Sea 阿蒙森海

Peter I Oy 彼得一世岛

洛克罗伊港
广受欢迎的博物馆,改建自南极站旧址 (80页)

90°W

120°W

Antarctic Convergence 南极汇流圈

PACIFIC OCEAN 太平洋

150°W

180°

2000 km

1000 miles

海拔高度
4500m
4000m
3500m
3000m
2500m
2000m
1500m
1000m
500m
Sea Level

15
TOP
顶 级 旅 行 体 验

见一见企鹅

1 第一眼看见这些灵动的水鸟（见189页），便意味着你已置身南极洲。从身披燕尾服的娇小的阿德利企鹅（Adélie penguins）、眉毛浓密的马可罗尼企鹅（macaroni penguins），到世界上最大的企鹅——帅气逼人的帝企鹅（emperor penguins），南极让你有机会欣赏到这些独特的生物在海上、冰上、岸上自己地盘里的原生态生活。看着它们从水中跃出、在冰面上滑行，或是在喧闹嘈杂的企鹅聚居地边，看它们粗声鸣叫、嬉戏、孵卵、换羽或是照顾雏鸟。图中为国王企鹅（King penguins）。

阿蒙森-斯科特南极站（Amundsen-Scott South Pole Station）

2 一百年前，正是南极探险英雄年代，勇敢的探险家罗尔德·阿蒙森（Roald Amundsen）第一个来到南极点（the South Pole）（见135页）。一百年后的今天，这里仍是传奇、艰苦和光辉的象征。如今这里建造了一座新的高科技南极站，周围配备有最新科技的天体物理观测台设备。对于游客来说，在南极点随风摆动的旗帜、顶端为小地球的极点标志柱旁边拍张照片，确实是一生中难得的机会。

雷麦瑞海峡（Lemaire Channel）航行

3 悬崖陡峭的雷麦瑞海峡（见84页），一直是摄影爱好者和自然主义者的最爱。在淡粉色的天空下，冰川从高山向海洋缓慢移动。你乘坐的橡皮船滑过浮冰，浮冰上趴着的威德尔海豹慵懒地晒着太阳；而另一块浮冰上则挤满了喧闹的巴布亚企鹅（gentoo penguins）。不远处一头壮硕的雌性海豹正在享受饱餐后的小憩。图为穿过雷麦瑞海峡的小型航船。

埃文斯角（Cape Evans）

4 要到达罗斯海的埃文斯角（见109页）向来都非易事。在南极的阳光照射下，狗的骨架在沙土中渐渐褪色，仿佛低声倾诉着罗伯特·斯科特船长（Captain Robert Scott）的南极点死亡之旅。他的小屋内陈列着那次不幸的"特拉诺瓦"号远征（Terra Nova expedition）遗留下来的面貌，你可以走进船长的寝室，凝视那些保存完好的供给和摄影器材。图为斯科特小屋附近的木制十字架。

SCOTT DARSENY / LONELY PLANET IMAGES©

THOMAS PICKARD / AURORA PHOTOS / CORBIS©

沙克尔顿的小屋
(Shackleton's Hut)

5 欧内斯特·沙克尔顿(Ernest Shackleton)的猎人号远征(Nimrod expedition)小屋位于罗斯岛(Ross Island)的罗伊兹角(Cape Royds,见111页),令人惊讶的是,尽管历经百年的南极风暴侵袭,这座小木屋仍然完好无损而又温馨如故。彩色玻璃药瓶沿着架子摆放,毛皮睡袋静静躺在睡铺上。一罐罐食物堆放在地上,等待着再也回不来的就餐者。阿德利企鹅夏季在罗伊兹角繁殖。

天堂港
(Paradise Harbor)

6 20世纪初在南极半岛海域的捕鲸者们讲求实际,很少感情用事,但他们显然被恢弘的冰山和周围群山的美丽倒影所震撼,便把这里叫做天堂港。巴布亚企鹅和鸬鹚把这里当做它们的家。在这里爬上山顶可以欣赏到壮观的冰川景色。如果你足够幸运,也许还能目睹冰川的崩解。

南乔治亚岛, 古利德维肯 （South Georgia, Grytviken）

7 高大的花岗岩墓碑下长眠着英国探险家欧内斯特·沙克尔顿。墓碑位于古利德维肯捕鲸者公墓的后方（见60页）。这座废弃的捕鲸站如今仍沾染着它过去的行业印记，南乔治亚博物馆让人了解捕鲸者的生活以及南乔治亚的历史和野生动植物。与此同时，几只海豹正拖拽着身躯在捕鲸站古朴的白色隔板教堂外活动着。

欺骗岛（Deception Island）

8 欺骗岛（见69页）的"骗人"之处体现在多个方面，秘密港口、火山灰覆盖的雪坡以及位于贝利海角（Baily Head）的隐蔽的帽带企鹅（chinstrap penguins）聚居地。欺骗岛提供了使人们可以在火山中航行的机会。欺骗岛如今有巨大的火山喷发可能，但因为有废弃的捕鲸站，这里仍是工业考古者们的最爱，有些游客会在岛上温热的地热水中短暂地嬉游一下。

洛克罗伊港的南极博物馆 (Antarctic Museum at Port Lockroy)

9 每年都会有成千上万的游客涌入布兰斯菲尔德博物馆 (Bransfield House)。A基地 (Base A) 的这座主建筑坐落于洛克罗伊港 (见80页),修建于第二次世界大战期间。人们不仅能在备货充足的纪念品商店尽情购物、在繁忙的邮政所邮寄明信片,还能在博物馆里参观曾使用过的物品。

夏洛特湾和库弗维尔岛 (Charlotte Bay & Cuverville Island)

10 你如何从南极半岛那么多壮观的、大大小小的海湾中选出最爱的一个?夏洛特湾 (见77页) 毫无疑问是个有力竞争者。和天堂港一样,这里也布满了新近崩解的冰,倒映在平静的海面上。许多邮轮会来一探究竟。不远处的库弗维尔岛是巴布亚企鹅最大的冰上聚居地之一,你将和几千对的企鹅共览美景。

与鲸的亲密接触

11 航行于漫漫南大洋之上，最吸引人的莫过于有机会目睹迁徙的鲸（见184页）在蕴藏丰富磷虾的水域中洄游。一旦靠近陆地，如果你乘坐的是橡皮船，那体验的就不仅仅是目睹鲸了：你将有机会靠近鲸鱼，体验一次"鲸浴"。鲸鱼喷水时就在船旁发出巨大的"呋~~~!"声，而你就将沐浴在带着鱼腥味的水雾之中。在冰缘线附近，你可以寻找成群结队捕猎的逆戟鲸（orcas）。图为浮出冰面的逆戟鲸。

丹尼森角 (Cape Denison)

12 1911年，在为澳洲南极远征队基地选址时，道格拉斯·莫森（Douglas Mawson）和他的队友们万万没有想到，这片靠近丹尼森角（见130页）的联邦湾（Commonwealth Bay）东部地区，由于下降风驱使，使这里成为地球上风力最强的地方之一。莫森称之为"暴风雪之乡"。高达160公里/小时的咆哮狂风会来阻止人们在此登陆。但如果成功上岸，你就会发现探险家们留下的小屋虽饱受狂风侵袭，依然不屈地抓着地面。

RALPH HOPKINS / LONELY PLANET IMAGES©

DAN LEETH / ALAMY©

HOLDINGS LTD / ALAMY©

皮划艇

13 南极半岛的多冰水域造就了世界上最不同寻常的划桨体验之一。想象一下你泛舟于高耸的冰山与色泽曼妙的浮冰之间，浆叶划破冰冷凛冽的水面。海豹从船下一溜而过，企鹅匆匆下水又很快聚集在岸上。海鸟飞离崖顶的鸟巢在天空盘旋，而你恰恰置身于这片美景之中。多个邮轮可以提供皮划艇活动。

麦克默多站（McMurdo Station）

14 这座南极洲最大的基地被亲切地称为Mac Town（见104页），它由美国运营，是转往南极内陆的中心枢纽。基地本身混乱排列的建筑可能看起来像是一座国际成人夏令营。大型C-5运输机偶尔会在海冰跑道上降落，但是通常只有小型飞机和摩托雪橇在基地忙进忙出，搭载科学家们往返于野外站点和中心的科学大楼。旅行者们不禁被正在进行的科研工作带来的激动人心的气氛所感染。

罗斯冰架（Ross Ice Shelf）

15 这一耸立在罗斯海之上的片状冰架，曾经是令许多南极探险家望而却步的屏障。事实上，罗斯冰架（见114页）从前就被称为"屏障"，尽管它最薄的部分（近100米厚）是朝向大海的。冰架在内陆与冰川相遇，冰板厚达1000米。而这整个漂浮的冰架竟达520 000平方公里之广阔，阿蒙森和斯科特的南极点远征路线都曾经过这里。

行前参考

面积

» 1400万平方公里——约是中国领土面积的1.5倍

访客数量

» 游客（2011）：26 519

» 工作人员（2011）：2 101

» 船员（2011）：17 725

» 科学家和后勤支持人员（夏季）：4 500

何时去

Grytviken, South Georgia
古利德维肯，南乔治亚岛
10月至次年3月前往

South Shetland Islands
南设得兰群岛
11月至次年3月前往

Antarctic Peninsula
南极半岛
11月至次年3月前往

South Pole
南极点
12月至次年1月前往

Ross Island
罗斯岛
12月至次年3月前往

寒冷气候
极低气候，终年零度以下

每日预算

低于US$10 000

» 邮轮旅行最低价为US$4500，提供10天航程（其中3天在亚南极群岛和南极半岛活动），4人间客舱，共用卫生间

» 飞行旅游最低价为AU$999

介于US$10 000～US$30 000

» 20天航程（福克兰群岛*，南乔治亚岛，亚南极群岛，南极半岛）最低价为US$12 750

» 较高端的客舱：US$16 000起价

空海联航旅游最低价为US$10 000

高于US$30 000

» 高端旅游项目包含20天航程，提供带阳台的套房（US$32 995），可乘飞机到达内陆南极点（US$42 950），由导游带领攀登文森峰（Vinson Massif）（US$38 000）

旺季
（12月和1月）

» 每日可享受长达20小时的阳光，一年中主要的南极游客潮就在这段时间到来。

» 此时的白天是南极大陆最温暖的时候。

» 企鹅孵蛋、哺育幼鸟；海鸟高飞。

平季
（11月和2月至3月）

» 11月：冰块破裂，企鹅求偶。

» 2月和3月：观赏鲸的最佳时机，此时企鹅幼鸟开始长羽毛。

淡季
（4月至10月）

» 连续的日出日落使得天空美轮美奂，但隆冬时节除外，那时每天24小时的黑暗将笼罩南极。

» 在这里越冬，可见到南极光（aurora australis），体验与世隔绝和极低气温。

*福克兰群岛为英国和阿根廷争议岛屿，阿根廷称"马尔维纳斯群岛"，由大马尔维纳岛（英称"西福克兰岛"）、索莱达岛（英称"东福克兰岛"）和附近200多个小岛组成，首府阿根廷港（英称"斯坦利港"）。其居民多为英国移民及其后裔，大部分居住在索莱达岛。1982年4月，英国与阿根廷曾因其归属引发了马尔维纳斯群岛战争（英称"福克兰群岛战争"）。为方便读者阅读，本书按作者原稿译述，特此说明。

管理方式

» **南极条约**(www.ats.aq)2012年为止有50个国家签署该条约。

签证

» 无须签证；来自南极条约签署国家的旅行社、游艇、研究人员、独立探险者需要通行证（见220页）。

通信

» 普通移动电话在南极洲无法使用。船只上提供卫星通信设备但价格高昂；不同地点和天气条件下通信服务也有所不同。

时间

» 南极洲没有时区。大部分船只的时钟以出发港口为准。

» **智利**：比格林尼治时间晚4小时

» **阿根廷**：比格林尼治时间晚3小时

网络资源

» **国际南极旅游经营者协会**（International Association of Antarctica Tour Operators）（www.iaato.org）负责任的旅游；大量信息

» **南极遗产信托**（Antarctic Heritage Trust）（www.nzaht.org）历史小屋保护

» **第27次南极中山站站长日记**（blog.sina.com.cn/Chinarezhaoyong）中国科考人员讲述的南极那些事

» **Lonely Planet**（www.lonelyplanet.com/Antarctica）信息；旅游者论坛

» **皇家地理协会**（Royal Geographical Society）（http://images.rgs.org）摄影启示

实用术语与缩写

以下一些主要术语和缩写是在极地旅行中常听到的，欲了解更多，参见术语表（228页）。

» **ANARE**澳大利亚国家南极研究探险队（Australian National Antarctic Research Expeditions）

» **南极圈**（Antarctic Circle）五条主要纬线之一，其南侧全部属于南极洲

» **南极汇流圈**（Antarctic Convergence）（极面）温度较低的南极海流和温度较高的北方水流在该区域融汇

» **ASPA**南极特别保护区（Antarctic Specially Protected Area）

» **BAS**英国南极调查所（British Antarctic Survey）

» **IAATO**国际南极旅游经营者协会（International Association of Antarctica Tour Operators）

» **IGY**国际地球物理年（International Geophysical Year）1957~1958

» **IPY**国际极地年（International Polar Year）2007~2009

» **NSF**美国国家科学基金会（National Science Foundation）；美国政府负责美国南极计划的部门

» **USAP**美国南极计划（US Antarctic Program）

现金

» **船只**：选择船上使用的货币；通常采用的是记账体系，你先签单确认自己的花费，最后用现金或信用卡结算

» **南极站商店**：通常使用南极本地货币或美元

» **智利**：智利比索

» **阿根廷**：阿根廷比索

» **福克兰群岛**：英镑和本地货币（福克兰群岛镑）；与英镑1:1兑换

» **ATM机/银行**：南极洲没有ATM机或银行供游客使用；准备好现金和信用卡

负责任的旅行

南极旅行的最大挑战之一在于如何最好地维持当地的原始环境。每年成千上万的游客到访南极半岛，几乎有一半的人都是游览相同的地方。南极洲受《南极条约》（www.ats.aq）保护，其游客准则简明而容易遵循（参见179页了解更多细节）。此外，预订一家注重环保的旅游运营商也十分重要，这会有效地减少对海洋和陆地的污染（见225页和www.iaato.org）。违反《南极条约》准则的行为将面临高达US$10 000（适用于美国公民）的罚款，甚至会招致牢狱之灾（适用于英国公民）。

如果
你喜欢

野生动物

从亚南极群岛到南极洲的冰封大陆，南极洲的珍禽异兽在其独特的环境中生存着。在船上或岸上观赏鲸和企鹅的体验令人激动。你可以观察海滩王者象海豹（elephant seals）声嘶力竭地保卫它们的地盘；或者欣赏海鸟沿着峭壁盘旋鸣叫。

企鹅聚居地 各种喜爱群居的企鹅总能给人带来一些最有娱乐性的画面。（见189页）

赏鲸 观赏小须鲸喷水，逆戟鲸成群结队地巡游，如果你足够幸运，还能遇见庞大的蓝鲸摆动着尾鳍。（见184页）

观察海豹 探寻海狗的大规模群居地，或是孤独的豹海豹和罗斯海豹。（见187页）

海鸟聚居地 观赏信天翁、海燕、鸬鹚等海鸟，南大洋周围有着数以百万计的鸟类。（见192页）

南乔治亚岛 这里的动物众多，北部海岸尤为突出：象海豹和海狗，群居的企鹅以及各类海鸟。（见55页）

历史

追随世界上最伟大的探险家的脚步，他们的先锋远征留下了许多值得你探寻的遗产。

古利德维肯 南乔治亚的捕鲸站、博物馆、墓地（沙克尔顿墓就在这里）和小教堂。（见58页）

洛克罗伊港 南极半岛最有人气的博物馆，位于经过修复的历史建筑内。（见80页）

沙克尔顿的小屋 保存完好的小屋，内有南极探险英雄时代的非同寻常的遗留物品。（见111页）

斯科特的特拉诺瓦小屋（Scott's Terra Nova Hut） 保存得相当完好，展现了那场注定难逃一劫的远征的时代背景。（见109页）

莫森的小屋（Mawson's Hut） 在狂风肆虐的海岸上，勇敢的澳大利亚籍船长莫森充分利用了这座小屋。（见131页）

博克格雷温克小屋（Borchgrevink's Huts） 南极洲历史最悠久的建筑，是南极第一批越冬者的家园。（见98页）

博物馆 斯坦利港［Puerto Agentino（Stanley），见43页］和乌斯怀亚（Ushuaia，见33页）为遥远南方的生活创造了条件。

探险

南极洲注定是探险家的乐园。单单踏足这片陆地，就已经是一生中难得的一次探险。但是对于那些想要挑战极限的人来说，这里还有更多选择——攀登内陆山脉、尝试水肺潜水。

皮划艇 冰川、悬崖、天空下，奋力划桨，劈波斩浪。

登山 同南极大陆或是亚南极群岛众多偏远的山脉一样，南极洲最高峰文森峰（Vinson Massif，见88页）对登山者充满了吸引力。

乘直升机到达干燥谷（Dry Valleys） 只有少数幸运者能够到达这片远离尘嚣的地带。（见100页）

南极点 当然，南极洲所有一切的重头戏就在南极点。你可以飞越南极点或是在这里进行越野滑雪。（见135页）

欺骗岛温泉 想要在南极洲游泳？那还是来这些温暖的火山温泉吧。（见72页）

水肺潜水 专业潜水者可以潜入神秘的海底深处。

TOBIAS BERNHARD / GETTY©

» 罗斯群岛（Ross Islands）埃文斯角（Cape Evans）附近的潜水者和水母

冰山与冰川

准备好吧！阳光下南极的浮冰折射出璀璨的光芒，一定会让你啧啧赞叹。无论是漂浮在水面的一小块冰山，或是巨型平顶冰山，或是新近崩解的冰块，还是冰川的小圆齿状冰舌，你都能在这里找到。

天堂港和尼可港（Neko Harbor） 在南极洲最壮观的两处海湾的海面上，倒映着最新崩解形成的冰山。登高远眺，可以欣赏到蔚蓝的冰川胜景。（见80页和见77页）

雷麦瑞海峡 真是难以选择……是拍壮美的悬崖好呢，还是摄晶莹的冰山好呢？（见84页）

兰伯特冰川与埃默里冰架（Lambert Glacier & Amery Ice Shelf） 世界上最大的冰川之一，是无数平顶冰山的源头。（见124页）

罗斯冰架 冰山轰隆隆地从"屏障"崩离——从前探险家们曾这么称呼罗斯冰架。（见114页）

希望湾（Hope Bay） 南极半岛观平顶冰山最佳地点之一。（见88页）

罗斯海冰川 追寻沙克尔顿、阿蒙森和斯科特的南极探索路线，攀登比尔德摩尔（Beardmore）和阿克塞尔海伯格（Axel Heiberg）冰川。（见138页）

科学

南极洲的环境广袤而独特，适合科学研究。来自世界各地的研究者们来到这里研究这片神奇的大陆和未知宇宙。你时不时会看见这些科考人员正在工作。

克拉里实验室（Crary Laboratory） 游览麦克默多高科技实验室的水族馆。（见107页）

南极点 这里正在进行非常复杂的探测工作：从外太空（望远镜、中微子探测器）到地下（地震仪）。（见145页）

乔治王岛（King George Island） 这座小岛上集中了13座南极站。（见65页）

罗瑟拉站和帕默站（Rothera & Palmer Stations） 两座忙碌的南极半岛基地。（见86页和见81页）

伊丽莎白公主南极站（Princess Elisabeth Antarctic Station） 南极第一座零排放基地。（见121页）

埃里伯斯火山（Mt Erebus） 世界上拥有常年对流岩浆湖的三座火山之一。（见112页）

莫森站 南极圈南侧历史最悠久的科考站。（见123页）

人迹罕至的地带

南极洲东部的大部分基地除科学家外鲜有人踏足，亚南极的部分岛屿一年也只有寥寥几人到访。

沃斯托克站（Vostok Station） 激动人心的科研场所，以及南极冰盖上最寒冷的气温。（见132页）

冰穹A（Dome A） 南极高原制高点；多年来中国科学家们在这里建成了中国南极昆仑站。（见135页）

干燥谷 这里无人居住，但生活着各种微生物，还有奇异的湖泊，狂风雕琢出的风棱石。（见100页）

丹尼森角（Cape Denison） 莫森的这片海岸狂风肆虐，登陆十分困难。（见130页）

阿代尔角（Cape Adare） 迷人的企鹅、历史悠久的小屋……但是难以踏足。（见98页）

威德尔海（Weddell Sea） 船只无法深入，因此很少有人见识过这里的龙尼（Ronne）冰架和菲尔希纳（Filchner）冰架。（见91页）

南极洲东部和罗斯海 南极大陆最偏远的地带就是这里及其周边岛屿。

最不易到达的极点（Pole of Maximum Inaccessibility） 正如其名一样：世上最遥远的极点。（见146页）

旅行线路

无论你有6天还是60天，这些线路安排都是你开启这个绝无仅有的旅程的绝佳参考。想要获得更多启发？前往我们的网站lonelyplanet.com/thorntree与其他旅行者畅谈。

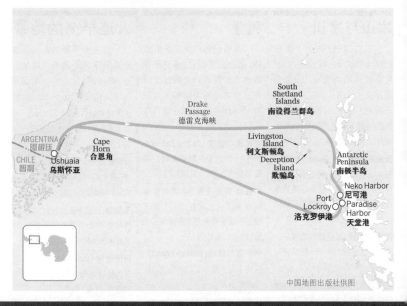

中国地图出版社供图

7至14天
南极半岛

> 南极半岛之旅是了解南极洲及其野生动植物的绝佳入门之选，这里也是最受欢迎的南极冰盖旅行目的地。

航行旅程各有不同，但是邮轮大都从阿根廷的**乌斯怀亚**出发，然后穿越**德雷克海峡**。穿越海峡的时间因船只大小和天气好坏，从一天半到三四天不等。

旅程的第一个登陆点可能会选在**南设得兰群岛**的某个小岛上。最受欢迎的停靠地一是**欺骗岛**，这是座活火山，其中隐藏的"圆形露天剧场"是南极半岛地区最大的帽带企鹅聚居地；另一个是**利文斯顿岛（Livingston Island）**，在那儿可以看见企鹅和打滚儿的象海豹。

接下来，你将顺流而下来到南极半岛。你可以乘坐橡皮船游览宛若天堂的**天堂港**，或是沿着**尼可港**隆隆作响的冰川航行，向着**洛克罗伊港**的博物馆进发。

返航途中，留心注意紧邻港口一侧、捕捉传说中的**合恩角（Cape Horn）**海岬掠影。

ATLANTIC OCEAN 大西洋

Grytviken 古利德维肯
Prion Island 普利昂岛
St Andrews Bay 圣安德鲁斯湾
South Georgia 南乔治亚岛
Salisbury Plain 赛利斯博瑞平原
Shag Rocks
Puerto Argentino(Stanley) 阿根廷港(斯坦利港)
Is.Malvinas(Falkland Is.) (Claimed by Arg. & U.K.) 马尔维纳斯群岛(福克兰群岛) (阿根、英争议)
South Orkney Islands 南奥克尼群岛
South Shetland Islands 南设得兰群岛
ARGENTINA 阿根廷
CHILE 智利
Ushuaia 乌斯怀亚
Drake Passage 德雷克海峡
Antarctic Peninsula 南极半岛
中国地图出版社供图

14至20天
南极半岛,南乔治亚岛和福克兰群岛

这一旅程包括受旅行者欢迎的半岛地区,这里有无数令人惊叹的野生动物和景色,还有风光旖旎、历史悠久的南乔治亚岛。这一地区因沙克尔顿而声名远播,也是国王企鹅和海狗的大型聚居地。你还可以途经沙格岩(Shag Rocks)到访孤独的南奥克尼群岛(South Orkney Islands),在动植物繁多、民风友好的福克兰群岛逗留几天。这条路线尽管在海上耗时略多,但却受到越来越多旅行者的追捧。

从阿根廷**乌斯怀亚**出发,你可以直行至南极半岛,再驶向南乔治亚岛(优点是顺着盛行的西风而行),或者也可以逆向行驶(即逆西风而行,因此前方海面常常波涛汹涌)。这里,我们建议采用这样的线路:穿过**德雷克海峡**向南行进,经停**南设得兰群岛**,然后继续前进,到访**南极半岛**;参见南极半岛旅行线路。

离开南极半岛后,向东前行(顺着海流而行,可以提高航速,且旅行更加舒适)。若天气晴好、时间充足,则可去**南奥克尼群岛**看看。这里曾是早期海豹猎捕者、捕鲸者生活的基地。接下来航经过孤独的、海浪拍打的**沙格岩**时,你可以寻找同样名叫Shag Rock的鸟类(鸬鹚),还有偶尔出没在富含磷虾的海域中饱餐的鲸群。

你在**南乔治亚岛**的第一次登陆可能会是**古利德维肯**,这里有一座废弃的捕鲸站,博物馆和欧内斯特·沙克尔顿墓。

你一定不会错过南乔治亚岛令人叹为观止的野生动物——它们无处不在! 该地亮点包括**圣安德鲁斯湾(St Andrews Bay)**和**赛利斯博瑞平原(Salisbury Plain)**,在这里你可以观赏到上千只国王企鹅滑稽的姿态。岛屿湾(Bay of Isles)近海的**普利昂岛(Prion Island)**是观看濒危的信天翁,欣赏其翱翔、栖息的绝佳地点。

返回乌斯怀亚的途中,可顺访**福克兰群岛**。你可能会在两座外岛之一登陆,岛上满是企鹅、海豹和信天翁。再在群岛迷人的首府**阿根廷港(斯坦利港)**度过半天时光。

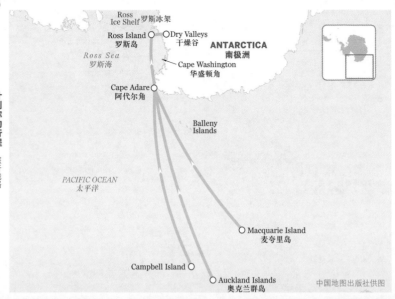

计划你的行程

旅行线路

中国地图出版社供图

18至28天

罗斯海

这里气温更低、风更猛烈，平顶冰山更丰富，野生动物更稀少。罗斯海坐拥南极洲最壮观的地形。作为探险者前往南极点的门户，该地区有南极大陆最丰富的历史遗产：探险家罗伯特·F.斯科特（Robert F Scott）、欧内斯特·沙克尔顿（Ernest Shackleton）和卡森·博克格雷温克（Carsten Borchgrevink）带领的英国南极远征队的小屋。这条旅行线路还将到访繁忙的美国、新西兰科考站，以及野生动物资源丰富的环南极洲岛群。

从澳大利亚或新西兰港口出发，在**南大洋**上度过几天时间，既避免了晕船，又可观赏多姿多彩的海鸟。根据你的路线安排，可选择停靠在**麦夸里岛（Macquarie Island）、坎贝尔岛（Campbell Island）**或**奥克兰群岛（Auckland Islands）**，这些岛屿都以海鸟和狂风而闻名。邮轮经过巴勒尼群岛（Balleny Islands）恐怖、冰封的海岸后，如果风力适宜可在**阿代尔角**停靠，你可简短地造访南极洲第一批建筑以及庞大的阿德利企鹅聚居地。然后航船向右转舵，向南前行，进入**罗斯海**，映入眼帘的是漂浮在海面上壮观的**罗斯冰架**，其面积和法国国土一样大。你还将路过**华盛顿角（Cape Washington）**，这里是世界上最大的帝企鹅聚居地之一。

接下来，到访**罗斯岛**，这里坐落着**埃里伯斯火山**，火山有一座冒着泡、蒸汽缭绕的熔岩湖。如果你足够幸运，甚至浮冰都不会危及安全，那么你将有机会先后到访三座历史小屋——位于 **Hut Point** 的斯科特的发现小屋（Scott's *Discovery* hut），位于**罗伊兹角（Cape Royds）**的沙克尔顿的尼姆罗德小屋（Shackleton's *Nimrod* hut）和位于**埃文斯角**的斯科特的特拉诺瓦小屋（Scott's *Terra Nova* hut）——如果斯科特和他的手下从南极点返回途中没有遇难，他们早已回到这座小屋。

大多数邮轮都会到访罗斯岛的人类社区之一，不规则形的美国**麦克默多站（McMurdo Station）**和/或新西兰的生态友好型**斯科特基地（Scott Base）**。在这里你将有机会了解南极科研工作，也可采购一点纪念品。极少数配有直升飞机的可安排简短地游览**干燥谷**，这里有古老的风棱石，奇异的湖泊和水塘。游览完毕，便该向北踏上归途、回到温暖的气候之中去了。

计划你的南极之旅

最佳活动
野生动物观赏: 观赏鲸、海豹、海鸟和企鹅
海岸游览: 乘坐橡皮船
摄影: 拍摄动植物, 壮观的冰山和陆地
船上学习: 参加南极专家举办的讲座, 观看野生动物或探险视频
历史体验: 探索历史小屋以及独特的南极博物馆

另辟蹊径的旅行路线
游轮探险活动: 部分线路附带探险活动(通常需额外支付US$600起); 有经验的划桨爱好者可选择海上皮划艇, 资深的潜水爱好者可选择水肺潜水, 也可以选择短期的露营和登山活动
乘飞机深入南极洲内部: 包括攀登、滑雪、露营和远足, 适合身强体壮、经验丰富、时间和预算充足的探险者
乘私人游艇航行: 到达人迹罕至的南极冰盖

到访这片遥远、蛮荒的大陆, 是一生一次的难得旅行。你将有机会体验通常只能在电视上看到的场景。除独自探险外, 参加邮轮团队游是这里最常见的旅行方式。这样做的优势在于, 游客的周转、餐饮和住宿都可集中安排在一艘船上。同时还避免了在南极洲脆弱的环境中建造陆上设施。

不管怎样, 旅行方案的制订都非易事: 本章目的就是帮助你计划属于你的终极南极洲之旅。

旅行预订

何时去

南极旅行季持续约五个月, 即每年11月到次年3月, 每个月都有独特的亮点(见14页)。选择旅行季稍晚的时候出行, 邮轮不至于十分拥挤; 但若出发太晚, 很多动物就已从陆地迁徙至海洋里去了。

何时预订

早点预订你的南极之旅才是明智之举: 一旦决定下个旅行季启程, 1月至5月便是最佳预订时段。旅行团很快就会预订满, 所以你预订得越早选择的余地就越大、享受的折扣也越多。

经济的南极洲之旅

南极洲旅行十分昂贵。但是除了在那里工作之外（所有费用免单），还是有一些省钱绝招的。

尽早预订，可享受部分邮轮公司的大额早订折扣：例如，在4月份或5月份前就预订好下一旅游季可获得25%的优惠。

在乌斯怀亚，如果船上碰巧有空余舱位，那么就有可能获得"最后一分钟"的超值预订。但由于南极邮轮大都在几个月前就预订得满满当当，所以在旅游季开端（11月和12月初）或末尾（2月中旬以后）预订成功的机会较大。"最后一分钟"的价格至少需US$4500，但不论舱型，价格均一，极少数时候甚至能订到套房！包含南乔治亚旅行的"最后一分钟"预订价格在US$6500~8500。查看**Ushuaia Turismo**（📞02901-436003; www.ushuaiaturismoevt.com.ar; Gobernador Paz 865, Ushuaia），浏览网站www.tierradelfuego.org.ar/antartida。

船只种类

乘坐小型船只（载客少于100人）的游客，上岸旅行待的时间要长很多，通常还可以更从容地自由漫步。大型船只更加舒适，在风高浪急海域更平稳，也能更快地穿越德雷克海峡（Drake Passage）。不过大型船只对环境影响更大，一旦发生事故也面临较大的救援挑战。200人以下的船可在大多数地点停靠。500人以上的游船禁止在任何地点停靠。见225页的团队游运营商/船只列表。

在上层甲板上活动更易引发晕船，所以下层甲板的客舱（通常更便宜）可能更舒适。

费用

在南极洲旅行十分昂贵。南极洲地理位置偏远，在那里组织团队游费用高昂。但是价格只是旅游选择中的一项因素：有时候支出增加一点，你就能得到深入得多的旅行体验，对于可能是一生只有一次的旅行来说，这一点尤为重要。

US$5000大致是南极行的最低价，这个价位一般包括：乘坐小型船只，在南极只有3天或4天能登陆，住宿条件大致是四人间客舱，走廊尽头设有公共浴室。但是不是所有船都提供这种四人间客舱。条件稍好的价格也会急剧上升；高端客舱价钱可能是上述房型的8倍。大型船只（超过400名游客）提供的两人间，价格上可能与小型船只四人间差不多，但居住体验大相径庭。

独自旅行者需要为单人间支付额外费用（常规费用1.5倍或以上）。如果你愿意与另一名同性别的独自旅行者共用房间，每人将支付常规费用。

见14页预算中关于价格区间的更多信息介绍。

退款政策

每一运营商都各不相同，因此要在预订之前仔细检查。有些机票是完全不支持退款的。强烈推荐购买旅行保险（见221页），大多数运营商都有提供。取消预订退款扣费高低不等：

» 提前120天以上退订：US$500~750
» 提前60~120天退订：票价20%~50%
» 提前少于90天退订：不可退款

向你的团队游运营商问哪些问题

☐ **在南极洲度过的时间到底有几天？**这或许是最重要的问题。许多团队游都在南美洲或福克兰群岛过夜，且穿越南大洋往返需数天。所以一定要问清运营商有几天计划安排登陆。多花一点钱，你可能在南极多待几天。

☐ **旅行报价中包括什么内容，以及不包括什么内容？**机票？大多数旅行都不包括这一项。港口费？可能使你的花费增加几百美元。那么各种费用呢（例如智利和阿根廷的US$140的"对等处理费"）？

☐ **乘坐什么类型的船只？**一般"破冰船（icebreaker）"相比"驱冰船（ice-strengthened）"能穿过厚得多的冰层，但破冰船吃水较浅，意味着在大风浪海域晃动较大。

☐ **船上有多少游客？** 最小的船仅容纳不超过60人，最大的船可承载1000多人。

☐ **船上气氛如何？** 较小船只上氛围更加亲密，而大船则可享受更多独处的时间。

☐ **遇到事故如何救援？**

☐ **旅行运营商是否是国际南极旅游组织行业协会（International Association of Antarctic Tour Operators，简称IAATO）成员？** IAATO是一家行业组织，旨在促进负责任的南极旅行。

☐ **其他旅客都是哪些人？** 观鸟爱好者或校友团等有特殊偏好的群体有时会买下某一船只的大部分客舱。人们大多说哪种语言？

☐ **讲师是谁？** 每艘邮轮的讲师质量、热情度都有所不同。举办高质量的讲座需要讲师融会贯通、风趣幽默，并与听众积极互动。有时优秀的科学家不一定就是优秀的讲师。船上是否有专用讲堂？

☐ **船上是否搭载直升机？** 直升机可飞到橡皮船无法到达的地点。

☐ **船上有哪些通讯方式？** 船上是否提供卫星电话、互联网？费用如何？

☐ **船上能否满足一些特别要求？** 饮食限制，互相连通的客舱等。

☐ **有哪些行李限制？**

旅行选择

游艇

有的游客选择搭乘私人船只到达南极洲，此类船只通常是装备有辅助发动机的帆船。其中一些游艇（见226页）定期驶往南极洲，大部分从阿根廷的乌斯怀亚或福克兰群岛的斯坦利港出发。这些游艇主要租赁给私人远征队和摄制组等商业团体，但大多数也搭载能帮助航行的付费旅客。

驶往南极洲的航行不是轻松的事。可靠的发动机、客舱加热器、能够承受海冰和岩石冲撞的强壮的船体、大型锚和锚链，以及富有经验的船员都是安全航行的保障。另外，过硬的身体、心理素质也是不可或缺的条件。只有这样才能应对这一长达数周、与世隔绝的艰苦旅

行。还有，要有充足的食物、燃料、衣物和备件储备，足够使你在旅行途中自给自足。

游艇到访南极洲需要获得通行证，因此应联络你的租船公司和国家机构咨询你需要准备什么。

其他选择

» 飞往南极洲内部的航班 多家公司提供飞往南极大陆的航班，到达后会继续导览探险游。行程可能还会包括飞行或滑雪穿越南极点，或者攀登文森峰等项目。见224页。

» 飞行旅游 坐飞机是观赏南极洲最快捷、廉价的方式（13至14小时，10 000公里往返旅行）。尽管没有着陆，但从高空欣赏南极大陆也是一种独一无二的视角——这是在海平面上无法获得的。飞越南极站时可以看到一座座的建筑，但是即使用双筒望远镜也看不到单独的动物。飞机上有经验丰富的导游可以回答你提出的问题。见225页。

» 空海联航旅游 如果你不想乘船穿越德雷克海峡，你可以首先乘坐飞机开始你的旅程，之后再登上邮轮。见225页。

» 补给船 可乘坐补给船到达法属亚南极群岛。见227页。

穿越

若想乘船抵达南极，则必须穿越南大洋。路上可能遭遇风暴天气：由于没有任何陆地阻挡环南极洲低压系统，所以西风会极其猛烈，而海洋可能会变得十分险恶。

到访南极半岛的南极邮轮超过90%都是从阿根廷乌斯怀亚出发，然后穿过南美洲和南极洲之间1000公里里德雷克海峡。穿越海峡通常耗时两天。海面平静时这里被称为"德雷克湖"（Drake Lake）；风暴来临则摇身变成"德雷克震"（Drake Shake），也被称为"付德雷克税"。当船只到达南设得兰群岛或南极半岛，几乎所有不适的晃动都会戛然而止。

极地船上生活

极地海洋的航行就连行船老手也可能需要适应。在到达南极洲前的数天航行期间感到昏昏沉沉和行动迟缓是完全正常的。

船上每晚会分发印制公告，列明第二天的活动计划。参加科普讲座及观看视频将为以后的活动做好准备。其他船上活动包括观海鸟、欣赏冰山、阅读、了解同船的乘客们等。

许多南极船只都有"船桥开放（open bridge）"政策，欢迎乘客来到导航与驾驶区。当航程艰难、飞行员在船上或船只停靠港口时，船桥则会关闭。按照礼节，乘客不应把食品和饮料带到船桥上，赤脚也是不合适的。应保持低声说话；声音过大会干扰领航员和舵手之间的交流。当然，不要触碰任何东西，除非你被邀请这么做。

再提供一条警告：水手都很迷信，在船上任何地方吹口哨都被认为是不祥之举——一定要谨慎。传统说法是，一个人吹口哨是在呼唤狂风，从而会导致风暴来袭。

船上安全

国际法要求每一艘船都要在开船24小时内进行救生艇紧急疏散演习。这一演习对于所有乘客来说都是严肃而强制的。每一客舱都有标志或卡片标明此舱住客应使用哪一个救生艇站。客舱内每人都配有一件救生衣；救生衣通常备有口哨和电池供电的信标灯，遇水即刻开始自动闪烁。通知大家前往救生艇站的国际统一信号为七声急促的钟声或汽笛声，随后是一声长鸣。在救生艇演习中这一信号可能重复数次。由于航行途中仅进行一次救生艇演习，一旦你在航行中第二次听到这一信号，那么这次是真有紧急情况了。立即去你的客舱，拿好你的救生衣和一些保暖衣物，然后直接前往你的救生艇站集合，等待指示。

在船上跌倒经常是致命的。记得时刻保

经典文学与摄影

见148页、150页了解推荐阅读与电影。

经典南极文学

《古舟子咏》（*The Rime of the Ancient Mariner*），塞缪尔·泰勒·柯勒律治（Samuel Taylor Coleridge）著（1798）

The Monikins，詹姆斯·菲尼莫尔·库珀（James Fenimore Cooper）著（1835）

《阿·戈·皮姆的故事》（*The Narrative of Arthur Gordon Pym*），埃德加·爱伦·坡（Edgar Allan Poe）著（1837）

《海底两万里》（*20,000 Leagues Under the Sea*），儒勒·凡尔纳（Jules Verne）著（1870）

摄影

《伟大的孤独之心：斯科特，沙克尔顿和南极摄影》（*The Heart of the Great Alone: Scott, Shackleton, and Antarctic Photography*），大卫·亨普曼亚当斯（David Hempleman-Adams）、艾玛·斯图尔特（Emma Stuart）、苏菲·戈顿（Sophie Gordon）著

《伟大的白色南方》（*The Great White South*），赫尔伯托·邦汀（Herbert Ponting）著

《南极摄影，1910~1916：斯科特，莫森和沙克尔顿的远征》（*Antarctic Photographs, 1910~1916: Scott, Mawson and Shackleton Expeditions*），赫尔伯托·邦汀、富兰克·贺理（Frank Hurley）著

《天差地远：南极与北极的平行视线》（*Poles Apart: Parallel Visions of the Arctic and Antarctic*），盖伦·罗威尔（Galen Rowell）著

《遗失的斯科特船长摄影：来自传奇南极远征的未面世摄影》（*The Lost Photographs of Captain Scott: Unseen Photographs from the Legendary Antarctic Expedition*），大卫·M.威尔森（David M Wilson）著

《南极洲》（*Antarctica*），艾略特·波特（Eliot Porter）著

《寒冷—南极洲之旅》（*Cold – Sailing to Antarctica*），Thijs Heslenfeld著

带什么

俗话说：没有不好的天气，只有不适当的衣服（there's no bad weather, only inappropriate clothing）。根据这个一般规律，应该带可多层叠穿的衣服；旅行期间温差会有很大变化（从南极洲的—10℃到布宜诺斯艾利斯的30℃）。

□ **防风与防水外套和裤子** 有些高端旅行运营商提供风雪大衣

□ **带有防滑鞋底的及膝防水靴（如威灵顿靴）** 登陆时必备，既可踏浪又可趟过海鸟粪。

□ **靴子的毛毡鞋垫** 绝佳的保温隔热用品；准备两双，隔天烘干一次

□ **同样数量的羊毛袜和薄袜**（丝质或聚丙烯内袜）

□ **保暖的（羊毛、法兰绒或摇粒绒）衬衫和毛衣**

□ **保暖的休闲长裤** 可穿在防水裤里面

□ **全套保暖或丝质长款内衣** 用于保暖而轻便的穿着

□ **休闲服装** 符合行李重量限额前提下带上任何可以带上的衣服为船上生活做准备

□ **100%防紫外线太阳镜** 冰面和水面的日光反射可产生大量眩光

□ **额外的隐形眼镜片或眼镜**

□ **保暖手套和手套衬里** 脱掉厚重手套进行摄影时，手套衬里就十分轻便

□ **帽子** 聚丙烯或羊毛帽子，长度应足够保护耳朵

□ **巴拉克拉法帽（帽兜）或围巾** 巴拉克拉法帽更有用

□ **滑雪镜** 有些人喜欢滑雪镜胜过太阳镜，但会有水雾的问题

□ **防水日用背包** 或在背包中再放个随身包

□ **相机、长焦镜头、紫外滤镜、备用电池和充电器，按照预计需要量的两倍准备好数码照片存储空间（或胶卷）** 偏振滤光镜可解决水面眩光问题以及调暗天空的色彩；还要为这些装备准备防水／拉链密封塑料袋

□ **双筒望远镜**

□ **晕船治疗用品** 药片、晕船贴、穴位按摩防晕船腕带

□ **防晒霜**

□ **手电筒** 在昏暗的历史小屋里很有用

□ **耳塞** 船上睡觉时用

□ **泳衣和水鞋**（旧的网球鞋也可以）只有当你打算去欺骗岛的温泉时才需要

□ **耐心** 你的行程由天气、冰和不可预见的海洋决定，而不是日历或时钟

持有一只手中没有物品（"一只手用来扶船"）以便在船突然晃动时能抓住栏杆或其他支撑物。不仅在爬舷梯或台阶时要小心，在任何地方都要小心，突然撞上家具也可能导致四肢骨折或头骨破裂。

门来回晃动也很危险；不要手抓门框。如果遇到雨雪或有油残留，甲板会很滑，走动时要特别小心。还要小心抬高的门槛、支柱和其他船上硬件设施。

健康指南

南极洲医疗资源是有限的。这里没有公共医院、药房或医生诊所。船只和研究基地有医务室，但通常只有一个医生或护士，设备也十分有限。有生命危险的健康问题需将病患转移到有更高级医疗条件的国家。

随船医生会解决旅行途中发生的问题，但不会提供常规诊疗，他们也没有设备进行复杂的医学干预。前往极端气候地区的旅行对身体最壮的人都是考验：在启程之前做好所有必需准备；如果你的健康不稳定，考虑推迟旅行；见223页了解典型疾病。

准备

南极旅行不要求什么特别的疫苗注射，但是每个人都应完成常规免疫。把药品放在原始容器内，并进行清晰标注，如果有需要，带上注射器。还要带上由你的内科医生签名并签署日期的信，列出你的所有健康状况和用药，包括药品的通用名称。

保险

提前确认你的保险计划是直接向医疗服务提供方直接支付费用，还是在旅行结束后给你报销海外医疗费；向你的旅行运营商咨询他们提供哪些医疗设施。如果你的保险不包括海外医疗费用或昂贵的紧急转移（花费数万美元），考虑购买补充保险；有些旅行运营商会要求这一保险。

地区
速览

南极洲不同的地区有着迥异的风貌。环南极洲的南大洋有着混乱的海豹猎捕和捕鲸历史，这里是野生动物之旅和海上探险的绝佳选择。南极半岛较其他南极地区而言，气候温润，有巨型海冰及大量海豹、企鹅、海鸟和鲸鱼可供观赏。

极少数去往罗斯海沿岸的游客，将会有幸看到保存完好的历史遗迹，体验极致的陆地和冰原景观，观赏高耸的罗斯冰架、奇异的干燥谷和热气升腾的埃里伯斯火山等。南极洲东部属于广袤冰封的极地高原，其海岸线上点缀的是南极站和海鸟，但是内陆——包括南极点在内，视野所及之处全是皑皑冰雪。

南大洋
（Southern Ocean）

野生动物 ✓✓✓
历史 ✓✓✓
探险 ✓✓✓

南乔治亚岛与福克兰群岛

大量的海豹、企鹅和海鸟季节性地聚居在这些狂风肆虐的荒岛海岸。有些海滩太过拥挤，你甚至无法登陆……那就沿海岸来一次橡皮船游弋，观赏海滩王者——海豹们守卫着它们的地盘。

南极居民点

参观位于乌斯怀亚和斯坦利港的博物馆时，不妨缅怀一下南极探险者的早期岁月，然后再前往南乔治亚唯一一座向游客开放的捕鲸站：古利德维肯，这里安葬着沙克尔顿和弗兰克·怀尔德（Frank Wild）。南奥克尼（Orkneys）群岛和南设得兰群岛的港口设有该地区最早的几座基地。

一生难得的越洋之旅

横渡这片世界上最险恶的海洋时，手一定要抓紧船体。当船行驶至相对平静的海面时，便开始穿梭于一些岛屿之间，这些岛屿最早的到访者是乘着粗制捕鲸船的强壮水手。

见30页

南极半岛（Antarctic Peninsula）

野生动物 ✓✓✓
历史 ✓✓
探险 ✓✓✓

鲸鱼、海豹、海鸟……太神奇了!

企鹅们喋喋不休，哺育幼鸟，海豹在海面跃进跃出，海鸟则在头顶盘旋。南极半岛地区孕育了南极大陆最让人喜爱、最丰富的野生动物。

历史基地

从洛克罗伊港最受欢迎的博物馆，到雪山岛（Snow Hill Island）荒凉海岸上的诺登许尔德小屋（Nordenskjöld Hut），年代久远的科考站散落在南极半岛的海岸上。德塔耶角和斯通宁岛（Stonington Island）上的基地都展现了20世纪中期南极生活的时代缩影。

航行在海峡与海湾

这是你真正探索南极的机会。波光粼粼的水道在山脉、冰山和冰川之间纵横交错。有些人选择乘坐橡皮船，有些则会选择皮划艇，但真正带你领略南极的，是这里慑人心魄的景观和丰富的野生动物。

见76页

罗斯海（Ross Sea）

野生动物 ✓✓
历史 ✓✓✓
探险 ✓✓✓

企鹅聚居地

从华盛顿角的帝企鹅聚居地，到罗伊兹角和阿代尔角的阿德利企鹅聚居地，只要你寻着南极大陆的企鹅，你就一定不会弄错。企鹅们大多泰然自若，能亲眼目睹这些野生环境中的鸟儿实属荣幸。

历史小屋

那些象征着人类的勇气、能力、坚韧、凯旋与失败的悲壮而波澜壮阔的故事，被镌刻在罗斯海的海岸上。沙克尔顿、阿蒙森和斯科特都从这里启程开始向南极点挺进探险。在此之前，博克格雷温克是在南极大陆度过漫长黑暗冬季的第一人。

地理现象

南极的奇观美景开始于漂浮在海面上高耸的罗斯冰架，然后是埃里伯斯火山，接着是大陆冰川，势不可当地奔向大海。壮绝的干燥谷是这一系列风景的华彩乐章。

见96页

南极洲东部与南极点（East Antarctica & The South Pole）

野生动物 ✓✓✓
历史 ✓✓✓
探险 ✓✓✓

到达南极点

这确实是人生的一大壮举……只有极少数幸运的人能够体验到站在世界绝对底端的感受。回想到过此地的前人，尽情感受无处可走的奇妙……你就在世界最南端。

科学领域

南极洲东部几乎是科学家的专属领域。基地营房散布在极地高原的制高点上（冰穹A，冰穹C）——沃斯托克和极点，环绕着这里的海岸线。尖端实验或是钻孔深入冰盖以下，或是到达宇宙深处。

极地高原

这一广袤的冰盖有几千米厚，覆盖整片山脉和冰下湖，现在人类首次开始对其进行探索。在高原边缘，没有冰盖覆盖的陆地绿洲给广袤冰原提供了庇护地。

见116页

所有条目都由我们的作者推荐，
他们最喜爱的地点被列在首位

请注意下列图标

作者推荐 > 作者的大力推荐　　 绿色或环保选择　　　免费 不需要任何费用

在路上

南大洋

最佳野生动物观测点

» 南乔治亚岛北海岸（见55页）

» 利文斯顿岛（见68页）

» 西福克兰岛（见50页）

» 欺骗岛（见69页）

最佳历史景点

» 古利德维肯（见58页）

» 福克兰群岛博物馆（见44页）

» Museo Marítimo与Museo del Presidio（见33页）

» 奥尔卡达斯站（Orcadas Station）（见63页）

为何去

　　大西洋、印度洋和太平洋的南部海域围绕构成的宽阔海域环绕南极洲使其与外界隔绝开来，这体现在地理、生物与气象等方面。早期探险家和海豹狩猎者先是发现了散布于这些水域的岛屿，随后人们才发现这片"未知的南方大陆"。

　　你可以探访福克兰群岛和南乔治亚岛岩石遍布的丰饶海岸地带，这里有着丰富的野生动植物和悠久的历史。来自南美洲邮轮大都会停靠南设得兰群岛或南奥克尼群岛，这里有人类最早建立的南极居民区。来自澳大利亚、新西兰和南非的旅行者们则从罗斯海一侧登上南极大陆，位于这一侧的赫德岛和麦夸里岛有着丰富的海鸟资源。

网络资源

» **南乔治亚和南三明治官方网站**（South Georgia & South Sandwich Official site）（www.sgisland.gs）大量信息，包括通行证申请要求。

» **南乔治亚遗产信托**（South Georgia Heritage Trust）（www.sght.org）历史/野生动物保护团体。

» **福克兰群岛**（Falkland Islands）（www.falklandislands.com）关于这一群岛的集中信息来源。

» **福克兰群岛游客指南**（A Visitor's Guide to the Falkland Islands）由Debbie Summers提供，内有图片、高质量地图和由一名该岛本地人提供的有趣的情况介绍。该指南由福克兰保护组织（**Falklands Conservation**）（www.falklandsconservation.com）于2005年出版。

» **南极设备**（Antarctic Equipment）（www.antarcticequipment.com.ar）乌斯怀亚的"最后一分钟"装备供应。

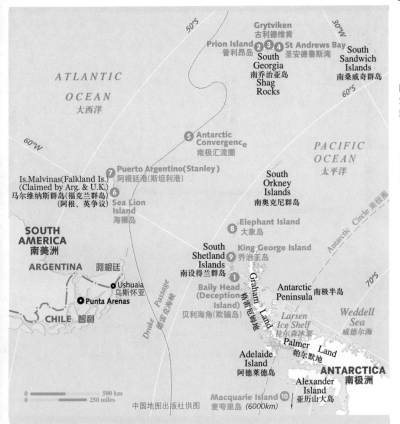

中国地图出版社供图

南大洋亮点

1 汹涌的海浪冲上欺骗岛**贝利海角**（Baily Head）庞大的帽带企鹅聚居地（见70页）

2 观赏**普利昂岛**的巢居信天翁（见57页）

3 摇响**古利德维肯**古老的捕鲸者教堂钟声，唤起对前人的回忆（见59页）

4 欣赏**圣安德鲁斯湾**（St Andrews Bay）成千上万的国王企鹅（见61页）

5 穿越**南极汇流圈**（见52页）一将南极洲与世界其他地区分隔的海洋边界

6 在**海狮岛**（Sea Lion Island）可以欣赏到福克兰群岛的五种企鹅（见49页）

7 与当地人共饮一杯酒，或是参观位于斯坦利港的**福克兰群岛博物馆**（见44页）

8 乘坐橡皮船游弋**大象岛**（Elephant Island）（见65页），沙克尔顿的"坚忍"号（*Endurance*）远征成员曾在这里生活了四个多月时间

9 在**乔治王岛**（见65页）上与八国南极站中的某个站的越冬者聊天

10 观看**麦夸里岛**（见73页）上的400万只企鹅，包括约85万对在此哺育后代的帝企鹅（royal penguins）

Ushuaia 乌斯怀亚

300 m
0.1 miles

去Lago
Escondido(60km);
Lago Fagnano(100km)

**Museo Marítimo &
Museo del Presidio**

Yaganes

Antártida Argentina

Rivadavia

Rivadavia

Godoy

Valdéz

Bouchard

Campos

Roca

Lasserre

Parque
Yatana

Montiel

25 de Mayo

Magallanes

Juana Fadul

9 de Julio

Instituto
Fueguino de
Turismo

Municipal
Tourist
Office
市旅游洞

Romero

Triunvirato

Monseñor Fagnano

Juan M de Rosas

Don Bosco

Transportes
Eben-Ezer

Transportes
Pasarela

Bus Sur

Taqsa

Municipal Tourist Office
市旅游局

Tourist Wharf 游客码头 /
Tour Boats 游船

Bahía Ushuaia

Piedrabuena

去Cabañas del Beagle (1km)

Gobernador Paz

Belgrano

Sarmiento

Deloquí

San Martín

Localiza

National Parks
Office

Maipú

Patagonia

Campos

Onas

Pasaje Pedro Luis Figue

去Aeroclub Ushuaia (800m)

Maipú

去Glaciar
Martial (7km)

去Parque Nacional
Tierra del Fuego
(12.5km)

去Casa de la
Cultura (250m)

乌斯怀亚（USHUAIA）

» 电话 02901 / 人口 57 000

近90%的南极旅行者从阿根廷乌斯怀亚出发，因为这座城市位置便利，位于100公里宽的德雷克海峡一侧，与南极半岛遥遥相对。

乌斯怀亚是一座繁忙的港口和探险枢纽中心，这里有几段陡峭的街道和杂乱的建筑，远处是冰雪覆盖的马歇尔山脉（Martial Range）。

在过去三十年间，乌斯怀亚迅速地从一座小村庄扩展成一座有着近60 000人口的城市。南极旅行者的涌入只是高速发展的部分原因：作为火地岛（Tierra del Fuego）地区的一部分，乌斯怀亚本身就吸引着大量游客，这里的高工资也吸引着阿根廷各地的人们到这座世界最南端的城市定居。

◉ 景点

与比格尔海峡（Beagle Channel）平行的Maipú大道延伸至公墓西侧时变为Malvinas Argentinas大道，然后转入RN3，前行12公里到达**Parque Nacional Tierra del Fuego**。大多数游客服务位于距岸边一个街区的San Martín及附近。

旅游局向人们分发免费城市旅游地图，提供关于镇周围历史建筑的信息。Casa Beban（Maipú与Plüschow交叉路口；☉11:00~18:00）建于1911年，有些部件来自瑞典，这里有时会举办当地艺术展。

Museo Marítimo & Museo del Presidio
博物馆

（☎437481；www.museomaritimo.com；Yaganes与Gobernador Paz交叉路口；门票AR$70；☉10:00~20:00）1906年囚犯从Isla de los Estados（Staten岛）被转移到乌斯怀亚来修建这座国家监狱，1920年完工。辐条状囚房组成的监狱可容纳380名囚犯，而事实上1974年监狱关闭之前，这里的囚犯多达800名。

南极展览内容包括企鹅标本、海狗毛皮、照片，以及来自雪山岛和希望湾的诺登许

南大洋 乌斯怀亚

乌斯怀亚价格标志

阿根廷的通货膨胀十分严重，通胀率大概是 25%（非官方数字）。为避免过于震惊，应查看当前物价。

住宿	双人房
$	<AR$250
$$	AR$250~500
$$$	>AR$500
就餐	主菜
$	<AR$45
$$	AR$45~65
$$$	>AR$65

尔德远征队小屋（见93页）的用品。来自雪山岛和西摩岛（Seymour Island）的南极化石（见93页）也在此陈列。

博物馆随处可见的南极船只模型可能是世界上最好的同类藏品。庭院中陈列着的列车残骸，曾用于在城镇和工作站之间运送囚犯，也是世界上最窄轨的货运列车。导览游的时间为11:30和18:30。

Museo Yámana   博物馆

（☎422874；Rivadavia 56；门票AR$25；◷10:00~20:00）小巧别致的博物馆，很好地展示了Yámana（Yahgan，雅干人）的生活。展示内容包括人们没有衣服如何能在严寒中生存，为什么只有女性会游泳，如何在漂流的独木舟中保存营火。专业、详细的实景模型（有英文与西班牙文介绍）都是根据国家公园的海湾和内湾制作。

Museo del Fin del Mundo   博物馆

（☎421863；www.tierradelfuego.org.ar/museo；Maipú与Rivadavia交叉路口；门票AR$30；◷9:00~20:00）建于1903年，原为银行，展示内容包括火地岛的自然历史、鸟类标本和当地人的生活，以及早期流放地的生活。

免费 Parque Yatana   公园

（Fundación Cultiva；☎425212；Magallanes与25 de Mayo交叉路口；◷周三至周五15:00~18:00）既是艺术项目，又是城市休闲场所，由于一个家庭的坚持不懈，这片城市里的莲茄树林得以在发展扩张中保留下来。

☀ 活动

Club Andino Ushuaia   徒步

（☎422335；www.clubandinoushuaia.com.ar，西班牙文；Juana Fadul 50；◷周一至周五9:00~13:00和15:00~20:00）这里出售地图和徒步、登山、山地自行车双语指南手册。该俱乐部偶尔组织徒步活动，也可推荐导游。强烈建议自助徒步游客在徒步之前及安全返回后在此注册或在旅游署登记。

Cerro Martial & Glaciar Martial   徒步

（可选缆车AR$55；◷10:00~16:00）充实的全天徒步活动，从市中心出发，前往Glaciar Martial，可欣赏乌斯怀亚和比格尔海峡壮丽的全貌。或者，乘坐出租车或在Maipú与Juana Fadul交叉路口搭乘厢式旅行车（AR$35，每半小时一班，运营时间8:30~18:30）。

风景比冰川本身更让人印象深刻。沿San Martín向西，沿曲折的道路上行。当你到达镇西北侧7公里处的滑雪道时，可乘坐aerosilla（缆椅）或再步行两小时。要想欣赏到最佳风景，可在到达缆椅终点后再向上步行一小时。缆车站的休息处提供咖啡、甜点和啤酒。天气变化莫测，所以应携带保暖、干燥的衣物和结实的鞋子。傍晚的独木舟游览（Canopy tours）（escuela@tierradelfuego.org.ar；Refugio de Montaña；AR$130；◷10月至次年6月10:00~17:15）仅可通过预约参加。

比格尔海峡   划船

泛舟于比格尔海峡青铜灰色的水面之上，远方是冰川和布满岩石的岛屿，视角新鲜还能很好地观看野生动物。可在Lasserre和Roca之间的Maipú的旅行者港口寻找船只运营商。海港游船旅行通常为上午或下午的四小时短途旅行（AR$180~AR$230），前往海狮和鸬鹚聚居地。乘客数量、小吃种类和徒步路线根据运营商而有所不同。亮点在于登上海岛并进行徒步，还会参观当地雅干人留下的*conchale*贝冢。

Aeroclub Ushuaia 　　　　　观光飞行

（☎421717, 421892; www.aeroclubushuaia. org.ar; 30分钟飞行AR$443）在海峡上空进行观光飞行。

☞ 团队游

乌斯怀亚有大量的旅游公司，提供整个地区以及南极洲的团队游。

All Patagonia 　　　　　　　导览游

（☎433622; www.allpatagonia.com; Juana Fadul 60）这间美国运通旅游办事处提供多种传统与豪华旅游项目。

Canal Fun 　　　　　　　　　探险游

（☎437395; www.canalfun.com; 9 de Julio 118）运营者为新潮的年轻人，提供Parque Nacional Tierra del Fuego徒步与皮划艇（AR$425）等备受欢迎的全天短途旅游，以及包括参观企鹅聚居地（AR$785）的多种运动短途游。

Compañía de Guías
de Patagonia 　　　　　　　步行游览

（☎437753; www.companiadeguias.com.ar; San Martín 654）国家公园短途旅行，Vinciguerra冰川（Glaciar Vinciguerra）的全天徒步与冰上徒步（AR$329），Valle Andorra和Paso la Oveja的三天徒步（AR$2 026）。

Nunatak Adventure 　　　　　探险游

（☎430329; www.nunatakadventure.com）价格划算的探险旅游；在山上拥有自有基地。

Rumbo Sur 　　　　　　　　　导览游

（☎422275; www.rumbosur.com.ar; San Martín 350）乌斯怀亚运营时间最长的旅行社，

专门经营传统活动和南极洲旅游预订。

Turismo de Campo 　　　　　导览游

（☎437351; www.turismodecampo.com, 西班牙文; Fuegia Basquet 414）运营轻松的徒步旅行，比格尔海峡航行，游览Río Grande附近的Estancia Rolito。提供9至12晚不等的南极洲海峡航行。

🛏 住宿

在1月至3月初提前预订。预订时注意核实是否有免费接机服务。店家大都提供洗衣服务。市政旅游局有民宿和*cabaña*（住宿小屋）名册，在下班后还会将有空余床位的旅店名单张贴出来。

这里有很多旅舍，全部设有厨房，大多可以上网。淡季（4月至10月）价格会下降25%。这里的价格为含税价（21%），通常为旺季价格。有时现金付款可享受10%的折扣。

Antarctica Hostel 　　　青年旅舍 $

（☎435774; www.antarcticahostel.com; Antártida Argentina 270; 铺/双AR$70/125; @🖃）这家汇集背包客的旅舍，有着温馨的气氛和热心的员工。这里开放式的布局和桶装啤酒有利于结交朋友。水泥房屋宽敞，并配有地暖。

Galeazzi-Basily B&B 　　　　民宿 $$

（☎423213; www.avesdelsur.com.ar; Valdéz 323; 标单/双带共用卫生间AR$190/280, 双/标三/四小屋客房AR$390/450/520; @🖃）这家精致的木屋最大的特色是其热情好客的主人一家，给你如家一般的感觉。房间较小，但颇有个人情趣。因为床都是双人尺寸，情侣可能更喜欢后方的现代感小屋。

Cabañas del Beagle 　　　　小屋 $$$

（☎432785; www.cabanasdelbeagle.com; Las Aljabas 375; 2人小屋AR$1055, 最少2晚）寻求浪漫私密的情侣对这些纯朴别致的小屋情有独钟。这里有加热石材地板、噼啪作响的壁炉，以及备有新鲜面包、咖啡和其他美食的设施完备的厨房。亲切的屋主亚历杭德罗（Alejandro）因其周到的服务而赢得了良好赞誉。小屋坐落于距市中心13个街区的山坡处，可经由Leandro Alem大道到达。

Freestyle
青年旅舍 $

（☎432874；www.ushuaiafreestyle.com；Gobernador Paz 866/868；铺 无/有卫生间 AR$80/90；@🛜）你或许会爱上这里时尚、热闹的氛围。这间精心装饰的旅舍以现代的客房、大理石台面厨房区和配有台球案的客厅，以及开阔的视野为傲。Emilio与Gabriel兄弟提供旅行提示与旅行社联系。

La Posta
青年旅舍 $

（☎444650；www.laposta-ush.com.ar；Perón Sur 864；铺/双人 AR$85/135；@🛜）尽管地点位于镇郊，这一温馨舒适的旅馆因其热情的服务、家一般的装饰和整洁的开放式厨房而深受年轻旅行者欢迎。

La Casa de Tere B&B
民宿 $$

（☎422312；www.lacasadetere.com.ar；Rivadavia 620；标单/双 AR$211/253，双 带卫生间 AR$337）主人Tere对宾客们照料有加。宾客可随意使用这一漂亮、现代、视野绝佳的旅游者之家。三间整洁的卧室很快就会住满。宾客可以在这里烹饪，还有有线电视和客厅壁炉。从市中心步行向高处爬坡很快便可到达旅馆。

Posada Fin del Mundo
民宿 $$$

（☎437345；www.posadafindelmundo.com.ar；Rivadavia与Valdéz交叉路口；双 不带/带卫生间 AR$422/527）这一布局不规则的家庭旅馆洋溢着独特的个性。舒适的客厅内饰有民间艺术，视野开阔能望见海景。8间清新的铺砖卧室规模较小，但床很长。对于这类旅馆来说价格比较贵，但早餐很丰盛，还提供下午茶和蛋糕。

Cabañas Aldea Nevada
小屋 $$$

（☎422851；www.aldeanevada.com.ar；Martial 1430；双 AR$520，最少两晚；@）这一小片漂亮的莲茄树林中，精心分布着13间小木屋。木屋外的室外烤架和粗制长椅，安静地置于水池旁。室内设计纯朴而现代，有实用的厨房、木柴火炉和硬木细节。

Cumbres del Martial
旅馆 $$$

（☎424779；www.cumbresdelmartial.com.ar；Martial 3560；双/小屋 AR$1160/1667；@🛜）这间颇有格调的旅馆坐落于Martial冰川附近，其标准客房带有一种英式小别墅风格。两层楼的木屋简直是让人着迷，内有石质壁炉、极可意按摩浴缸和耀眼夺目的圆顶窗户。酒店还提供一些奢华的额外服务，包括上等浴袍、按摩以及来自住客国家报纸等。

Familia Piatti B&B
民宿 $$

（☎437104；www.interpatagonia.com/familiapiatti，西班牙文；Bahía Paraíso 812, Bosque del Faldeo；标单/双/标三 AR$240/335/395；@🛜）如果你喜欢在森林中慵懒度日，那就来这家温馨的民宿吧。这里提供柔软羽绒被，家具也用当地莲茄树制成。附近就有直达山中徒步路线。友好的店主会说多国语言（英语、意大利语、西班牙语和葡萄牙语），可安排交通和导游带领的徒步活动。

Martín Fierro B&B
民宿 $$

（☎430525；www.martinfierrobyb.com.ar；9 de Julio 175；标单/双 带共用卫生间 AR$250/350，标单/双 AR$350/500；🕐10月至次年4月；🛜）在这间迷人的旅馆度过一个晚上，令人感觉仿佛置身于凉爽的山间小屋，小屋主人是位深谙世故的朋友，会制作浓烈的咖啡，拥有优秀的藏书。店主哈维尔（Javier）亲自进行室内装修，使用当地木材和石头；现在他在店内营造了一种友好而悠闲的氛围。

✕ 就餐

Kalma Resto
高级餐厅 $$$

（☎425786；www.kalmaresto.com.ar；Av Antártida 57；主菜AR$55~105；🕐20:00至午夜）这家主厨所有的精致小店曾掀起一阵不小的热潮。餐厅主烹螃蟹、章鱼等火地岛食材，手法新鲜。烤羔羊肉配土产松树蘑菇，加入夏季绿色时蔬和从花园采摘的新鲜食用鲜花。餐厅的服务也十分优良，年轻主厨豪尔赫（Jorge）在几张黑色亚麻布餐桌之间来回穿梭。餐后甜点你可以尽情享用切成小块的巧克力蛋糕。

Kaupé 各国风味 $$$

（☎422704；www.kaupe.com.ar；Roca 470；主菜AR$80~120）要品尝生猛海鲜最鲜活的美味，那就来这家俯瞰海湾的烛光餐厅吧。主厨欧内斯托·维维安（Ernesto Vivian）采用最新鲜的材料，服务也无可挑剔。美味菜单（AR$360包括葡萄酒和香槟）包含两道前菜、主菜和甜点，皇帝蟹和菠菜杂烩尤其美味。

Bodegón Fueguino 巴塔哥尼亚菜 $$

（☎431972；www.tierradehumos.com/bodegon；San Martín 859；主菜AR$32~82；⏱周二至周日）在这里可品味丰盛的家常巴塔哥尼亚美食，也可来杯葡萄酒、配上开胃小食。这个火地岛家庭餐厅已有百年历史，因其羊皮覆盖的长椅、雪松桶和蕨类植物而变得十分惬意。一份*Picada*（两人共享开胃小食拼盘）包含茄子、烤羊肉串、螃蟹和培根卷梅子。

María Lola Restó 阿根廷菜 $$

（☎421185；Deloquí 1048；主菜AR$45~70；⏱周一至周六 中午至午夜）这家咖啡馆风格餐厅俯瞰海峡、十分别致，颇受本地食客欢迎。餐厅以自制意大利面、海鲜和浸满蘑菇酱的纽约客牛排而闻名。有些菜分量偏大，如甜点就适合几人合吃。

Chez Manu 各国风味 $$$

（☎432253；www.chezmanu.com；Martial 2135；主菜AR$55~90）如果你打算前往Martial冰川，千万别错过这家精品餐厅。这家餐厅位于镇外两公里处。主厨伊曼纽尔（Emmanuel）采用当地新鲜食材，并融合了法式料理，特色菜油火地岛羊肉或冰冷的*fruits de mer*（海鲜）等。前菜、主食、餐后小食组成的午餐套餐是最佳选择，风景更可谓锦上添花。

Chiko 海鲜 $$

（☎432036；Av Antártida Argentina 182；主菜AR$38~65；⏱周一至周六 12:00~15:00，19:30~23:30）这家以智利纪念品进行装饰的两层餐厅十分受欢迎，是海鲜爱好者的天堂。皇帝蟹、*paila marina*（炖贝壳类海鲜）和鱼类烹饪得如此完美，可能会让你忽视店内不相称的服务了。

Almacen Ramos Generales 咖啡馆 $$

（☎427317；www.ramosgeneralesushuaia.com；Maipú 749；主菜AR$30~70；⏱9:00至午夜）这家浓厚氛围的综合餐厅真正的吸引力在于法国烘焙师傅做的牛角面包、硬壳法国长棍面包。还有可随时饮用的本地啤酒、葡萄酒和低度酒，但不便宜，以及三明治、汤和乳蛋饼。

La Estancia 牛排馆 $$

（☎431241；Godoy & San Martín；主菜AR$40~90）要提到纯正的阿根廷*asado*（烤肉），很少有餐厅能比得过这家值得信赖的、价格实惠的烤肉店。晚间这里聚集着本地人和旅行者，尽情享用烤全羊、多汁的牛排、嗞嗞作响的肋骨和堆得很高的沙拉。

El Turco 咖啡馆 $

（☎424711；San Martín 1410；主菜AR$22~55；⏱中午至15:00，20:00至午夜）虽然没有过多花哨的装饰，但这家经典的阿根廷咖啡馆价格合理，勤快的侍者们打着领结，也乐于和游客们练习法语。套餐包括*milanesa*（裹上面包屑的肉）、比萨和烤鸡。

Placeres Patagónicos 咖啡馆 $$

（☎433798；www.patagonicosweb.com.ar；289 Deloquí；主菜AR$29~60）这家颇有格调的咖啡馆熟食店用木制切肉板上菜。自制面包堆得很高，还有令人垂涎欲滴的本地特色菜肴：薰鳟鱼和野猪肉。咖啡盛放在像碗一样大的马克杯中。

Café-Bar Tante Sara 咖啡馆 $$

（☎433710；www.cafebartantesara.com.ar；San Martín与Juana Fadul交叉路口；主菜AR$40~80）这家咖啡馆坐落在路口，以其欢快的氛围而备受欢迎。店家在San Martín和Rivadavia的交叉路口还有一家姊妹品牌店。这家店经常聚集本地人在这里享用咖啡和甜点。

Lomitos Martinica
快餐 $

（San Martín 68；主菜 AR$22~32；
⏱11:30~15:00, 20:30至午夜）这是一家价格便
宜而且令人愉悦的经济小吃店，烤肉架旁设有
座位。供应丰盛的 *milanesa* 三明治和便宜的
特价午餐。

La Anónima
超市 $

（Gobernador Paz 与 Rivadavia 交叉路口）提
供便宜的外卖食品。

✗ 饮品和娱乐

Dublin Irish Pub
酒吧

（☎430744；www.dublinushuaia.com；9 de
Julio 与 Deloquí 交叉路口），这家店也是外国游客
的最爱。灯光昏暗的小酒馆里，人们谈笑风
生，这家名为"都柏林"的酒吧会让人觉得都
柏林并不遥远。无限畅饮的本地比格尔啤酒，
偶尔有现场驻唱。

Macario 1910
小酒馆

（☎422757；www.macario1910.com；San
Martín 1485；三明治 AR$22；⏱18:00至深夜）这
家惬意的酒吧用抛光木材和皮革做成火车位
用餐席，供应本地比格尔啤酒，收费较高。

Küar Resto Bar
小酒馆

（☎437396；www.kuar.com.ar；Av Perito
Moreno 2232；⏱18:00至深夜）这家时髦的小木
屋风格酒吧新建不久。人们滑完雪喜欢成群
地到此喝上一杯新鲜鸡尾酒、本地啤酒或是
tapa。这家店真正的亮点在于惊艳的水景，在
落日时分格外美丽。这家酒馆距镇上几公里，
可乘坐出租车到达。

Casa de la Cultura
表演艺术

（☎422417；Malvinas Argentinas 与 12 de
Octubre 交叉路口）隐蔽在一家健身房后方；偶
尔举行现场音乐演出。

🔓 购物

Boutique del Libro
书籍

（☎432117, 424750；25 de Mayo 62；

⏱10:00~21:00）巴塔哥尼亚和南极主题的优
秀精选读物；在 San Martín 1120 有一家
分店。

ℹ 实用信息

紧急情况 Hospital Regional（☎107 423200；
Fitz Roy 与 12 de Octubre 交叉路口）

移民署（☎422334；Beauvoir 1536；⏱周一
至周五9:00~12:00）

现金 Cambio Thaler（San Martín 209；⏱周一
至周六10:00~13:00, 17:00~20:00，周日
17:00~20:00）尽管汇率稍低，但却十分便利。
Maipú 和 San Martín 的几家银行有 ATM 机。

旅游信息 Administración de Parques
Nacionales（国家公园署（National Parks
Office）；☎421315；San Martín 1395；⏱周一至周
五9:00~16:00）

Instituto Fueguino de Turismo（简称
Infuetur；☎421423；www.tierradelfuego.org.ar；
Maipú 505）Hotel Albatros 酒店首层。

市旅游局（Municipal tourist office）
[☎432000，机场分局423970，火地岛外0800-
333-1476；www.turismoushuaia.com，西班牙语；
San Martín 674）旅游局可提供大量帮助，有讲英
语和法语的员工、信息牌和多语言手册。提供
住宿、活动和交通信息。在机场和码头也设有办
公室。

ℹ 当地交通

到达／离开机场 到达／离开位于市区西南4
公里的现代机场（USH）花费 AR$25。包车花费约
每小时 AR$140。

公共汽车／班车 本地公共汽车服务沿 Maipú
运行。每小时一班的滑雪班车（来回 AR$70）沿 RN
3运行，来往于 Juana Fadul 和 Maipú 交叉路口和度
假村之间，（每天9:00~14:00运行）。度假村提供
连接乌斯怀亚市区的交通服务。

小汽车 紧凑型小汽车的租赁费用（包括保
险）约为每天 AR$464起。如需在火地岛阿根廷领
地其他地区异地还车，有些服务商不会额外多收
费用。

Localiza（☎430739；Sarmiento 81）

合恩角 (CAPE HORN)

大多数南极游船都以乌斯怀亚为起始点，这意味着乘客可以有机会一睹传说中的合恩角（Cabo de Hornos）美景，或许还能极幸运地在此登陆。合恩角是古老航海时代探险与浪漫的代名词——尽管对于那些期盼合恩角能加倍宽阔的可怜的水手来说，狂风肆虐的寒冬海洋根本没有浪漫可言。

欧洲人认为，合恩角是在1616年1月由乘坐"团结"号（Unity）航行的荷兰人雅各布·勒梅尔（Jakob Le Maire）和威廉·斯考滕（Willem Schouten）发现的。他们以一艘名为Hoorn的船为这座海岬命名，而这艘船在巴塔哥尼亚海岸的德塞阿多港（Puerto Deseado）意外被烧毁。

合恩岛长8公里，著名的合恩角形成了岛最南端的海岬。海角本身海拔最高为424米，其上部壁垒上耸立着突出的黑色崖壁。

很少有船只登陆合恩角。尝试在此登陆的花费十分昂贵（船上需配备一名智利领航员，在浅滩遍布的海面导航），而且天气也很少配合。智利当局一向拒绝登陆要求——甚至拒绝接近合恩角的要求。一旦获得通行许可，则通常是在海角东部的两座海湾的西侧进行登陆。陡直的木制110级台阶通向海滩上的高地。

Cabo de Hornos Light是一座白色的玻璃纤维加固塑料塔，高6米，有红色镶边。这座灯塔完全是自动化操作。但附近有智利海军观测站，观测站由两座小屋组成，在灯塔东北方向1600米处还设有一台醒目的无线电天线，几名孤独的军官驻扎于此。小型木制教堂名为Stella Maris，意为"海洋之星"。

石制纪念碑底座被沉重的铁链环绕，纪念从前在合恩角周围航行的水手们。

另一尊纪念碑的形式为大型抽象雕塑，四片钢板构成的负空间描绘了一只翱翔的信天翁。这座纪念碑是为了纪念在海岬外的凶险海洋中逝去的生命。

这里可以见到大型的安第斯秃鹫，以及在苔藓和草丛中的洞穴里筑巢的麦哲伦企鹅（Magellanic penguins）。

迭戈拉米雷斯群岛 (ISLAS DIEGO RAMIREZ)

这些智利群岛位于合恩角西南100公里处，在1619年2月12日被发现之时，是世界上已知最南端的陆地。发现者是 Bartolomé 和 Gonzálo de Nodal 两兄弟，他们在一次葡萄牙远征中乘坐Nuestra Señora de Achoa号和Nuestra Señora de Buen Succeso号到此。俩兄弟以他们远征队中的宇宙学家的名字为群岛命名。直到库克船长1775年发现了南桑威奇群岛（South Sandwich Islands），这里作为世界最南端陆地已享誉150年之久。

迭戈拉米雷斯群岛由两组小型岛群组成：北边的Isla Norte和四座更小的岛屿；南边的两座岛屿Isla Bartolomé（93公顷，最高海拔190米）和Isla Gonzálo（38公顷，最高海拔139米）被一个400米宽的海峡分隔开，海峡沿线有十来座其他的小岛和礁石。

在Isla Gonzálo岛东北侧的一座小型洞穴Caleta Condell，智利海军于1951年建造了一座小型气象站和灯塔。

马可罗尼企鹅、跳岩企鹅和麦哲伦企鹅在此繁育后代，国王企鹅和帽带企鹅偶尔出没。

"最后一分钟"的南极洲

还未预订你的旅行？ Ushuaia Turismo 提供最后一分钟预订（☑02901-436003；www.ushuaiaturismoevt.com.ar；ushuaiaturismo@speedy.com.ar；Gobernador Paz 865 ）。同一座建筑内的 Antarctic Equipment （www.antarcticequipment.com.ar）出租工具设备。如需南极洲信息，可咨询 Oficina Antártida （南极洲旅游署，☑02901-430015；www.tierradelfuego.org.ar/antartida），位于码头，可提供很多帮助。

如需联络邮轮公司，参见 225 页。许多本地旅游公司提供团队旅游项目。

迭戈拉米雷斯群岛对于信天翁来说十分重要。根据一项2002年进行的鸟巢调查，这里作为世界上最南端的信天翁繁殖地，养育了世界上20%的黑眉信天翁（black-browed albatrosses）（55 000对）和23%的灰头信天翁（grey-headed albatrosses）（17 000对）。

福克兰群岛
[MALVINAS ISLANDS (FALKLAND ISLANDS)]

福克兰群岛是许多南极旅行线路中受欢迎的附加项目，但是即便是专程造访这里，欣赏岛上壮观的企鹅、海豹和信天翁种群，也是十分值得的。群岛被大西洋南部环绕，而围绕群岛的争论也持续了几个世纪。群岛位于巴塔哥尼亚以东490公里处。福克兰群岛包括东福克兰岛和西福克兰岛两座主岛，加之超过700座小岛，面积总计达12 173平方公里，大小和北爱尔兰或美国康涅狄格州相差无几。福克兰群岛先后被法国、西班牙、英国和阿根廷占领并声称拥有主权。自1833年起该岛成为英国的海外领地，但阿根廷人至今并不认同，并仍在争取群岛主权。

除了在此繁殖的五种企鹅（巴布亚企鹅、国王企鹅、马可罗尼企鹅、麦哲伦企鹅和跳岩企鹅），这里还有许多其他同样有趣而少见的鸟类。

约60%的福克兰人是本地出生，有些人的祖先可追溯到六代人或更久以前。今天3140名福克兰人（有时被称为"Kelpers"）中超过80%居住在斯坦利，有约1200名英国军人驻扎在愉悦峰（Mt Pleasant）基地。其他福克兰人居住在"营地"——这是对斯坦利以外的所有福克兰地区的称呼。

自从19世纪末出现大型牧羊站后，在避风海港附近修建的一处处小型村落构成了福克兰群岛的乡村居民点，沿海船运可以在此收集村民剪下的羊毛。

福克兰群岛仍然保存着它的乡村特征：群岛上400公里长的道路相互交织，但是却没有一座交通灯。有趣的"碎石坡道"由石英岩卵石组成，从东福克兰岛和西福克兰岛的山脊和山峰下泻延伸。13种本地植物中有几种是罕见的种群，包括长有长茎和微小叶子的虎尾兰（snake plant, *Nassauvia serpens*）以及散发焦糖香味、每年开出品红色花朵的植物费尔顿之花（Felton's flower, *Calandrinia feltonii*），但最近人们认为这种植物已经在野外绝迹。香草菊（Vanilla daisy, *Leuceria suaveolens*）并非本土特有植物，但也十分有意思——它的花闻起来非常像巧克力的味道。福克兰已无土生的本地陆生动物。

福克兰时间比格林尼治时间晚3小时。

历史

尽管有证据表明巴塔哥尼亚印第安人可能曾乘坐独木舟到达福克兰群岛，一幅1522年的葡萄牙海图上也提到了这里。但福克兰群岛却是在1592年8月14日，由英舰"渴望"号（*Desire*）的船主约翰·戴维斯（John Davis）在一次英国海军远征中正式发现的。福克兰群岛的西班牙语名称Islas Malvinas来源于一批早期来自圣马洛（St Malo）的法国航海家，他们以家乡的港口"Les Malouines"为这一群岛命名。

法国是第一个在此驻扎的欧洲国家。尽管教宗敕令《托德西利亚斯条约》限定了岛屿归属西班牙，西班牙和葡萄牙据此瓜分了新大陆。但法国人无视条约，于1764年在东福克兰岛的路易斯港口（Port Louis）建造了一座要塞。在法国和西班牙都不知情的情况下，英国人于1765年进驻桑德斯岛（Saunders Island），在Egmont港口建立了西福克兰岛驻扎点。而此时，西班牙发现并友好解决，继而取代了法国的殖民地。随后，在1767年西班牙军队发现并驱逐了英国驻军。但在战争的威胁下，西班牙只好又将Egmont港交还给英国人。几年后，英国人遗弃了该地区，但并没有宣布放弃对其主权的要求。

从这以后，整个18世纪里西班牙人都将该群岛用作世界上最安全的流放地之一。19世纪初，西班牙遗弃此殖民地后，捕鲸者和海豹猎捕者成了这里唯一的访客。直到19世纪20年代早期，拉普拉塔联合省（阿根廷独立初期的称谓）派遣一名军事总督到达此地，宣布阿根廷继西班牙后成为该岛的主权国。后来，一名加入阿根廷国籍的布宜诺斯艾利

Islands Malvinas (Falkland Islands) 马尔维纳斯群岛（福克兰岛）

51°S 58°W 51°S

0 ___ 40 km
0 ___ 20 miles

Steeple Jason 小杰森岛
(斯蒂普尔杰森岛)
Grand Jason 大杰森岛
Jason Islands 杰森群岛

Carcass Island 卡卡斯岛
West Point Island 西点岛

Elephant Point

Storm Mtn (521m)

Roy Cove

Passage Islands

New Island 新岛
Beaver Island
Staats Island
Weddell Island
Hoste Inlet
Calm Head

Saunders Island 桑德斯岛
Keppel Island 克佩尔岛
Pebble Island
Golding Island
Port Egmont

Mt Fegan (360m)
Hill Cove
Blackburn R
Port Purvis
Byron Sound

Mt Adam (700m)
Crooked Inlet
Chartres
King George Bay
Dunnose Head
Port Philomel

Mt Philomel (585m)
Mt Sullivan (474m)
Lake Sullivan
Queen Charlotte Bay

Port Stephens
斯蒂芬斯港
Port Richards
Arch Islands
Port Albemarle

I. Gran Malvina (West Falkland) 大马尔维纳岛（西福克兰岛）

Mt Maria (658m)
Hornby Mountains
Warrah River
Turkey Rocks

Port Howard 霍华德港

Mt Moody (554m)
Fox Bay East
Fox Bay West

Cape Dolphin
Foul Bay
Fanning Head
Port San Carlos
San Carlos 圣卡洛斯

Gladstone Bay

Cape Bougainville

Salvador
Rincon Grande
Douglas

Johnson's Harbour 约翰斯港
Teal Inlet

Seal Bay
Mt Brisbane (176m)

Port Louis 路易斯港
Estancia
Pony's

Jack's Mtn (645m)
San Carlos River

Ajax Bay
Grantham Sound
Mt Usborne (705m)

Darwin Rd
Darwin 达尔文
North Arm
Goose Green 鹅绿镇
Lafonia

I. Soledad (East Falkland) 索莱达岛（东福克兰岛）

Swan Island
Egg Harbour
Kelp Harbour

Sound
Falkland
东福克兰岛（索莱达岛）

Blind Island
Barren Island
Speedwell Island
George Island

Adventure Sound
Bay of Harbours

Walker Creek
Mare Harbour
Choiseul Sound

Lively Island
Bleaker Island 布利克岛
Sea Lion Island 海狮岛

Macbride Head
Volunteer Beach 志愿者海滩
Volunteer Point
Kidney Island
Berkeley Sound
Stanley Airport

PUERTO ARGENTINO (STANLEY) 阿根廷港（斯坦利港）

Green Patch
Bluff Cove
Fitzroy 费兹洛
Pleasant Hwy Pass
Mt Pleasant International Airport 愉悦峰国际机场
Mt Pleasant 愉悦峰

Arroyo Malo

52°S 58°W

大西洋

南大洋　福克兰群岛

中国地图出版社快图

61°W 60°W 59°W 58°W

斯企业家路易斯·韦尔纳来到这里，监督未受控制的海豹捕猎者，并持续开发当地的海狗种群资源。

韦尔纳在伯克利海峡（Berkeley Sound）扣留三艘美国的海豹捕猎船，引发美国海军军官赛拉斯·邓肯德船长（Captain Silas Duncan）1831年的报复行动，他指挥美国轻型护卫舰勒星顿号（*Lexington*）彻底摧毁路易斯港居民点。韦尔纳离开后，阿根廷政权只象征性地留下了一支队伍，1833年初被英国人驱逐出岛。

在英国人统治下，福克兰群岛日渐萧条。到19世纪中期，羊群逐渐取代牛群，羊毛成为重要的出口商品。来自蒙得维的亚的英国人塞缪尔·拉丰（Samuel Lafone）成立了福克兰群岛公司（Falkland Islands Company，简称FIC），成为群岛最大的地主。到19世纪70年代为止，其他移居到此的企业家大肆占领了其他所有可用的放牧土地。

羊毛养殖业在此大获成功，并迅速向南美其他地区蔓延。一切都为牧羊业大开绿灯（像狐狸一样的福克兰狼——岛上唯一的本土哺乳动物，被彻底消灭；捕鸟可得到赏金，因为人们觉得鸟类对羊群构成威胁），因此本地的草丛很快不能承受过度放牧的后果了。到19世纪末为止，岛上的生态已变得十分脆弱，为供养羊群而被消耗的土地数量不断增长。经过刻意引进的猫和无意引进的老鼠都给本就稀少的鸟类带来了灭顶之灾。

和土地的过度利用一样，土地所有权也带来了问题。19世纪70年代到20世纪70年代，群岛接近于一个封建社会，地主们都在伦敦，而岛民都是工资低廉的劳动力。所有土地在英国统治之初已被瓜分殆尽，此后，岛民们再也得不到任何土地。就连公有土地也极为有限；除了少数边远岛屿，福克兰群岛现在几乎没有公园和保护区。20世纪70年代末情况有所改观，大批量的土地所有权被分成小块卖出。这一现象之所以得到鼓励，旨在减缓本地居民的大量外流。

第一次世界大战期间，在斯坦利东南部发生了福克兰群岛战役。然而，对岛民生活影响最大的却是1982年阿根廷军队进入福克兰群岛。

福克兰群岛战争

尽管自1833年以来阿根廷一贯声称其对福克兰群岛拥有主权，但历届英国政府却从未公开承认阿根廷对福克兰群岛的主权。这一情况直到20世纪60年代末才有所改观。英国外交及联邦事务部（FCO）和由胡安·卡洛斯·奥加尼亚将军统治的阿根廷军事政府达成协议，从1971年开始，在福克兰群岛的交通、能源补给、船运以及甚至移民事务中给予阿根廷重要的话语权。

岛民及他们在英国的支持者将阿根廷的出现视为不祥预兆。仅几年前，右翼游击队曾劫持了阿根廷航空的一架喷气客机，该客机紧急降落在斯坦利的赛马场上（当时福克兰群岛还没有机场）。后来，游击队短暂占领了城镇的部分地区。鉴于阿根廷政局连年的动荡，福克兰人怀疑英国外交及联邦事务部暗地里谋划将群岛交还给阿根廷。

这一过程持续了10年之久，期间发生的阿根廷的"肮脏战争"（Dirty War）使岛民有理由担心阿根廷日益增加的影响。

1982年4月2日，奥波尔多·加尔铁里将军（General Leopoldo Galtieri）统治的军事政府进入几乎没有防备的福克兰群岛。夺取群岛后暂时实现阿根廷的统一，加尔铁里将军也因此被奉为英雄。但是英国首相玛格丽特·撒切尔的坚定回击却是他未曾预料到的。

经验丰富的英国部队在圣卡洛斯湾登陆，击溃了训练不良、装备简陋的阿根廷应征士兵。最激烈的战役发生在东福克兰岛的鹅原（Goose Green），但阿根廷军队在斯坦利投降，使首府免遭荼毒。在持续11个星期的战争中，共有635名阿根廷士兵和255名英国士兵阵亡，还有3名福克兰群岛的妇女死于一次英国迫击炮流弹的攻击。

战争带来的最持久的隐患还包括25 000枚阿根廷地雷，使某些海滩和牧区成为严格的禁区。布雷区没有阻止企鹅的回归，企鹅体重很轻，不会引爆地雷。

今天的福克兰群岛

阿根廷和英国于1990年恢复外交关系，福克兰群岛战争后英国重新对福克兰群岛表现出浓厚的兴趣。不仅福克兰人可获得完整的英国公民权，当地政府也获准在群岛周边设立150海里（278公里）的保护区与管理区，对利润丰厚的捕捞权和石油开采权自行管理。

福克兰群岛由伦敦外交及联邦事务部指派的总督进行管理。在本地事务方面，选举产生的八名成员组成立法委员会（Legco）对大多数内部事务行使权力。八名成员中的四名来自斯坦利，其余成员代表营地地区。英国政府负责群岛的军事和外交事务。

阿根廷和英国之间的紧张关系在2012年再次升级。这一年正值福克兰群岛战争30周年纪念之际，阿根廷向联合国控诉英国在岛上的军舰部署，而英国则被一则有争议的阿根廷奥运广告激怒，广告中暗示福克兰群岛属于阿根廷。

气候

群岛气候温和，强风盛行。最高气温很少达到24℃，最低气温甚至在最寒冷的冬季，气温一般也在零度以上。群岛最湿润的地区之一斯坦利的年均降雨量仅为600毫米。

❶ 到达和离开

飞机 **智利国家航空**（LanChile）（www.lan.com）航班每周一次（周六，1小时45分钟），从智利蓬塔阿雷纳斯（Punta Arenas）飞往**愉悦峰国际机场**（Mt Pleasant International Airport）（MPN），偶尔经停阿根廷里奥加耶戈斯（Rio Gallegos）。如果从其他国家出发，可前往航线始发站圣地亚哥转机搭乘智利国家航空的航班。

英国皇家空军每月有六次航班从位于英格兰牛津郡的诺顿空军基地（RAF Brize Norton）飞往福克兰群岛（20小时）。每次航班仅预留28个座位供非军事人员使用，需提早预订，特别是在夏季。你可以选择在飞机中途加油的南大西洋小岛——阿森松岛（Ascension Island）上停留。可通过**福克兰群岛政府办事处**（Falkland Islands Government Office）（☎44-20-7222-2542；travel@falklands.gov.fk；Falkland House, 14 Broadway, Westminster, London, SW1H 0BH, UK）预订。

船 大多数游客都乘船到达群岛，行程大多包括到访南乔治亚岛和南极半岛（见225页）。

❶ 当地交通

探险船或游船通常会安排几次的短暂游览，探访东福克兰岛或西福克兰岛的外围岛屿上的居民点，有时也会到访斯坦利。

飞机 因当地公路较少，群岛周围的交通方式多以飞机为主。**福克兰群岛政府航空服务**（Falkland Islands Government Air Service）（FIGAS；%500-27219；figas.fig@horizon.co.fk）根据需要提供航空服务，航班从斯坦利机场出发（实为距城镇东面5公里处的地面跑道）。预订时只需指明日期，通常没有固定的飞行时间。FIGAS可能会推迟航班，以等候迟到的乘客。如需了解你的实际飞行时间，可致电FIGAS，获取每日向各FIGAS目的地发送的传真；或收听每晚广播通知，其中不仅包括航班时间表，还包括每一乘客的姓名和行程。在节假日前后的一些特殊时期，航班的预订量多会激增。这种8人座布里顿－诺曼海岛人飞机视野绝佳；飞机很少爬升至600米以上高度。

小汽车 对于乘船旅行的游客来说，租车并不实际，因为租车时间最短为三天。在道路以外驾车是严格禁止的，因此开车几乎无法到达斯坦利周边任何的景点。

团队游 可聘请当地导游（提供车辆），在其带领下游览斯坦利地区。一些景点离最近的公路也有相当长的脚程。

斯坦利港
Puerto Agentino（Stanley）

» 人口 2200

福克兰群岛首府斯坦利港不过与一座村庄差不多大。尽管自1982年以来有了快速发展，老城区仍然保持着多彩的魅力。砖瓦的运输成本昂贵，在当地又难以制造，而本地石材也难以开采，因此斯坦利的建筑工人从船只残骸中获得木材，连同金属覆层和瓦棱铁皮一起建造墙壁和屋顶，再把所有建筑都漆成明亮的色调。鲜花点缀的花园和爱国旗帜增添了生动的色彩，与周围的荒原形成鲜明的对比。古老的酒吧提醒人们，有些福克兰传统未曾改变。

斯坦利的美景和紧凑的布局非常适合步行游览。海边古老的船只残骸为港口漫步增添景致。如果有时间，你可以登上港口周围的高点，那里曾见证了福克兰群岛战争末期的激烈战斗场面。

历史

受英国辅政司斯坦利勋爵（Lord Stanley, 1799~1869）指派，福克兰第一任总督理查德·穆迪（Richard Moody）调研了斯坦利取代路易斯港成为新首府的可行性，随后便建立了这一城市。在这一时期的淘金热中，很多船只绕行合恩角前往加利福尼亚，斯坦利逐渐发展成船只补给和维修的港口。19世纪末羊群取代牛群后，该地开始快速扩张。在1982年4月2日至6月14日福克兰群岛战争期间，尽管数千阿根廷士兵曾占据此地，但所幸斯坦利未遭到炮火攻击，几乎未受损伤。

◉ 景点

基督教大教堂

(Christ Church Cathedral)　　教堂

1886年的一次大规模泥石流滑坡造成2人死亡，摧毁了数座建筑，夷平了斯坦利的圣三一教堂（Holy Trinity Church）。1890年教堂重建开始奠基，1892年新的大型基督教大教堂启用。教堂漆上了明亮的色彩，瓦楞铁皮屋顶和吸引人的彩色玻璃窗，是镇上最醒目的地标。墙上的匾额是为了纪念第一次世界大战和第二次世界大战中为英军服役的本地男性公民，以及福克兰群岛的杰出人士。

彩色玻璃窗是教堂最鲜明的特色。从正门进入教堂，映入眼帘的是解放后纪念窗（Post Liberation Memorial Window），其上带有福克兰饰章和"渴望正义（Desire the Right）"的群岛格言。下方是参加过1982年冲突的各英军部队的饰章，更下方则展示福克兰群岛和南乔治亚岛的三大特征：代表斯坦利的大教堂和拱形鲸骨；代表营地的农场定居点；以及代表南乔治亚的古利德维肯教堂和周围山脉。在这面墙的另一端则是充满魅力的玛丽·沃森（Mary Watson）窗，纪念这位推着自行车随时待命、受人爱戴的地区护士。

1992年大教堂百年纪念时，教堂会众成员绣了一些图画跪垫。跪垫描绘了福克兰群岛生活的许多方面，这系列跪垫藏品现已超过50个。

在大教堂一旁的小草坪上，安放着一具

拱形鲸骨（Whalebone Arch），由两头蓝鲸的下颌骨制成。这是由南乔治亚捕鲸站在1933年制作完成的，以纪念英国在福克兰群岛统治一百周年。

福克兰群岛博物馆

(Falkland Islands Museum)　　博物馆

（✆27428；www.falklands-museum.com；Holdfast Rd；门票£3）只要有游船停靠，该博物馆就会开放。其建筑原为LADE（Lineas Aereas del Estado；一家由阿根廷空军运营的航空公司）的阿根廷代表处而建，该航空公司在1982年之前在此从事航空服务运营。博物馆陈列日常生活用品、自然历史标本，并有很多群岛失事船只残骸藏品。外部展示有Reclus小屋等。该建筑原本是在斯坦利建造，随后运至南极洲，1956年末安置在Reclus半岛上。40年后又被拆除，并运回此地。

政府大楼（Government House）　　历史建筑

这座不规则形的政府大楼可能是斯坦利最常被拍摄的地标。这里自1845年起就成为伦敦指派的总督的家，1982年阿军占领期间曾被阿根廷指挥官梅南德兹（Menendez）短期占据。政府大楼在Ross路西侧50米，玻璃暖房前面茂盛的花园将道路和建筑隔开。大楼历经多次改造，其建筑历史生动有趣。

1914年福克兰群岛战役纪念碑

(1914 Battle of the Falklands

Memorial)　　地标

经过政府大楼就可到达这座方尖碑。纪念碑是为了纪念第一次世界大战的一次海军战役。1914年12月8日，正在斯坦利加油的九艘英国军舰，发现五艘德国军舰后迅速做出反应。这五艘德舰曾在智利南部突袭英舰。这次斯坦利战役中，英舰击沉了德军四船，使德军1871人阵亡，而英军仅牺牲了10人。

1982年福克兰群岛战争纪念墙

(1982 Falklands War Memorial)　　地标

Ross路秘书处前面这面墙上，刻着在福克兰群岛战争中牺牲的252名英军人员以及3名福克兰公民的名字。纪念墙由一位旅居海外的福克兰人设计，公众捐款出资，志愿者合力建造。每年6月14日都会在此举行纪念仪式。

斯坦利公墓与纪念树林（Stanley Cemetery & Memorial Wood）

公墓

在Ross路东端，斯坦利公墓中树立着三位年轻的Whitington家族成员的墓碑，他们是19世纪一位出师不利的先驱者的后代。墓地中出现的其他姓氏如费尔顿（Felton）和比格斯（Biggs）在福克兰群岛十分常见，就如同英国的史密斯（Smith）和琼斯（Jones）一样。公墓正面是牺牲者十字架（Cross of Sacrifice），纪念在第一次世界大战和第二次世界大战中失去生命的岛民。

纪念树林就在公墓后方，每一棵树代表着一名在1982年福克兰群岛战争中牺牲的英军士兵。

航海历史小道（Maritime History Trail）

历史步行道

信息板指明了斯坦利港最有趣的一些船只遗迹。例如，"威廉尚德"号（*William Shand*），"暴风雪"号（*Snow Squall*）和"埃格里亚"号（*Egeria*），都保存在福克兰群岛公司的东码头内，从公共码头可以看见。

共有超过100艘船只残骸分布于福克兰群岛水域，但斯坦利港周围的废船并非全部毁于航海事故。有些只不过是被遗弃了，而另一些则遭受了海运中最令人沮丧的命运：这些船被"判定危险"。加利福尼亚淘金热引发合恩角周边海运激增时，斯坦利还只有不到五年的历史。许多船只不可避免地在航行至这一出名的风暴肆虐的海岬时遇到了麻烦，并进入斯坦利进行维修。并不是所有船都能得到修理。一位绝望的船主曾报告称斯坦利"令船长们生畏，这里因为繁重的收费和拖沓的工作方式而声名狼藉"。许多被遗留下来的船只变成了漂浮的仓库。有些船只至今仍然可以看到，因为船沉后被改建成镇上的码头，或加盖屋顶改造成摇摇晃晃的建筑。

19世纪90年代前后，可靠的蒸汽船投入使用，严重威胁斯坦利的船只维修业务；1914年开通的巴拿马运河则彻底断送了斯坦利的修船业务。

食宿

除了此处所列的酒店，还有五家民宿和两家宾馆（参见www.falklandislands. com）。船只停靠镇上时，大多数餐厅会开业，供应鱼和薯条、汉堡等食物。

Malvina House Hotel

酒店、餐厅££

（☎21355；www.malvinahousehotel.com；3 Ross Rd；标单/双包括早餐£109/144；🕿）最早的Malvina House于19世纪80年代由牧羊农场主约翰·詹姆士·费尔顿（John James Felton）在此建造，他以自己的小女儿命名。所有房间都是禁烟的，装有直拨电话和卫星电视。三间海港景观大套房收取20%的额外费用。酒店的高级餐厅（晚餐主菜£17~20；⏰中午~13:30，19:00~21:00）设在酒店正面的玻璃暖房中，是镇上最好的餐厅。前菜为山地雁冻糕等菜肴。主菜有鸭胸肉和以福克兰群岛为灵感的菜肴如慢炖的本地羔羊肉。午餐（主食£7~8）包括自选汉堡以及炸鸡。比格尔酒吧就在隔壁。

Shorty's Motel & Diner

汽车旅馆£

（☎22861；www.shortys-diner.com；West Hillside, Snake Hill；标单/双包括早餐£42/55；🕿）这家旅舍位于镇中心东侧，有两个普通双人间和四间配有电视的双床双人房。餐厅（主菜£7；⏰9:00~20:00）供应快餐式早餐和汉堡（包括名为chacarero的传统智利风味三明治），全餐、法棍面包和意式热三明治。

Michelle's Café

咖啡馆£

（Philomel Hill；主菜£4~6；⏰周一至周四8:30~13:30，周五至周六8:30~13:30，17:30~0:30）供应茶、咖啡、蛋糕、汉堡和每日特色菜。

Bread Shop

面包坊、小食店

（Dean St；⏰7:30~13:30）可在这里采购面包、小食和简餐；在Globe Tavern对面有一家分店。

Woodbine Café

咖啡馆£

（29 Fitzroy Rd；主菜£4~7；⏰周二至周六

Puerto Argentino(Stanley) 阿根廷港（斯坦利港）

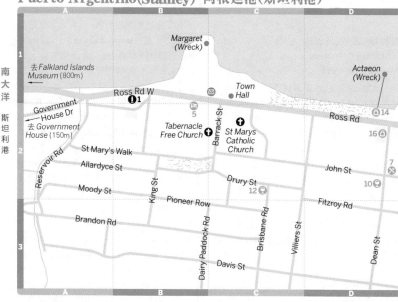

Puerto Agentino (Stanley) 阿根廷港（斯坦利港）

10:00~14:00, 周一、周三和周五18:00~20:00）供
应康沃尔馅饼、香肠卷、馅饼、鱼和薯条、鸡
肉、汉堡、三明治和热狗。

🍷 饮品

在斯坦利的酒吧你有机会与当地人一
起，大口喝下一品脱的酒。游船停靠时，酒吧
都会开业。

Globe Tavern   小酒馆

（Crozier Pl与Philomel St交叉路口）最有名
的酒吧，供应鱼和薯条等酒吧餐食。天气不
错时，在酒吧后面的啤酒花园晒着太阳，十分
惬意。

Victory Bar   小酒馆

（Philomel St与Fitzroy Rd交叉路口）可能是
当地最受欢迎的酒吧，据说在这里可以边喝

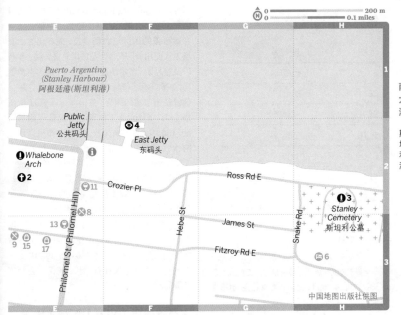

啤酒边听听本地的传闻。

Rose Hotel　　　　　　　　　　　　　小酒馆

（Brisbane Rd）19世纪60年代这里曾作为Rose公共大楼开放。

Deano's Bar　　　　　　　　　　　　　小酒馆

（John St）供应啤酒和汉堡、鱼、薯片和其他小食。

🔒 购物

游船停靠时，斯坦利的商店几乎都会营业。福克兰群岛的针织衣服、镶嵌有珍贵抛光福克兰鹅卵石的首饰、味道浓烈的叮咚嘀酱（diddle-dee jam）——群岛独特的风味之一，都是上好的旅游纪念品。

Capstan Gift Shop　　　　　　　　　纪念品

（Ross Rd）人头攒动的商场，有明信片、书籍和羊毛衣物、手工艺品等本地产品，还有与福克兰群岛无关的商品。

Falkland Collectibles　　　　　　　纪念品

（Fitzroy Rd）邮票、纸币、电话卡，等等。

FIC West Store　　　　　　　　　　　　超市

（Ross Rd）录像带租赁、文具、书籍、报纸和杂志。

Pink Shop　　　　　　　　　纪念品, 书籍

（33 Fitzroy Rd; ☉周二和周日关闭）礼品、羊毛制品、有关福克兰书籍和普通书籍，艺术家店主制作的野生动物照片，其他福克兰艺术家的作品。

ℹ️ 实用信息

上网

在码头游客中心后部可以上网，提供Wi-Fi热点、有线与无线PLC。

现金

这里没有ATM机。斯坦利大多数商户接受Visa, MasterCard和现金，以及英镑、美元或欧元旅行支票。福克兰货币在群岛外没有价值。

渣打银行（☎21352; Ross Rd; ☉周一至周五8:30~15:00）兑换货币和旅行支票。

福克兰价格标志

住宿	双人房
£	<£60
££	£60~150
£££	>£150
就餐	主菜
£	<£10
££	£10~20
£££	>£20

电话和传真

Cable & Wireless PLC（☎20804; Ross Rd; ⊘周一至周五8:00~16:30）标志是它的卫星接收盘，这里提供电话、电报、上网和传真服务，也销售电话卡。

旅游信息

码头游客中心（Jetty Visitors Center）主要的到达点；有公共卫生间；销售邮票、纪念品和公共电话卡。里面是福克兰群岛旅游局（Falkland Islands Tourist Board）[☎22215, 22281; www.falklandislands.com]，发放斯坦利指南和住宿信息。

东福克兰岛（East Falkland）

东福克兰岛有福克兰群岛最大的道路网络，通往愉悦峰国际机场和鹅原的高速公路路况不错。东福克兰岛比西福克兰岛面积稍大，但人口却多很多，大多聚集在斯坦利镇。岛的北部地势起伏，山峦起伏，通过一条狭窄的地峡与东福克兰岛南半部的Lafonia相连，而那里地势平坦，湖泊与水塘星罗棋布。

路易斯港（PORT LOUIS）

作为福克兰群岛最古老的定居点，路易斯港的历史可追溯到1764年路易斯·德·布加因维尔（Louis de Bougainville）建立的法国殖民基地。这里最古老的建筑之一是一座常春藤覆盖的19世纪农场建筑，现在仍然由农场工人使用着。不远处是法国总督大楼、要塞以及路易斯·韦尔纳建立的驻地。游客可游览马修·布里斯班（Matthew Brisbane）之墓，他曾是韦尔纳的副官，英国海军军官JJ.翁斯洛（JJ Onslow）把他留下负责管理路易斯港，1833年8月被南美牧人所杀。布里斯班曾两次在海难中生还，还曾担任比尤弗伊号（Beaufoy）船长，这艘船曾随同詹姆士·威德尔的简号（Jane），在1823年2月向南最远到达了南纬74° 15′。威德尔发现了这片海域，这片后来被命名为威德尔海。1842年詹姆士·克拉克·罗斯（James Clark Ross）从印第安人埋葬布里斯班的粗制墓地中挖出他的遗骸并重新安葬，还安放了一块木制标记。1933年这一木制标记被一块大理石取代，现保存在福克兰群岛博物馆。

志愿者海滩（VOLUNTEER BEACH）

距离Stanely不远的志愿者海滩，是一处短途旅行的好去处。这里号称有福克兰群岛最大的国王企鹅聚居地，那里的国王企鹅十分上镜。该地处在国王企鹅生存领域的最北端。这里的国王企鹅最早见于18世纪早期的报道，但到了19世纪后期，福克兰群岛的野生动植物开发利用几乎使这里的国王企鹅踪迹全无。1933年的记录显示国王企鹅第一次回归到这一海滩，但是1967年仅有15对国王企鹅在此繁育后代。从那以后，国王企鹅数量还是稳定增长，最近的统计显示有超过500对国王企鹅在此繁育后代。在桑德斯岛也有一个小型的增长中的国王企鹅群。

在志愿者海滩还栖息着大量巴布亚企鹅（850对）和麦哲伦企鹅（几百多对）。夏季时，福克兰群岛保护区会在此设置一位管理员。2月，海滩附近浅粉色白珠树结出甘甜的果实，摘下来即可食用。

从志愿者海滩出发，步行几小时来到海岬尽头的Volunteer Point。来自美国的海豹捕猎者埃德蒙·范宁（Edmund Fanning）于1815年乘坐"志愿者"号（Volunteer）到访路易斯港，Volunteer Point与海滩都以这艘船命名。通过双筒望远镜可以观察到一处南方海狗的近海聚居地，海滩上有时也能见到象海豹。

圣卡洛斯（SAN CARLOS）

英国军队在1982年战争中最先登陆位于圣卡洛斯海域南端的圣卡洛斯定居点。1983年，这里被分割成小块并卖给6个当地家庭，圣卡洛斯曾是一座大型传统牧羊站。

这里还有个不错的小型博物馆按时间顺序展示着乡村生活，介绍群岛的自然历史及福克兰群岛战争，并重点描述了从圣卡洛斯海域上岸的几次登陆。许多战役的发生地距博物馆仅一箭之隔。

经过圣卡洛斯继续来到整洁的英军战争墓地，这里距离海岸不远。252名英国士兵在当年的冲突中牺牲；这片墓地中仅有14座墓来自那场战争。有些阵亡士兵遗体留在了沉没的船中，但是大部分都被运送回英国。福克兰烈士的纪念场所位于英国伯克郡潘伯尼（Pangbourne, Berkshire）的福克兰群岛纪念教堂（Falkland Islands Memorial Chapel）中。

越过圣卡洛斯海峡，将到达Ajax湾冷冻厂（Ajax Bay Refrigeration Plant）的遗迹，这是20世纪50年代的一个草率的殖民开发企业项目，该项目后来失败，因为福克兰群岛的羊群饲养是为了羊毛，而非食用羊肉。

愉悦峰（MT PLEASANT）

福克兰群岛战争后，英军人员居住在斯坦利市内和周边地区，直到1986年才搬入刚落成的愉悦峰英国皇家空军基地。1982年后，基地人数最多时曾超过2000人，现在也有约1200人在此驻扎，使之成为群岛上第二大的人口中心。有些游客经由愉悦峰国际机场到达和离开此地。基地内有世界上最长的走廊（800米长的千年走廊）和一间公共酒吧、餐厅、电影院及几间商店，对游客开放。

达尔文（DARWIN）

达尔文位于分隔Lafonia和东福克兰岛北半部分的狭窄地峡上，以年轻的查尔斯·达尔文（Charles Darwin）命名。他在1833年至1834年间乘坐英舰"比格尔"号到访福克兰群岛，在今日的定居点所在地附近登陆并度过了一晚。达尔文后来成为福克兰群岛公司的在营地的业务中心，但到了1920年，随着定居愈发兴旺，农场变得拥挤不堪，而且还面临水资源短缺。接下来的两年间，达尔文的大部分居民都迁往邻近的鹅原。如今达尔文仅有一座较大的度假屋建筑和一座较小的、容纳了两间公寓的古老建筑。紧邻度假屋建筑是一座经过精心修复的石制畜栏，最早建于1874年。

福克兰群岛战争战场（FALKLANDS WAR SITES）

从斯坦利出发前往鹅原的途中，保存良好的1982年战争阿根廷公墓就位于道路左侧（南面）。福克兰群岛战争最激烈的地面战斗就发生在这附近。纯白的十字架标记出234座墓；近一半十字架上没有标记，或者因为许多应征士兵没有佩戴身份标牌，或者战友取下了他们的标牌交还给逝者的亲人。道路前方不远处有一座为3名英军士兵而建的小型纪念碑，后方不远处是另一座纪念碑，标记着鹅原袭击中的英国军人"H"琼斯（'H' Jones）牺牲的地方。达尔文度假屋建筑旁是一座较大型的纪念碑，纪念在进攻中牺牲的两名英国伞兵。从纪念碑向下俯瞰鹅原景色宜人。

鹅原（GOOSE GREEN）

鹅原住着80人，是营地最大的定居点。这里一度有过250名居民，但如今许多房屋都是空屋，商店和学校仍然在运营。在定居点中间坐落着社区大厅，110多位居民曾被阿根廷军队挟持关在这里长达近一个月，居民中最小的三个多月、最大的八十多岁，最后是英军释放了这些人。由政府运营的福克兰土地所有公司拥有数家农场，鹅原便是其中之一，这里放养着7.5万只羊。

海狮岛（SEA LION ISLAND）

海狮岛是福克兰群岛中有人居住的最南端岛屿，其最宽处仅有1公里多宽，但是与群岛其他岛屿相比，这里的野生动植物密集度更大。这里栖息着福克兰群岛所有5个企鹅品种，还有鸬鹚、巨型海燕和世界上最珍稀的猛禽之一"强尼鲁克（Johnny Rook）"（更确切地说是条纹卡拉鹰 Phalcoboenus australis）的大型种群。海狮岛是福克兰群岛最重要的南方象海豹繁殖地，每年春天有超过500只雌性象海豹爬上岸来生下幼仔。这座岛以海狮命名，但岛上海狮数量却不多：即使在高峰时期，岛上也只有不到100头海狮。

海狮岛与世隔绝，没有外来啮齿动物或猫，这一事实无疑促进了岛上长期丰富的野生动植物的大量繁衍。Sea Lion Lodge（☎32004; www.sealionisland.com; 旺季全食宿价格 标单/双人 £175/160; ☉4月至8月关闭; ⊛☎）在营销中宣称自己是"世界上最南端的英式酒店"。这一野外居民点拥有温暖舒适的房间、中央供暖、共用客厅，甚至一片小型高尔夫推杆果岭，为人们提供舒适体验。

布利克岛（BLEAKER ISLAND）

布利克岛北部是一座野生动物庇护所；其余地区为牧羊场。跳岩企鹅、巴布亚企鹅和麦哲伦企鹅在这里生活，还有王鸬鹚（king cormorants）、象海豹和海狮。

西福克兰岛（West Falkland）

霍华德港（Port Howard）是西福克兰岛最古老的农场，可追溯到1866年，也是福克兰群岛最大的私有农场。约有25人生活在这8.1万公顷的居住点，有4万只羊和800头牛。斯蒂芬斯港（Port Stephens'）崎岖的海岬是福克兰群岛风景最优美的地区，朝向狂风肆虐的南大西洋。数千只跳岩企鹅、鸬鹚及其他海鸟在裸露的海岸上繁育后代。这里还有西福克兰岛仅有的路况不错的道路，从圣卡洛斯海峡（福克兰海峡）的霍华德港延伸至乔治王湾的Chartres，但是这里还有多条崎岖不平的小路。

佩布尔岛（PEBBLE ISLAND）

狭长的佩布尔岛紧邻西福克兰岛的北海岸，地势多变，野生动物种类丰富，湿地面积广阔。这里还有超过1万只纯种考力代羊（corriedale sheep）。人们认为佩布尔（Pebble，卵石）岛的名字来源于岛西端海滩上发现的漂亮的玛瑙石。

在福克兰群岛战争期间，约350名阿军士兵来此建立了一座空军基地。在1982年5月14日晚上，由45名英国空降特勤队员组成的分遣队使用直升机在岛上登陆，偷偷潜入机场跑道，破坏摧毁了所有11架飞机。结果，25名岛民被锁在定居点的主要建筑中长达31天，只有每天早上会被放出来以维持农场的正常运作。

克佩尔岛（KEPPEL ISLAND）

巴塔哥尼亚使命协会（Patagonian Mission Society）（现在名为南美使命协会，South American Missionary Society）于1853年在克佩尔岛上建立了一座定居点，旨在向来自火地岛的雅马纳人（Yámana）传授如何种土豆，而不再依靠狩猎和采集生活。

这项任务备受争议，因为政府怀疑雅马纳人并非自愿来到这里，但是仍不顾雅马纳人易染疾病，这项任务直到1898年才结束。多名雅马纳人死于肺结核，一名福克兰群岛总督将此归因于他们的"敏感体质"，但似乎繁重的体力劳动、饮食的变化、欧洲人带来的疾病以及潮湿石屋里艰苦的生活条件才是雅马纳人死亡的更重要原因。然而，这项任务无疑是获利不菲的，到1877年这项任务依靠牛羊放牧和种植园带来了近1000英镑的年收入。

克佩尔岛如今完全成为一座牧羊场。从前的小教堂如今是一座羊毛库房，而雅马纳人住房的石墙仍然保存完好。克佩尔岛还是企鹅的观赏胜地。

桑德斯岛（SAUNDERS ISLAND）

福克兰群岛第一座英国要塞于1765年在Egmont港口建立。1767年，法国将其定居点转让给西班牙后，西班牙军队将英国人逐出桑德斯岛，差点导致两国战争爆发。英国人于1774年自行离开后，西班牙人将定居点夷为平地，美丽的圆木小屋也未能幸免。如今这里只剩下了码头、大面积的地基和一些建筑的残垣断壁，以及英国水手建造的花园平台。大量跳岩企鹅在岛上繁育后代，在它们从海浪中艰难爬出的时候，在岩石中磨出了一道道的沟痕；巴布亚企鹅、国王企鹅和麦哲伦企鹅也在这里生儿育女。

卡卡斯岛（CARCASS ISLAND）

虽然名字不太讨喜，但小岛卡卡斯的确风景优美。这里栖息着各种野生动物，还有一个小规模的巴布亚企鹅种群和几个较大的麦哲伦企鹅聚居地，它们甚至会在岛主罗布·麦吉尔和洛兰·麦吉尔（Rob and Lorraine McGill）的房子下面筑巢。由于岛上从来没有猫或鼠类，所以这里有着丰富的小型鸟类。这座岛名称来自于英舰"卡卡斯"号（Carcass），这艘船与英舰"杰森"号（Jason）在1766年至1767年间，共同建立了桑德斯岛的Egmont港口。

西点岛（WEST POINT ISLAND）

西点岛的主人是莉莉·内皮尔和罗迪·内皮尔（Lilly and Roddy Napier），这座岛不同寻常之处在于大型的簇生植物种植园，由20世纪初一位富有远见的农场主在此改种。经过主要房屋步行2.5公里就来到名为魔鬼之鼻（Devil's Nose）峭壁丛生的海岬，海岬位于西海岸，这里栖息着500对跳岩企鹅和2100对黑眉信天翁，它们在一座天然的圆形剧场中筑巢，大海是它们的舞台。

杰森群岛（JASON ISLANDS）

紧邻西福克兰岛的西侧海岸，杰森群岛绵延达65公里，处在福克兰群岛的最西端。它的名字来源于英舰"杰森"号（Jason），1766年英国派遣这艘船对福克兰群岛进行勘查。群岛最大的岛一个是11公里长3公里宽的大杰森岛（Grand Jason），另一个是西边的小杰森岛（斯蒂普尔杰森岛）（Steeple Jason），10公里长、最宽处1.5公里宽。两座岛都是无人居住的自然保护区，由纽约市的野生动物保护协会（Wildlife Conservation Society）所有。小杰森岛（斯蒂普尔杰森岛）栖息着世界上最大的黑眉信天翁种群：11.3万对黑眉信天翁在一座大型聚居地筑巢，其领域顺着上风

面西海岸延伸长达5公里。岛上还有6.5万对跳岩企鹅。

新岛（NEW ISLAND）

该岛是福克兰群岛最西端的有人居住的岛，也是独一无二的野生动物乐园，栖息着企鹅、信天翁、海燕和海鸥的大型种群。

岛上由两处私人地产组成。南新岛（New Island South）由南新岛保护信托（New Island South Conservation Trust）看管，该组织旨在促进对生态与保护的研究。北新岛（New Island North）由托尼·蔡特和金姆·蔡特（Tony and Kim Chater）所有，也是一座自然保护区。

18世纪晚期，新岛的良港和丰富的野生动植物资源使其成为北美捕鲸者和海豹猎捕者的重要基地。新岛的名字来源于航海者在新英格兰的船籍港：纽约、新贝德福德、新伦敦等。

挪威一家捕鲸公司派出第一艘现代浮动加工厂船Admiralen号前往南方地区，1905年圣诞节前夕开始在新岛进行捕鲸活动。1908至1916年，苏格兰Leith的捕鲸公司Salvesen经营着一座海岸捕鲸站。当时附近没有足够的鲸鱼，公司随后在南乔治亚经营业务。捕鲸站的一些遗迹保存至今，位于东海岸定居点的南侧3公里处。

在定居点港（Settlement Harbour）海滩上搁浅的是"保护者"号（Protector），这艘船于20世纪30年代末/40年代初在Nova Scotia建造，曾是加拿大海军的扫雷舰。后被开到福克兰群岛，被当地的海豹猎捕企业收用，最终弃置在这片海滩上。

海滩上方是Barnard纪念博物馆，内有一座粗制石头小屋旧址。小屋由巴纳德船长（Captain Barnard）建造，1813年他不幸地遭遇到一艘英国失事船只上的船员后，就被困在岛上，孤立无援。那艘英国船的幸存船员，除两人外，合伙抢走了巴纳德船长的船，把他和其他四人滞留岛上长达两年。就在这伙海盗乘船离开时，英国武装双桅船"南希"号（Nancy）到达这里并将这艘船作为战利品缴获。而巴纳德和他的伙伴们则一直在岛上待到1814年12月。

在岛上险峻的西海岸，栖息着跳岩企

鹅、王鸬鹚和黑眉信天翁的大型种群，还有南方海狗的大型栖息地。巴布亚企鹅和麦哲伦企鹅也在新岛上繁育后代。

南极汇流圈
（ANTARCTIC CONVERGENCE）

在前往南极洲的路上，你一定会经过南极汇流圈，也被称为"南极锋"（Antarctic Polar Front）。汇流圈以南和以北的海域在盐分浓度、密度和温度上有很大不同。南北洋流相遇发生剧烈的混合，海底的养分被搅到海面，使得汇流圈盛产海藻、磷虾等南极食物网底层的小型生物。

南极汇流圈的确切位置在一年间会发生微小变化，每一年之间也有所不同。关于汇流圈不管你有过多少耳闻，你穿越其中时却并无感觉。大海并没有变得更加险恶，海面通常也没有什么变化。重要的指标是水温的下降，这一温度变化可用船上设备检测出来，但你自己是绝对察觉不出的。

这条线随着季节和经度变化，在其北侧，夏季洋面温度约为7.8℃，而海面为3.9℃。冬季，汇流圈北侧温度降至约2.8℃，南侧仅为1.1℃。关于南大洋的更多信息参见175页。

南乔治亚岛
（SOUTH GEORGIA ISLAND）

南乔治亚岛是南极洲最早的门户之一，在1904至1966年间是庞大的南大洋捕鲸业的中心所在。几次重要的南极远征都在往返南极大陆的途中到访岛上的捕鲸站，其中著名的有沙克尔顿的几次远征。每一座捕鲸站都设有公墓或墓地（www.wildisland.gs）。

南乔治亚岛山峰险峻且覆盖厚厚的冰川，整座岛呈新月形（170公里长，最宽处40公里宽），呈现高低起伏的地形。Allardyce山脉（Allardyce Range）构成了岛的主体。岛上最高点为Paget峰（Mt Paget）（2934米），

1964年人类首次攀登这座山峰。全岛面积为3755平方公里，57%被冰川覆盖。

到访船只主要聚集在南乔治亚岛的东北海岸，那里有众多峡湾以及栖息着令人惊叹的野生动物的海滩。这一海岸受到岛上高山保护不受盛行西风的侵袭，这也是为什么所有的捕鲸站都建在岛上的这一侧。

历史

出生于伦敦的商人安东尼·德·拉·罗谢（Antoine de la Roche）可能是最先见到这座岛的人，1675年4月他从秘鲁航行前往英格兰时，发现了这座岛。詹姆斯·库克船长于1775年1月17日第一次登岛，当时他以乔治三世（King George III）为这座岛命名——乔治亚岛（Isle of Georgia），并宣布陛下对此岛拥有主权。

因为地处60°S以北，南乔治亚岛并非南极条约所涵盖的地区。1908年英国政府将之前声称拥有主权的地区合并为统一的领地，命名为福克兰群岛附属领地（Falkland Islands Dependencies）（包括南乔治亚岛，南奥克尼群岛，南设得兰群岛，南桑威奇群岛和南极半岛的格雷厄姆地）。如今它们是英国海外领地。

南乔治亚岛的海豹猎捕

库克船长有关南乔治亚的报告在1777年发表，报告中对当地海狗的描述引发英国的海豹猎捕者蜂拥而来，1786年起陆续抵达这里。美国人紧随其后，不到五年，在南大洋就有超过100艘船进行猎捕以获取海狗皮和象海豹油。一头大型象海豹可产出一桶170升的油（一头大的雄象海豹甚至可产出两倍于此的油）。

例如，在1792至1793年一个猎捕季中，英国的海豹猎捕船"安"号（Ann）在南乔治亚岛获得了3000桶象海豹油和5万张海豹皮。仅在1877至1878年一季，美国海豹猎捕船"特里妮蒂"号（Trinity）就获得了1.5万桶海豹油。1909年，美国船"黛西"号（Daisy）在这里停留的5个月可能是海豹猎捕船最后一次到访南乔治亚，那时仅发现了170头海狗。

海狗猎捕如此彻底，以至于到20世纪30年代岛上南极海狗数量很可能降至最低，仅

与南乔治亚岛有关的书籍和电影

《南乔治亚游客指南》(*A Visitor's Guide to South Georgia*)(2005),莎莉·庞塞特(Sally Poncet)与金姆·克罗斯比(Kim Crosbie)著。这是一本优秀的概览,介绍这座岛的历史、野生动植物、政府和研究,还包括游客通常到访的25个景点的介绍。

《南极绿洲:南乔治亚的魔力之下》(*Antarctic Oasis: Under the Spell of South Georgia*)(1998),蒂姆与波林·卡尔(Tim and Pauline Carr)著。这本文字优美的摄影书由一对夫妇编著,他们在位于古利德维肯的游艇上生活多年。

《南乔治亚岛》(*The Island of South Georgia*)(1984),罗伯特·黑德兰(Robert Headland)著。南乔治亚岛及其历史和地理的权威研究著作。

《邂逅南极:目的地南乔治亚》(*Antarctic Encounter: Destination South Georgia*)(1995),莎莉·庞塞特(Sally Poncet)著。通过与父母一起乘游艇探索南乔治亚岛的三个男孩的视角探讨野生动物和历史。

《真实的伊甸园:冰雪天堂南乔治亚岛》(*The Living Edens: Paradise of Ice, South Georgia Island*),英国广播公司自然历史部著。南乔治亚岛野生动植物的绝佳介绍。

有约100头存活。后来的80年间,这一种群数量的恢复令人震惊,如今南乔治亚岛上有超过300万头海狗。

南极捕鲸之都

南乔治亚捕鲸业始于1904年,当时设在布宜诺斯艾利斯的挪威公司Compañía Argentina de Pesca在古利德维肯建立了第一座南极捕鲸站。公司仅使用一艘捕鲸船,第一年就捕获了183头鲸。虽然起步阶段还不算惊人,但捕鲸业迅速发展成巨大产业,产值达到数百万克朗,也标志着南乔治亚岛的人类长期定居时代的开始。

最终海岸上总共建立了6座捕鲸站——古利德维肯,海洋港(Ocean Harbour),利斯港,胡斯维克(Husvik),斯特洛姆内斯港和奥拉夫王子港(Prince Olav Harbour)——以及在噶德萨尔(Godthul)设立的一座用于浮动工厂的锚地。古利德维肯是第一座也是运营时间最久的捕鲸站,一直到1965年才结束运营。古利德维肯捕鲸站之所以能够比其他捕鲸站运营得更久,部分原因在于它同时还加工象海豹油。象海豹油占其产油总量的近20%。

1925至1926年期间是南乔治亚岛最兴盛的捕鲸季之一,当时曾有5座海岸捕鲸站,一座船上工厂和23艘捕鲸船。共计捕杀了1855头蓝鲸,5709头长须鲸,236头座头鲸,13头大须鲸和12头抹香鲸,产出404 457桶油。有记录的体形最大的动物(体长超过33.5米)是一头雌性蓝鲸,于1911至1912年的捕鲸季在古利德维肯捕获。

大萧条以及刚刚萌芽的鲸鱼保护意识阻碍了捕鲸业的蓬勃发展。1931至1932年的捕鲸季,奥拉夫王子港和斯特洛姆内斯港的捕鲸站永远关闭,而胡斯维克和利斯港的捕鲸站也短暂关闭。

1961至1962年的捕鲸季,一度主导鲸鱼贸易的挪威公司也无法再维持令人满意的利润(1909年在古利德维肯进行的人口普查表明720名捕鲸者中有93%是斯堪的纳维亚人)。日本投资商希望靠冷冻的鲸肉赚钱,于是在下一捕鲸季接手了南乔治亚岛的捕鲸业务,但是很快也发现这项业务无法盈利,并于1965年关闭了最后一座海岸捕鲸站——古利德维肯捕鲸站。

1904至1966年间南乔治亚岛的鲸鱼总捕获量为41 515头蓝鲸,87 555头长须鲸,26 754头座头鲸,15 128头大须鲸和3716头抹香鲸:共计175 250头。然而,陆地捕鲸站的捕鲸量仅占南极捕鲸总量的10%。关于南极捕鲸的更多信息,参见198页。

South Georgia Island 南乔治亚岛

南大洋 南乔治亚岛

20 km
10 miles

0
0

Ⓝ

ATLANTIC OCEAN 大西洋

Trinity Island
Willis Islands 威利斯群岛
Verdant Island
Main Island
Shag Rocks (250km northwest)
Stewart Strait

Bird Island 伯德岛
Elsehul 埃尔森赫
Church Bay
Right Whale Bay
Undine Harbour
Ernesto Pass
Ice Fjord
Saddle Island

Cape North

Welcome Islets
Buller
Prion Island
Cape
Albatros Island 阿利巴特岛
奥拉夫
Prince Olav 王子港
Cape Wilson

Blue Whale Harbour

Fortuna Bay 财神湾

Cape Constance

Rosita Harbour
Bay of Isles 岛屿湾
Salisbury Plain
Grace Glacier
Peggotty Bluff
赛利斯博瑞平原 Shackleton
Plain Harbour
Murray Snowfield
The Tridents (1337m)

Gap Shackleton Route 沙克尔顿线路
Antarctic Bay
Possession Bay

Hercules Bay 赫拉克勒斯湾
Stromness Bay 斯特洛姆斯湾
Leith Harbour 利斯港
Stromness 斯特洛姆
Husvik 胡斯维克 Larsen Point
闰斯港

Cobbler's Cove

Godthul 嘎德薩尔
Ocean Harbour 海洋港
Hound Bay

St Andrews Bay 圣安德鲁斯湾
Cape Harcourt
Royal Harbour
Cape Charlotte
Gold Harbour

Mt Skittle (481m)
Nordenskjöld Peak (2355m)
Molke Bay 莫克海湾

King Haakon Bay
Cave Cove
Esmarc Glacier
Cape Rosa
Nuñez Peninsula

Cheapman Bay
Jossac Bight

Cape Nuñez

Annenkov Island

Jacobsen Bight

Cumberland East Bay
Cumberland Peninsula
Thatcher Peninsula
Grytviken 古利德维肯
Hestesletten
Gulbrandsen Lake
Neumayer Glacier
Moraine Fjord

Mt Sugartop (2323m)
Mt Paget (2934m)
Hamberg Glacier

Allardyce Range R a n g e
Brögger Glacier
Salvesen 圣萨鲁斯
Mt Paterson (2200m)

Pickersgill Islands

Ducloz Head
Undine South Harbour

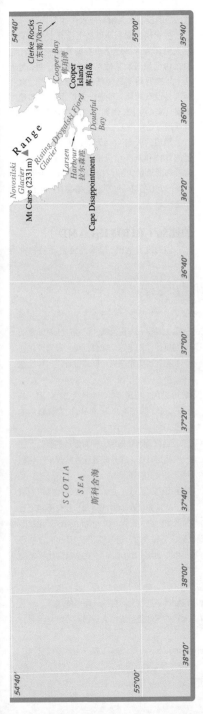

战争中的南乔治亚岛

　　1982年战争蔓延到了南乔治亚岛。3月25日，阿根廷海军舰Bahía Paraíso号到达利斯港，建立了要塞，挑战英国对南乔治亚岛的"主权"。这艘军舰后来因为在南极半岛沿岸的昂韦尔岛漏油而声名狼藉。4月3日200名阿军士兵乘Bahía Paraíso号、Guerrico号和舰上搭载的直升机在爱德华王海岬（King Edward Point）登陆，受到22名英国皇家海军的抵抗。经过两小时的激烈战斗，几名阿军士兵阵亡，两架阿军直升机也被击落，阿军夺取英军基地并俘获了这些英国海军及基地的科学家，作为战俘带回阿根廷。

　　作为报复，伦敦派遣了6艘军舰，其中包括核潜艇英舰"征服者"号（Conqueror）。1982年4月25日这支部队收复爱德华王海岬，第二天又夺取了阿根廷设在利斯港的要塞。阿根廷潜艇"圣达菲"号（Santa Fé）被击沉；185名阿军士兵沦为战俘，后来在乌拉圭释放。在福克兰群岛战争中，英国皇家海军将南乔治亚岛作为基地。

　　如需了解关于发生在南乔治亚岛的战争记录，可阅读罗杰·珀金斯（Roger Perkins）编著的引人入胜的《小鹦哥作战》（Operation Paraquat）（1986）。

◉ 景点与活动

　　南乔治亚岛有着多样而丰富的野生动植物。海狗（超过300万只）主要聚集在西北海岸，繁殖季节海狗挤在海滩上，要想上岛，会惊扰这些海狗，甚至会被它们咬伤。

　　超过500万对马可罗尼企鹅在岛上筑巢。最大的国王企鹅聚居地（30万只企鹅）坐落在圣安德鲁斯湾（St Andrews Bay）的海滩上。赛利斯博瑞平原（Salisbury Plain）也有大量国王企鹅筑巢。

　　早期到访者带到南乔治亚岛的老鼠极具破坏性，所幸普利昂岛（Prion Island）没有鼠类骚扰，使得这里成为漂泊信天翁的家园，数千只的挖洞海鸟在此大量繁殖。此外，东南海岸外的**库珀岛（Cooper Island）**，南海岸外的**安年科夫岛（Annenkov Island）**，岛屿湾（Bay of Isles）的信天翁岛**（Albatross Island）**，以及南乔治亚岛西北端外的伯德岛（Bird Island）这四座岛屿也没有老鼠，为大量海鸟提供庇护，但它们未对游客开放。

南乔治亚岛有两种迷人的特有鸟类：南极洲唯一的鸣禽南乔治亚鹨，是世界上已知唯一的食肉性鸭子——南乔治亚针尾鸭。南乔治亚岛的3000头驯鹿是在1911年由捕鲸者引进的，因为冰川的阻挡，仅存在于岛上的两个地区内。

威利斯群岛（WILLIS ISLANDS）

群岛以库克船长的候补军官托马斯·威利斯（Thomas Willis）命名，这位"不羁、贪杯的候补军官"，于1775年1月14日第一个发现这座群岛。这些岛屿屹立于海中，海拔高达551米（主岛最高点）。群岛包括了Trinity岛、Verdant岛和几座较小的岛。不同寻常的是，

这些岛屿没有永久积雪或永久冰。

尽管现在威利斯群岛上没有太多海狗，但人们认为群岛曾是小群海狗的避难所，它们在19世纪海豹猎捕浩劫中幸免于难，是近几十年南乔治亚岛激增的海狗的祖先。威利斯群岛没有老鼠，因此成为挖洞鸟类和地面筑巢鸟类的家园，例如小型海燕和锯鹱，还有南乔治亚岛独一无二的鹨。

黑眉信天翁（3.4万对，南乔治亚岛总数量的1/3）和灰头信天翁（2.5万对，南乔治亚这种鸟的总量为8万对）在此筑巢。可能南乔治亚的250万对马可罗尼企鹅中有一半也生活在这里。

伯德岛（BIRD ISLAND）

因为没有老鼠，伯德岛野生动植物种类

沙克尔顿的远征　托尼·惠勒 (TONY WHEELER)

1964年一队英国军方人员首次重走欧内斯特·沙克尔顿穿越南乔治亚岛的远征——他们拖着雪橇，战胜险恶的气候，挺过36小时的暴雪（期间一阵狂风将他们插在帐篷外雪地里的滑雪板折成两半）。从此有多个私人远征队和游客团体重走这个穿越征程。通常穿越途中要宿营两晚，不过有时也需要再多露宿一晚——如果条件特别恶劣，穿越征程还可能耗费更长时间。

Peggotty Camp 营地距离斯特洛姆内斯只有35公里，但是步行距离约为50公里。条件好的时候，步行不会特别困难：海拔最高约为650米，除了离开 Tridents 时有段陡峭的下坡路，这段路的上坡和下坡都比较平缓。

然而南乔治亚的条件并不宜人。沙克尔顿在航行至南乔治亚岛后，拖着疲惫的身躯，使用非常简陋的设备，用36小时不停留地完成这一次远足征程，这一成就就让人赞叹——但他也十分幸运，因为他遇到了好天气，那确实是数月以来仅有的好天气。

许多方面表明，1916年这段路的步行条件甚至比现在要好。全球气候变暖和冰川消融使得沿路某些地点的地势变得更加难以应付。威廉·布莱克（William Blake）在关于坚忍号的 IMAX 电影的拍摄记录中曾评论道，顶尖的登山者康拉德·安克（Conrad Anker）和莱因霍尔德·梅斯纳（Reinhold Messner）配有现代的设备和衣物，仍需要超过10小时才能穿越 Crean 冰川（Crean Glacier），而沙克尔顿的团队只用了5小时。沙克尔顿时代平坦的雪原现在已变成布满缝隙的冰川。

在一年当中的不同时节，这段步行道路也有所不同。在11月或12月，步行者可能面临更加险恶的天气，但是更多的冰雪覆盖，可使步行变得更加容易。在这一季节的尾声，冰雪覆盖减少，会增加要跨越的冰川裂隙，在厚厚的松软的雪地里行进也会更跟跄艰难。但是，有些区域可能没有冰雪，步行会比较容易。

Aurora Expeditions（www.auroraexpeditions.com.au/alpine-crossing）是一家旅游运营商，组织该项远足活动。

托尼·惠勒是 Lonely Planet 出版公司的共同创始人。

繁多，南乔治亚繁殖的31种鸟类中有27种在这里栖息。库克船长因为"岛上庞大的鸟类数"量而将该岛命名为"Bird"（鸟）岛。遗憾的是，该岛禁止游客进入。

伯德岛的英国南极调查局研究站（**BAS field station**）是生物学家梦寐以求的工作地点（这里夏季有12名生物学家，冬季有4名），他们来到这里研究岛上的5万对企鹅、1.4万对信天翁（包括不到1千对漂泊信天翁）、70万只夜间活动的海燕和6.5万只海狗，繁殖高峰期这些动物遍布海滩。

埃尔森赫（ELSEHUL）

埃尔森赫——在挪威语中意为"其他人的小海湾"——与南海岸上的Undine港（Undine Harbour）之间被一道不到400米宽的地峡分隔开。和Undine港一样，埃尔森赫是南乔治亚岛主要的海狗繁殖地之一。11月至次年3月期间的繁育季节，海滩挤满了好斗的雄海狗和雌海狗，以致于登陆成为不可能的事。然而乘橡皮艇航行可欣赏到绝佳景观，包括海滩上繁殖活动的忙乱景象，以及海豹猎捕者的3座炼油锅。马可罗尼企鹅和巴布亚企鹅，还有数千只海燕和小型信天翁都在此筑巢。

露脊鲸湾（RIGHT WHALE BAY）

露脊鲸湾也有一片挤满海狗的海滩。海滩足够长，海滩后方的地区也足够宽阔，因此可以在此登陆。一座大型国王企鹅聚居地从海湾东端的海滩向后方延伸。

岛屿湾（BAY OF ISLES）

岛屿湾是南乔治亚岛最受欢迎的地区之一，这里宽阔的海湾中有7座有趣的岛屿，包括信天翁岛（Albatross Island）（不向游客开放）和普利昂岛，这两座岛上都没有老鼠，是重要的鸟类繁育地。漂泊信天翁和巨型海燕在此筑巢，还栖息着大量的南乔治亚鸬。由于之前游客的到访对漂泊信天翁形成压力，如今普利昂岛的游客只能在一座木板人行道上活动。这座岛在海狗繁育高峰季不向游客开放（11月20日至1月7日）。

赛利斯博瑞平原（SALISBURY PLAIN）

赛利斯博瑞平原是一片巨大的绿色平原，位于Grace冰川（Grace Glacier）前方。因为在换羽季这里有多达25万只国王企鹅，使这里成为南乔治亚岛第二大的国王企鹅聚居地。爬上布满草丛的山坡，极目远眺，不仅有动物聚居地，也有岛屿林立的美丽海滨。象海豹和海狗在沙滩上拖曳着自己的身躯，进行繁殖、产仔和换毛。

奥拉夫王子港（PRINCE OLAV HARBOUR）

奥拉夫王子港位于占领湾（Possession Bay）入口外，捕鲸者以挪威的皇太子为其命名。港口原来被海豹捕猎者和捕鲸者称为"Ratten Hafen"（鼠港），因为具有严重破坏性的褐鼠是在1800年由这里开始进入南乔治亚的。此地没有企鹅聚居地，因此很少有游客到访。

捕鲸加工厂船"复原"号（Restitution）于1911至1916年间在此作业，一座海岸捕鲸站于1917至1931年间也在此运作。1916年欧内斯特·沙克尔顿著名的横穿南乔治亚岛的跋涉本可以此作为终点，但沙克尔顿以为这里的捕鲸站冬季会关闭，才和同伴们一直远行到达斯特洛姆内斯。

三桅船"布鲁特斯"号（Brutus）特意被从普敦拖到这里，并作为一艘装煤船停靠于此。尽管捕鲸站未对游客开放，但布鲁特斯号搁浅海滩上方山坡上的要塞，以及那里6座雄伟的铁十字，都可以参观。

占领湾（POSSESSION BAY）

库克船长于1775年1月17日在此登陆，并宣布乔治三世陛下对此岛拥有主权。因为占领湾没有绘制完备的地图，到访船只都会有些胆战心惊。东南角的冰川滚滚奔向海湾，偶尔有崩解的冰山进入海湾。

财神湾（FORTUNA BAY）

沙克尔顿的团队从财神冰川（Fortuna Glacier）下来到海湾西侧，沿着海湾边缘绕到东侧，再翻越山鞍，下行到达斯特洛姆内斯。

财神湾以Compañía Argentina de Pesca公司的第一艘捕鲸船*Fortuna*号命名,1904年卡尔·安通·拉尔森(Carl Anton Larsen)在古利德维肯建立捕鲸站时把船开到这里。海湾前部有一座大型国王企鹅聚居地,还栖息着许多象海豹和海狗。海滩西端地表岩层之下是个海豹猎捕者的山洞(**sealer's cave**)。乌信天翁在海滩的峭壁上筑巢。

赫拉克勒斯湾（HERCULES BAY）

这片海湾以一艘挪威捕鲸船命名,该船曾在一次风暴中来此避难。这片海湾是观赏马可罗尼企鹅的绝佳地点。

利斯港（LEITH HARBOUR）

利斯港是南乔治亚最大的捕鲸站,它以Salveson捕鲸公司的所在地——苏格兰的Leith命名。在捕鲸时代,利斯港曾有一座电影院,捕鲸者会从斯特洛姆内斯沿着小路绕行,就为了看一场夜场电影。如今电影院锈迹斑斑的遗迹不向游客开放,但游客乘橡皮艇航行能清楚看到剥皮台和其他结构。可从捕鲸站南侧登陆,访问1917至1961年间埋葬了57个人的公墓。

斯特洛姆内斯（STROMNESS）

斯特洛姆内斯以作为沙克尔顿史诗般的南乔治亚穿越之行的终点而闻名,1907年这里成为弗里乔夫·南森II号(*Fridtjof Nansen II*)浮动加工厂船的锚地。海岸捕鲸站于1913年开始运营,但在1931年转变为一座修船场,直到1961年关闭。

胡斯维克（HUSVIK）

浮动加工厂船"半人牛"号(*Bucentaur*)1907年在胡斯维克停靠,一直运营到1913年。海岸捕鲸站(不向游客开放)于1910年启用,1960年关闭,许多设备被拆除并转移至古利德维肯。

32米长、179吨重的"卡拉卡塔"号(*Karrakatta*)被从水中拖出,安全停靠在船台上,这样船上的燃煤锅就可以产生蒸汽,为旁边的工程车间提供动力。船体凿开一个洞使蒸气管与车间相连接。

捕鲸站南侧,禁区之外,坐落着经理别墅(**Manager's Villa**)和公墓。

居尔布兰森湖(**Gulbrandsen Lake**)坐落在胡斯维克西南3公里处的群山之中,诺伊迈尔冰川(Neumayer Glacier)成为其天然堤坝,该湖是南乔治亚岛最大最壮观的湖泊之一。冰山有时漂过湖面,但这座湖定期地会突然完全干涸。岸上的阶地标记出早期的水平面。

古利德维肯（GRYTVIKEN）

南乔治亚岛唯一可以参观的捕鲸站(有毒材料和危险结构已被政府移走,这项工程耗资750万英镑)古利德维肯是该岛第一座也是运营时间最长的捕鲸站,运营历史从1904年持续到1965年。

尽管一整头鲸鱼可以在20分钟内被分解,但有时很难跟上捕鲸船的节奏!可能一次会捕到多达四十多头鲸鱼,使整个古利德维肯湾布满了鲸鱼残骸,它们体内充满压缩空气以保持漂浮。为了跟上进度,加班工作可得到双倍工资。

这里禁止饮酒,但是仍有非法蒸馏器制造自产烈酒。在古利德维肯没有严重的犯罪问题;监狱主要用于为到访的远征队提供住宿。

南乔治亚博物馆（South Georgia Museum）

（http://sgmuseum.gs）进入奇妙的南乔治亚博物馆时,一定要抬头看看悬挂于头顶的漂泊信天翁标本。这将是你最近距离观察这种壮观的鸟类的机会,他们的体型大得惊人。

博物馆位于从前捕鲸站管理者的住所内,这座建筑于1916年由挪威人建造。这里陈列着各式迷人的展品,他们都与南乔治亚岛的历史和野生动植物有关。商店销售一系列上好的衣物、纪念品和书籍。

"Kino"(电影院)建于1930年,就在捕鲸者教堂的前方。1994年风暴摧毁了这座电影院,断壁残垣也在2002年被拆除,但是电影院招牌和放映机都保存在了博物馆中。

足球场保留至今,但是网球场没有被保留下来。

古利德维肯捕鲸站的运作 罗伯特·伯顿 (ROBERT BURTON)

古利德维肯意为"Pot Cove, 锅湾",以当地发现的海豹捕猎者的炼油锅命名。作为一座"湾中湾",此处成为南乔治亚岛的最佳港口,被挪威船长卡尔·安通·拉尔森选中建了南极海域第一座捕鲸站。1904 年 11 月 16 日,拉尔森带领一小支船队到达这里,建立了工厂,5 个星期后开始从事捕鲸活动。尽管公司为阿根廷所有,但捕鲸者大部分都是挪威人。起初利润十分丰厚,但由于鲸鱼数量变得非常稀少,古利德维肯最终被迫关闭。2004 年至 2006 年间曾对捕鲸站进行了一次大规模的清理。几座建筑、大型机械和三艘搁浅海滩的海豹捕猎船都保留了下来。

在古利德维肯的早期岁月,鲸鱼身上只有鲸脂被人们拿来加工利用。后来,鲸肉、鲸骨和内脏都被拿来熬制油脂,鲸骨和肉粉成为重要的副产品。

捕鲸站工人的生活十分艰苦。捕鲸季从 10 月持续到次年 3 月,工人们每天工作 12 小时。捕鲸业的全盛时期有多达 300 人在此工作。有一些人留下越冬以维护船只和工厂。

木制剥皮台位于两座主要码头之间的大型开放空间。鲸鱼尸体被拖至剥皮台基部的铁板滑道,并用鲸鱼绞车拖上剥皮台。(现在 40 815 千克的电绞车已从剥皮台的顶部拆走了)剥皮工人使用曲棍球棍形状的剥皮刀在鲸鱼身上划开鲸脂。蒸气绞车上附着的缆绳从鲸鱼尸体上撕下一条条鲸脂,如同剥香蕉皮一样,现在游客仍可见到这些缆绳。

鲸脂被绞碎并投入熬鲸脂锅——剥皮台右侧的 12 个大型垂直圆筒。每一个锅都可容纳约 24 吨的鲸脂,熬煮约五小时以榨出油来。油经过管道输送到分离器,通过离心过滤进行净化,最终进入捕鲸站后方的储油罐中。24 小时内可加工约 25 头长须鲸(每只 18 米长)。它们将产出 1000 桶(160 吨)油。

鲸鱼剥皮完毕后,鲸鱼肉、舌头和内脏被分割手们(他们的名称来源于"分割"的挪威语单词)切下来,拖上剥皮台左侧的陡坡,到达煮肉区并投入旋转的锅中。头部和脊骨被向上拉至剥皮台后方的另一坡道(现在已经不在了),到达煮肉区,并被大型蒸气锯切割开来然后进行烹煮。

榨油之后,鲸鱼肉和骨头的残渣被干燥处理后被用作动物饲养肥料和植物肥料。捕鲸年代末期鲸鱼肉提取物是由鲸脂锅旁的一个车间用硫酸进行制作。这种提取物被用在汤粉和其他加工食品中。

沿着海岸,经过锅炉和肥料店(现在已经不在了),就是弃置在此的"海燕"号 (Petrel)。这艘船建于 1928 年,在 1956 年之前用于捕鲸,然后转用于海豹猎捕。连接桥与炮台的步行小道已被拆除,现在的炮是近期装上的。在捕鲸站的这片区域坐落着工程车间、铸造厂和锻铁铺,捕鲸者能在这维修他们的船只。更远处是猪圈、肉类冷藏库,山坡上是水力发电厂。在海岸上有木制三桅帆船"路易丝"号 (Louise) 烧毁后的残骸,这艘航船于 1869 年在美国缅因州 Freeport 建造,1904 年作为补给船来到古利德维肯,并作为装煤船留在这里,直到 1987 年在爱德华王海岬 (King Edward Point) 的英国驻军进行的一次训练中,这艘船被烧毁。

罗伯特·伯顿在 1995 至 1998 年间担任南乔治亚博物馆馆长。

捕鲸者教堂 (Whalers' Church)   教堂

于 1913 年圣诞节进行祝圣的捕鲸者教堂,是一座典型的挪威教堂,现已经过修复。事实上,这座教堂原来建在 Strømmen,后被拆除并运到这里。教堂内有古利德维肯建立者卡尔·安通·拉尔森以及沙克尔顿的纪念碑,后者的葬礼在这里举行。游客可受邀上楼摇响两座钟。古利德维肯的第一位牧师克里斯滕·洛肯 (Kristen Löken) 曾哀叹"捕鲸者的宗教生活还远远不足"。教堂曾用于几次

右侧栏:南大洋 南乔治亚岛

沙克尔顿在南乔治亚

欧内斯特·沙克尔顿与南乔治亚岛有着密不可分的渊源，上岛进行探访活动的登陆点通常都与他的远征相关。

古利德维肯是最重要的也是游客到访最多的地点。沙克尔顿乘坐"坚忍"号向南远征路上，最先于1914年11月在这里停留。他从捕鲸者那里听说那一年威德尔海冰封冻得很严重，尽管他因此推迟几周才出发，海冰还是吞没了他的船。

沙克尔顿和他的5名同伴乘坐救生艇"詹姆士·凯尔德"号（*James Caird*）从大象岛（Elephant Island）出发，经过16天1300公里奇迹般的航行后，终于在1916年5月10日黄昏，从狭小的 **Cave Cove** 湾登陆。此时距他们离开南乔治亚岛已整整过了522天。这些人立即跪在一处淡水溪流旁，"纯净的、冰冷的水一饮而下，仿佛在我们体内注入了新的生命"，沙克尔顿在《南方》（*South*）中写道。沙克尔顿和他的同伴决定在这里的洞穴停留，洞穴位于海湾前部的左面，悬于悬崖上方，洞口还倒挂着5米长的冰柱。他们将詹姆斯·凯尔德号的船帆遮挡洞口，采集草丛的草铺在地上用来垫睡袋。他们还饱餐了信天翁的幼鸟（至今信天翁仍然在洞穴对面的坡上筑巢）。弗兰克·沃斯利（Frank Worsley）后来回忆道："啊！它们十分美味，实在太美味了！"Cave Cove 湾还见证了"坚忍"号英勇故事的另一个奇迹：詹姆士·凯尔德号的船舵曾在船员到达南乔治亚岛时遗失，后来竟随着返潮水漂回到这一海湾。1997年爱尔兰的"南艾利斯"（South Aris）远征队留下一块牌匾以纪念沙克尔顿及其同伴，这块不显眼的牌匾现在就拴在洞穴左侧的峭壁上。

在 Cave Cove 湾停留五天后，沙克尔顿及其船员乘坐"詹姆士·凯尔德"号深入哈肯王湾（**King Haakon Bay**），在被他们称为 **Peggotty Bluff** 的沙地上，把船翻转过来，由此在北部海岸上安营扎寨。Peggotty Bluff 这个地名是出自狄更斯小说《大卫·科波菲尔》中的一个家庭，

洗礼（岛上记录了13次婴儿出生）和婚礼，但大多是用于葬礼。

捕鲸者公墓
（Whalers' Cemetery） 公墓

沙克尔顿墓是古利德维肯捕鲸者公墓的亮点。这位"老板"被安葬在墓园的左后方。花岗岩墓碑刻着沙克尔顿作为个人标志的九角星，背面则刻着他最喜欢引用的诗人罗伯特·布朗宁（Robert Browning）的诗句："我认为一个人应该极尽所能努力奋斗，以追求他人生注定的值得争取的目标。（I hold that a man should strive to the uttermost for his life's set prize.）"

2011年11月，在教堂举行仪式后，福兰克·怀尔德（Frank Wild）的骨灰被安葬于沙克尔顿的墓旁，沙克尔顿和怀尔德的后人都参加了这个仪式。怀尔德曾是沙克尔顿的得力助手。

这里还安放着其他63座墓地，其中几座属于19世纪的海豹猎捕者。大多数属于挪威捕鲸者，包括在1912年斑疹伤寒疫情中去世的9人。其中一座墓安葬着一名在福克兰群岛战争中牺牲的阿根廷士兵的遗体。公墓内丰富的蒲公英来自土壤中的种子，有些是从挪威引进的，目的是让逝去的捕鲸者安葬地更加有家乡的氛围。公墓周围是一道栅栏，用于阻挡脱毛中的象海豹刮擦墓碑。

上方山坡上的十字架是为了纪念沃尔特·斯拉撒斯基（Walter Slossarczyk）——费通起（Filchner）的德国号（*Deutschland*）远征的三副，他于1911年在古利德维肯自杀。一天晚上他划着船上的救生艇离开，再也没有回来，三天后船被找到。山上高处的十字架纪念在*Sudurhavid*号渔船沉没事件中遇难的17人，这艘船1998年在岛附近海域沉没。山坡是对捕鲸站进行全景拍摄的最佳地点，但是那里十分陡峭。

他们的家就是由船改建的。数百头象海豹躺在沙滩上，沙克尔顿写道："我们对食物短缺的焦虑消失了"，沙克尔顿对"用失事船只的浪蚀碎片书写的众多悲剧"反应很冷静。时至今日，海滩上仍然散落着木块、绳索、浮标和其他被西风卷入海湾的残骸碎片。

5月19日黎明前夕，沙克尔顿、沃斯利（Worsley）和汤姆·克林（Tom Crean）启程穿越岛上1800米高的山脉与冰川裂缝——这是史无前例的，此前人们最远不过深入海滩周围1公里。

经过36小时的跋涉，他们已接近斯特洛姆内斯，但无法逾越的冰崖迫使他们滑下一处9米冰瀑。他们于1916年5月20日到达捕鲸站，此时他们蓄着长须，蓬头乱发，衣衫褴褛，结果把最先遇到的三个人给吓跑了。

捕鲸站的经理Thoralf Sørlle给了他们食物，向他们讲述第一次世界大战令人震惊的最新战况，还让他们洗了个澡。"我对那次热水澡的感激之情胜于其他任何事物，"沃斯利在他的《坚忍号》一书中写道。"这个热水澡实在美妙，值得我们克服重重艰难险阻。"经理的别墅仍然屹立在捕鲸站的南端。

1922年沙克尔顿返回古利德维肯。此次他计划乘坐"探索"号（Quest）向南航行。1月5日早晨，船停靠在捕鲸站时，他在船上突发心脏病去世。就在他去世几小时之前，他还写下了最后的一篇日志，结尾是一句充满诗意的注释："黯淡的暮光中，我看见一颗徘徊的孤星，如同宝石一样点缀在海湾上空。"就在他的遗体运回英国途中，他的遗孀艾米莉（Emily）决定将他安葬在南乔治亚岛。如今，许多游客南乔治亚岛之行必去的一个亮点就是位于古利德维肯捕鲸者公墓中的沙克尔顿墓。此外还会参观他的"探索"号同伴船员1922年在希望角（Hope Point）竖立的纪念十字架，从公墓出发穿过爱德华王湾（King Edward Bay）即可到达。

噶德萨尔（GODTHUL）

此地被称作为挪威海豹捕猎者称为"良湾"，他们在1905年前后开始在此作业。噶德萨尔从未有过海岸捕鲸站。作为替代，一座浮动加工厂和两艘同行的捕鲸船，于1908年至1917年及1922年至1929年的夏季，在这里停锚作业。如今大量鲸鱼和象海豹骨骼还散落在布满岩的海滩上，用于剥鲸鱼皮的几艘木船和当年的加工厂船如今已裂成碎片，散落在草丛中。

海洋港（OCEAN HARBOUR）

这座捕鲸站于1909年启用，1955年关闭前被称作为"新财神"湾（New Fortuna Bay），可能用以纪念Fortuna号捕鲸船，这艘挪威-阿根廷船曾在1905年建立古利德维肯中作出贡献。1920年捕鲸站的承租人与Sandefjords Hvalfangerselskab合并，几乎所有的设施都被转移至斯特洛姆内斯。但是，现在还能见到老旧的海豹炼油锅，以及翻倒在地的捕鲸站窄轨火车头。

海洋港最著名的历史遗迹是"贝亚德"号（Bayard），1864年建造的一艘67米长的铁壳三桅船。1911年"贝亚德"号在捕鲸站的装煤码头停靠时，狂风使这艘1300吨重的船锚链断裂，船体横扫海港，最终搁浅。蓝眼鸬鹚的大型种群在腐烂的甲板上的繁茂草丛中筑巢。

小型公墓的八座墓地中长眠着弗兰克·卡布雷尔（Frank Cabrial）（虽然不能确定哪一座墓地是他的），他是一名乘务员，在美国康涅狄格州新伦敦市的海豹捕猎船弗朗西斯·埃伦号（Francis Allen）上工作，他不幸于1820年10月14日溺水身亡。他的墓地是南乔治亚有记载的最古老的墓地，当然更早期这里也曾埋葬了其他人。

圣安德鲁斯湾（ST ANDREWS BAY）

这里坐落着南乔治亚最大的国王企鹅聚居地，30万只喧闹的、散发浓烈气味的国王企鹅聚集在3公里长、布满卵石和黑沙的海滩上。然而汹涌的的海浪可能会阻止人们登陆。这里也是南乔治亚最大的象海豹繁育海滩，在繁殖高峰期，多达6000只雌海豹在这里拖拽爬行。海滩后方三座冰川正在迅速后退。

莫尔特克港（MOLTKE HARBOUR）

在位于皇家海湾（Royal Bay）的这座港，几名参与1882～1883年度国际极地年（International Polar Year）的德国科学家在一年多的时间里研究了当地地理、磁力、动物学和金星凌日。他们的远征船莫尔特号（Moltke）是到达南乔治亚的第一艘有动力装置的船。当年他们建造的八间小屋的地基至今还依稀可见。国王企鹅、巴布亚企鹅和蓝眼鸬鹚都在皇家海湾上繁育。

黄金港（GOLD HARBOUR）

黄金港结合了独特的野生动植物与无与伦比的风景。这里栖息着2.5万对国王企鹅、几千对巴布亚企鹅也混居其中。南极燕鸥、南方巨型海燕和美丽的乌信天翁也可在这里找到。这里海狗的数量不像南乔治亚其他海滩那么多。

黄金港的名字被认为是取自1911年在此停留的费迪起带领的德国南极远征队所发现的黄铁矿"傻瓜的金子"。

库珀湾（COOPER BAY）

这片海湾名字取自库克船长的上尉罗伯特·帕利斯尔·库珀（Robert Pallisser Cooper），他于1775年乘坐英舰决心号（Resolution）随船长到访此地。海湾上有2万只帽带企鹅，是岛上最大的动物种群。数千只马可罗尼企鹅和巴布亚企鹅以及数百对国王企鹅也在这里繁育。

椎伽尔斯基峡湾（DRYGALSKI FJORD）

这片峡湾以1901年至1903年间的德国南极远征队领队命名，峡湾位于南乔治亚岛东南端，没有老鼠，栖息着众多鸟类，如南乔治亚鹨和体型较小的挖洞海燕和锯鹱，以及雪海燕。峡湾绵延14公里，深入岛上内陆，在

Risting冰川（Risting Glacier）到达尽头，在那里，船长们必须划好一次急转。侧边陡峭的拉尔森港（Larsen Harbour）以挪威探险家和捕鲸者卡尔·安通·拉尔森（Carl Anton Larsen）命名，是椎伽尔斯基峡湾南侧的第一个凹口。拉尔森港有4公里长，是威德尔海豹最北端的繁育地。

❶ 实用信息

16岁以上的游客到访南乔治亚需付费£110。旅行需事先得到许可。旅游公司可为游客处理申请文件，但游艇航行必须向**南乔治亚岛和南桑威奇群岛政府行政办公室** (Executive Officer of the Government of South Georgia and the South Sandwich Islands) 申请（☎500-28200；传真500-28201；info@gov.gs; Government House, Stanley, Falkland Islands FIQQ 1ZZ, UK），并支付单独的海港费（可在www.sgisland.gs下载相关准则）。

参考网站

南乔治亚岛和南桑威奇群岛官方网站（www.sgisland.gs）
南乔治亚遗产信托 (South Georgia Heritage Trust)（www.sght.org）

南奥克尼群岛
(SOUTH ORKNEY ISLANDS)

从南乔治亚岛往返南极半岛的途中，游客通常会到访南奥克尼群岛。这座群岛包含4座主岛（最大的科罗内申岛（Coronation），以及西格尼岛（Signy）、鲍威尔岛（Powell）和劳里岛（Laurie）），几座较小的岛和礁石，还有不可及群岛（Inaccessible Islands）（西侧29公里处）。

群岛面积622平方公里，85%被冰川覆盖。最高点是海拔1265米的妮维雅峰（Mt Nivea），人类最早于1955至1956年间攀登这座山峰。山峰以在该地区繁育的雪海燕（Pagodroma nivea）命名。

南奥克尼群岛气候寒冷多风（盛行西风）而阴沉。每天平均日照时间少于两小时。

群岛由搭乘"詹姆士·门罗"号（James Monroe）的美国海豹猎捕者纳塔尼尔·帕尔默（Nathaniel Palmer）和搭乘"达夫"号（Dove）的英国海豹猎捕者乔治·鲍威尔（George Powell）于1821年12月6日共同发现。鲍威尔将群岛命名为鲍威尔群岛（Powell's Group），并于第二天在科罗内申岛上宣布群岛归英国所有。1822年2月乘"简"号（Jane）到此的威德尔以现在的南奥克尼命名群岛，以表示此群岛在南半球所处的纬度，和英国奥克尼群岛在北半球所处的纬度相同。

海豹猎捕活动消灭了当地的海豹种群，到了1936年，一名到访者在当地只发现了一头孤独的海豹。

1908年英国宣称南奥克尼群岛属于福克兰群岛附属领地，这一领土主张在1925年遭到阿根廷的反对。

1933年南奥克尼群岛成为最早接受游客的南极地区之一，当时阿根廷海军前往劳里岛气象站换班的航行搭载了游客。

除了劳里岛和西格尼岛，科罗内申岛上的卵石湾（Shingle Cove）也经常有游客到访，这里是最佳野生动物观赏地。

劳里岛（LAURIE ISLAND）

1903年苏格兰探险家威廉·斯皮尔斯·布鲁斯（William Spiers Bruce）在多山的劳里岛上越冬时，协助建立了一座气象站。海滩尽头仍可见到他的石头小屋Omond House的遗迹。当布鲁斯于1904年2月离开时，气象站变成阿根廷的官方气象站（Oficina Meteorologica），一直运营至今，成为南极洲最古老的持续运营的研究设施。

1951年这座气象站被重新命名为奥尔卡达斯站（Orcadas Station），夏季能容纳45人，冬季14人。Casa Moneta的博物馆建于

1905年，只有3间屋子。博物馆复制了早期小屋室内情景，还保存了大量用品，有些是布鲁斯远征中用过的。帽带企鹅、阿德利企鹅和巴布亚企鹅在附近筑巢。

在气象站北侧的杰西海滩（Jessie Beach），一座小型公墓内陈列着10块墓地，来自阿根廷、德国、挪威、苏格兰和瑞典等地的人长眠于此。其中3块墓地用以纪念1998年从气象站一起失踪的3名阿根廷人。

西格尼岛（SIGNY ISLAND）

南奥克尼群岛捕鲸业始于1912年1月，当时一家挪威公司Aktieselskabet Rethval派一艘加工厂船"福克兰"号（Falkland）来到鲍威尔岛。捕到第一头鲸鱼的船长Petter Sørlle于1912至1913年间在南奥克尼群岛进行调查，并以他的妻子之名为西格尼岛命名。

在1914至1915年捕鲸季之前，多艘浮动加工厂船曾来到群岛，后来在1920至1930年间，加工厂船再次到此作业。首艘在南极洲开放海域进行捕鲸活动的船只Tioga号，于1913年在西格尼岛失事。1920至1921年间有一座挪威海岸捕鲸站在西格尼岛运营。

浮动加工厂船处理后的"skrotts"（鲸鱼残骸）会运到西格尼岛的海岸捕鲸站，继续提炼剩余的油脂（鲸鱼体内60%的油脂储存在肉和骨头中），然后用鲸鱼肉和骨头制作肉骨粉。

1946至1947年间英国人在旧的捕鲸站原址工厂湾（Factory Cove）上建立了一座名为H基地（Base H）的气象站。过去多年来，气象站的后续继者西格尼站（Signy station）扩大了气象站的研究项目，加入生物研究。气象站所在场地拥有丰富的植物种类，后方高耸的陡峭坡地上就长满苔藓。气象站的木制Tønsberg建筑内有一座海洋生物水族馆。曾经这里是一座全年运转的基地，如今仅在11

沙格岩：鲸鱼的天堂

鲸鱼捕食巨型磷虾群时，偶尔会大量聚集在南乔治亚岛南部的沙格岩（Shag Rocks）附近。2006年一次航行中，游客在90分钟内就目睹了6头座头鲸、7头大须鲸、8头南露脊鲸、25头逆戟鲸和150头长须鲸。2008年4月，一艘渔船见证了超过500头鲸鱼"鲸吞"几公里长的群游磷虾。

月至次年4月使用，人口最多时为10人。自动运转的设备在无人季节继续进行数据收集。

公墓平地（Cemetery Flats）坐落着捕鲸年代的五座墓地。

西格尼岛的海狗数量已有大幅回升。1965年岛上海狗几乎绝迹；1995年研究者估计这座6.5公里长5公里宽的岛上生活着2.2万只海狗。有研究表明，这是因为在这里与海狗争夺磷虾的鲸鱼较少。

南设得兰群岛
（SOUTH SHETLAND ISLANDS）

南设得兰群岛拥有十分壮丽的景色和大量的野生动植物，距离火地岛也较近，因此这里成为南极洲最多游客到访的地区之一。从南极半岛经布兰斯菲尔德海峡（Bransfield Strait）到达这座大型群岛仅需半天时间的航程，所有邮轮都在此停留。

南设得兰群岛自东北向西南绵延540公里，包括4座主岛群和150多座小岛、孤岩和礁石。群岛面积3688平方公里，80%被冰川覆盖。群岛最高点是史密斯岛（Smith Island）的福斯特峰（Mt Foster）（2105米），1996年首次有人攀登。

南设得兰群岛最著名的是欺骗岛（Deception Island），这是一座美丽的"永不停息"的火山，也曾是一座捕鲸站所在地和第一次南极飞行发生地。

历史

威廉·史密斯（William Smith）乘坐英船"威廉姆斯"号（*Williams*）前往智利瓦尔帕莱索，途中绕合恩角航行时，被吹离航道，并于1819年2月19日发现了这座群岛，但是并没有登陆。他在当年晚些时候返回时，于10月17日在乔治王岛（King George Island）登陆，宣布乔治三世对这一群岛拥有主权。

同年圣诞节，第一艘英国海豹猎捕船到达（船上有约瑟夫·赫林（Joseph Herring），群岛被发现时他也在"威廉姆斯"号上）。真正的海军于次年抵达这座海豹资源丰富的群岛。

1819至1820年的夏季，英国派往南美洲西海岸的海军高级军官威廉·亨利·希勒夫（William Henry Shirreff）租用"威廉姆斯"号并认命爱德华·布兰斯菲尔德（Edward

South Shetland Islands 南设得兰群岛

Bransfield）为船上的高级海军军官。史密斯和布兰斯菲尔德对群岛进行了勘查，如今在南设得兰群岛和南极半岛的西北海岸之间的海峡就以布兰斯菲尔德命名。布兰斯菲尔德曾在乔治王岛（1820年1月22日）和克拉伦斯（Clarence Island）（2月4日）登陆，并宣布新君主乔治四世对两座岛屿拥有主权。

1820至1821年的夏季，史密斯第五次回到南设得兰群岛，这次是为了进行海豹猎捕。他的两艘船收获的海狗皮竟有6万张之多。

在那个捕鲸季，居然有91艘海豹捕猎船在南设得兰群岛作业，大部分船只来自英国或美国。到了1821年末，群岛的海狗几乎灭绝。过了半个世纪，才有大量海豹猎捕船再次来到这里。1871至1874年间，群岛上的海狗种群还在缓慢恢复中，就有几艘美国海豹猎捕船又大肆收获了3.3万张海狗皮。1888至1889年间，美国海豹猎捕船*Sarah W Hunt*号报告，当季仅收获39张海狗皮。

同海豹一样，海豹捕猎者也面临死亡的威胁：险恶的海域挤着过多的作业船只，经常发生海难，仅1819至1821年间就有6艘船沉没。

大象岛（Elephant Island）

大象岛坐落于南设得兰群岛东北端。由于这里有着丰富的象海豹资源，这座岛曾被英国海豹捕猎者称为“大象海岛”，他们在19世纪20年代初最先为这座岛绘制地图。这座岛本身外形与大象的头和鼻子也很相似。

1915年，沙克尔顿远征的“坚忍”号被威德尔海的海冰挤裂沉没后，船上的22名成员就是被困在这里，在大象岛上撑了135天。**怀尔德海岬（Point Wild）**位于瓦伦丁海岬（Cape Valentine，大象岛最东端）以西10公里处的北部海岸上，当年在这片海滩上，远征队员们就生活在两艘翻过来的船下面。现在海滩上立着一块大石块，上面绘有智利海军快艇*Yelcho*号指挥官Piloto Pardo的半身像，以纪念1916年8月30日的那一次大营救。在这里登陆十分困难，巨大的海浪使橡皮艇无法靠岸，而就算海浪平静，海滩上也会被无处不在的海狗和帽带企鹅占据而无法上岸。

远景海岬（Cape Lookout）是岛屿南端一座高240米的悬崖，那里栖息着帽带企鹅、巴布亚企鹅和马可罗尼企鹅。

大象岛还生长着大量苔藓，有些已有2000年的历史，泥炭深达3米。

1999年对西南海岸上发现的木制航海船残骸进行了检查，使人们看到了希望，残骸可能是诺登许尔德的南极号（*Antarctic*）的，甚至可能是沙克尔顿的“坚忍”号的。测试表明残骸是一艘康涅狄格州海豹猎捕船“查尔斯·希勒”号（*Charles Shearer*），1877年这艘船在前往南设得兰群岛的途中失踪。

乔治王岛（King George Island）

乔治王岛是南设得兰群岛最大的岛，也是许多游客到访南极洲的第一站，这座岛上有多个南极站。整座岛1295平方公里的面积只有不到10%没有冰雪覆盖，但仍然支持着全年运营的多个基地，包括阿根廷、巴西、智利、中国、波兰、俄罗斯、韩国和乌拉圭的基地，基地之间由总长超过20公里的道路和小径相连。此外，还有荷兰、厄瓜多尔、德国、秘鲁和美国的仅在夏季运营的基地。这些科考站有些离得并不太远，它们之所以都设在乔治王岛上，是因为从这里前往南美洲非常方便。而对于想要建立南极站并从事科学研究，从而获得《南极条约》协商国即正式成员地位的国家来说，这座岛实属明智之选。

在岛上建科考站的浪潮开始前，1906年捕鲸者（见198页）就在南海岸的Admiralty湾（Admiralty Bay）进行捕鲸活动。了解关于捕鲸的更多信息，参见59页。

1972年第一艘专门用于极地航行的客船“林德布拉德探险家”号（*Lindblad Explorer*）在Admiralty湾搁浅。90名乘客被一艘智利军舰营救，18天后一艘德国拖船将这艘客船拖离礁石区。

如今乔治王岛最受欢迎的登陆点之一为**炮塔海角（Turret Point）**，位于岛南面海岸乔治王湾的东端。海角的名字取自海滩上的一组突出的大型岩石堆，是南极燕鸥的筑巢地。在这里能看见帽带企鹅、阿德利企鹅、蓝眼鸬鹚和南方巨型海燕。

南大洋

乔治王岛

爱德华多·弗雷·蒙塔尔瓦总统站（PRESIDENTE EDUARDO FREI MONTALVA STATION）

智利于1969年建立的这座南极站也被称为"Frei"，位于乔治王岛西南端几乎无冰雪覆盖的Fildes半岛（Fildes Peninsula）。建站10年后又在半岛上距离不到1公里处建立了 Teniente Rodolfo Marsh Martin站。此后这座Marsh南极站与Frei站合并，因此海图上这座站的名字有时是Frei，有时是Marsh。Frei/Marsh站还有Escudero基地可以算是半岛地区最大最复杂的两个南极站。

智利试图将其声称拥有主权的南极智利省（Territorio Chileno Antártico）并入智利，作为这一政策的一部分，政府鼓励家庭前往Frei站居住。1984年这里首次有婴儿降生。居民家庭住在名为Villa Las Estrellas（星星的村庄）的一群米色单层建筑内，这些建筑建于1984年，聚集在南极站后方。如今，Frei可容纳170人，但是通常仅有110人居住在这里（大部分是军队人员和他们的亲属）。少数普通公民包括空中交通管制员和孩子们的老师，他们构成约25%的人口。有时住在站上的孩子们会成群结队欢迎访游客。

从远处望向这里，Frei站就好像一座小型村庄，有超过40座建筑，包括山坡上色彩鲜艳的15座小屋。中央是橘红色的几座建筑，包括医院、学校、银行、邮局和旅游商店。原来的基地综合设施也在中央，现在里面是超市、食堂、厨房和休闲区。Frei还有一座小教堂和一座大型体育馆（每周当地南极站之间进行的足球联赛会在此进行）。

南极站的Marsh区包括一条1300米长的压实砾石跑道、飞机棚、修理厂、旅舍、控制塔和能停三架轮式大力神C-130飞机的停机坪，大力神飞机从1980年起就在此起降。

2007年11月9日，首位访问南极洲的联合国秘书长潘基文来到Frei站，人们用一杯加冰的苏格兰酒欢迎他，杯中的冰块有着4万年的历史。

直到1995年，Frei站的建筑群才增添了一座科学设施。在Frei站东南方一座陡峭小山的山脚下，有5座蓝色屋顶的建筑，就是胡里奥·埃斯库德罗教授基地（Professor Julio Escudero base），基地仅在夏季运营。

别林斯高晋站（BELLINGSHAUSEN STATION）

俄罗斯于1968年建成这座基地，现在与Frei站之间仅隔着一条小溪。燃料罐区建立之后，别林斯高晋站成为苏联南极捕鱼队的主要油料库。

别林斯高晋站最多可容纳50人，冬季人口为13人。基地由15座单层建筑组成，建筑建在桩柱上，漆着银色和红色。Banya（桑拿房）、淋浴房和洗衣机位于发电站内，利用发电机的废热来给水加热。

别林斯高晋站曾在2002年进行了一次大型清扫，站前海滩上清理出超过1350吨的废金属和其他废弃物，并被运到乌拉圭和英国。从那以后，每一季都有少量的废弃物被运走。

在别林斯高晋站北方的小山上坐落着圣三一教堂（Holy Trinity），这是南极洲的第一座东正教堂，使用西伯利亚的雪松和落叶松预装而成，2004年2月进行圣化。15米高的教堂有3座小型洋葱形圆顶、教堂钟和有手工绘制画像的美观的室内装修，可容纳30名礼拜者。教堂的牧师和助理每周带领他们进行礼拜，牧师和助理都是别林斯高晋站的居民。在这里闻着自然的木材香和乳香成为一种不同寻常的南极体验，并受到许多游客的喜爱。圣三一教堂举办的第一次婚礼是在2007年2月，Frei站的一名智利居民和别林斯高晋站一名俄罗斯机修工的女儿在此结婚。

阿蒂加斯站（ARTIGAS STATION）

这座乌拉圭基地建于1984年，冬季可容纳14人，夏季60人。这座基地以乌拉圭的国家英雄何塞·赫瓦西奥·阿蒂加斯（José Gervasio Artigas）命名，他是一名早期领导人，曾重新分配国家土地并废除奴隶制。基地坐落于一艘木制航海船残骸以北约200米处。

海浪升起

2000年2月，一群冲浪者乘游艇到访大象岛时在岛上进行冲浪。他们穿着羊毛衬里合成的橡胶紧身衣、外衣和潜水服，带有特别定做的兜帽。

长城站
（CHANG CHENG STATION）

中国的长城站位于乔治王岛南部，建于1985年，是中国在南极建立的第一个科考站。这里占地面积2.52平方公里，有20多座建筑，可容纳45人居住，但是最近的冬季驻站人员为12人。

世宗王站
（KING SEJONG STATION）

基地位于麦克斯韦尔湾（Maxwell Bay）附近的玛丽安湾（Marian Cove），韩国以15世纪的朝鲜王朝国王为基地命名，这位国王同时还是一名科学家和发明家。这座南极站建于1987至1988年，其数座橘色建筑在夏季容纳90人，冬季可容纳17人。

卡利尼站
（CARLINI STATION）

阿根廷1953年建造的这座南极站位于波特湾（Potter Cove），原来名为Jubany，2012年以生物学家亚历桑德罗·卡利尼（Alejandro Carlini）重新命名。站后方是三兄弟山（Three Brothers Hill）（210米高）。1984年起，这座南极站成为一座全年运营的设施，可容纳80人（冬季20人）。阿根廷、荷兰和德国于1994年启用仅在夏季运营的多尔曼实验室（Dallman Laboratory）：南极洲第一座多国研究设施。

阿尔茨托夫斯基站（HENRYK ARCTOWSKI STATION）

波兰于1977年启用这座南极站，以阿德瑞恩·德·哲拉什（Adrien de Gerlache）带领的*Belgica*号远征队中的一位地理学家为其命名，这座南极站可容纳50人。人们曾用南极站温室内种植的花做成小花束赠送给女性游客，但是这一传统后来没有延续，因为种植非食用植物需要获得南极条约规定的特别许可。南极站成员仍然用南极土壤种植蔬菜，土壤中有企鹅粪作肥料。

南极站后方山上的铁十字标记着电影摄制者Wladzimierz Puchalski的墓地，他于1979年在此逝世。

南极站销售配有精美插图的英语手册，内有简要历史介绍。几条步行路经从这座南极站出发。巴布亚企鹅和阿得利企鹅的大型聚居地禁止游客进入，因为周围环绕着受保护的苔藓床。游客信息中心使用回收木材建造，位于小型黄红条纹灯塔下方的无名地点。

美国于1985年开始在这座南极站附近运营仅在夏季运作的小型南极站——皮埃特·J·勒尼野外测站（Pieter J Lenie field station），也被称为"科巴卡巴那（Copacabana）"。

考曼丹特菲拉斯站
（COMMANDANTE FERRAZ STATION）

巴西于1983至1984年在Admiralty湾启用的这座南极站，坐落于一座旧的捕鲸站和废弃的英国G基地（Base G）（1996年被移走）所在地之间。菲拉斯站醒目的橘色屋顶松绿色建筑内可容纳60人，但是2012年的一场火灾烧毁了这座南极站并造成两人死亡。在本书成书期间，巴西政府计划进行重建。

南极站后面是克洛斯峰（Mt Cross）和一座小型公墓后方。公墓内有几块墓地和纪念碑。游客可以绕游附近敏感的地衣床，其边界以石头标记。附近还有一座置于苔藓床之上的复合鲸鱼"骨架"，包含了不少于九个鲸鱼种群的骨骼。

企鹅岛（Penguin Island）

企鹅岛就坐落在Turret海岬的海岸外不远处，布兰斯菲尔德在1820年为这座岛命名。岛上最高点为海拔170米的迪肯峰（Deacon Peak），其红色圆锥十分醒目。人们可以很容易地攀登到山顶的大型火山口。因为攀登的人太多，每到夏季初期，地上都会被踩出一条小径。曾经的一个火山口现在为一片融水湖，你可以在那里看到帽带企鹅。

纳尔逊岛（Nelson Island）

纳尔逊岛是Eco-Nelson（www.econelson.org）或称"Vaclav Vojtech基地"的所在地，这是一座私人基地，由捷克人Jaroslav Pavlíček运营。三座胶合板建筑于1989年启用，几乎一直有人员驻扎，人数保持在1~9人之间。这座基地依据"绿色"原则运营：洗涤剂、肥皂、牙膏和洗发水是被禁止使用的，风轮机用于发电，不过这里也会烧汽油和木柴。居民以当地鱼类、海草、蚌类和（进口的）稻米为生。他们学习极地生存技能、进行鲸观察，并收集海滩上的垃圾。

格林尼治岛（Greenwich Island）

早在1820年，位于该岛西南侧的圆形的扬基港（Yankee Harbor）曾经是海豹捕猎者重要的锚地，海豹捕猎者将其称为"医院湾"（Hospital Cove）。布满石头和砾石的沙嘴延伸近1公里，形成宽阔的曲线，保护扬基港并使其成为受欢迎的游艇锚地。这一沙嘴是散步的理想场所；可以在这一海滨寻找从前海豹捕猎者的炼油锅。海滩更远处，阿根廷于20世纪50年代建造的refugio（庇护所）旁，几千对巴布亚企鹅在此筑巢。还有块小匾牌以纪念英国人罗伯特·麦克法兰（Robert McFarlane），他在1820年乘坐双桅帆船"龙"号（Dragon）到这里从事海豹猎捕活动。

智利的阿图罗·普拉特船长站（Capitán Arturo Prat Station）是一系列橘色建筑，坐落于格林尼治岛北海岸的发现湾（Discovery Bay）上。1947年启用时名为Soberania站，后来重新命名以纪念智利的海军英雄。

这座基地可容纳多达15人，拥有一座小型博物馆，馆内展示照片、早期远征设备和捕鲸手工器物。普拉特的半身像立在外面，附近是一座十字架和庇护龛，纪念1960年的基地领导，他在就任期间逝世。1947年树立的圣母卡门十字架和圣殿也在附近。

厄瓜多尔的亮红色佩德罗·文森特·马尔多纳多站（Pedro Vicente Maldonado Station）于1998年完工，仅在夏季运营，可容纳18人。

半月岛（Half Moon Island）

半月形的半月岛仅有2公里长，坐落于利文斯顿岛东侧的月亮湾（Moon Bay）的入口处。岛上有阿根廷海军于1953年建造的卡马拉站（Cámara station），仅在夏季运营。人们通常在南极站东侧的宽阔海滩登陆。一艘宏伟的木船被遗弃在海滩上帽带企鹅栖息地下方。1961年21名游客被困于此长达三天，当时他们租赁的船Lapataia号上的登陆艇受到了损坏。

利文斯顿岛（Livingston Island）

利文斯顿岛是南极洲最先被发现的陆地。威廉·史密斯在1819年2月发现了这座岛。岛上醒目的1700米高中央山峰弗里斯兰峰（Mt Friesland）经常是云雾笼罩。1992年一对西班牙夫妇最早攀登了这座山峰。

这座岛是19世纪早期海豹捕猎的主要中心，许多海滩上都留有庇护所和手工品的遗迹。岛西端的整个拜尔斯半岛（Byers Peninsula）都是受保护的，因为这里汇聚了南极最多的19世纪历史遗迹。

英国船长罗布特·菲尔德斯（Robert Fildes），19世纪20年代初在南设得兰群岛猎捕海豹时，曾先后两次从失事船只中幸运地死里逃生。他在文章中谈及海狗数量之丰富，并报告说英国海豹捕猎者仅在利文斯顿岛的北海岸一处就已收获超过9.5万张海狗皮。1821年1月多达75名猎捕者在希勒夫角（Cape Shirreff）岸上生活。

后来海豹几近灭绝，直到1958年人们才在这里又发现了海狗，即海岬上的一个小型群体。从此海狗数量得到增长，如今这里的海狗数量可能是南设得兰群岛中最多的。

南极洲最严重的生命损失发生在1819年9月希勒夫海岬附近，当时74炮的西班牙军舰 *San Telmo* 号从加的斯航行至利马，穿越德雷克海峡时遭遇险恶的天气，损失了船舵和中桅。尽管由一艘随行船只拖着，系艇索还是断裂了，船上650名官兵、水手和海员一起随船失踪。锚杆和帆桅杆在1820年被海豹捕猎者发现，同年威德尔发现的证据表明有某次海难的生还者曾在岛上生活了一段时间。利文斯顿岛的北海岸上的半月海滩有一座石碑纪念碑，由海豹捕猎者在1820年为其命名，纪念那些在海难中失去生命的人们。

汉那海岬（Hannah Point）位于利文斯顿岛的南海岸，是一座非常受欢迎的停靠点，这里有帽带企鹅、巴布亚企鹅的大型聚居地，偶尔有马可罗尼企鹅在他们中间筑巢。海岬以来自利物浦的英国海豹捕猎船汉那号（*Hannah*）命名，这艘船于1829年圣诞节在南设得兰群岛失事。要小心在该区域筑巢的南方巨型海燕；他们容易受到惊吓，在紧张时会遗弃它们产下的蛋或幼鸟。

在汉那海岬登陆海滩上方的小山上，有一座醒目的红色碧玉岩脉在岩石中穿过。从这一瞭望台你可以眺望对岸的避风海滩，在那里象海豹晒着太阳，年轻的雄性海狗在相互争斗。如果象海豹就在这一小山上，不要接近它们，因为象海豹可能会退避而翻过悬崖，摔死在下方岩石上。过去游客曾做过这种事，于是产生了这个地方的别名"自杀性打滚"（Suicide Wallow）"。

沃克湾（Walker Bay）偶尔作为游客登陆点，取代其东侧游客众多的汉那海岬。沃克湾的宽阔海滩上有研究者们遗留下的一系列让人着迷的化石，这些化石就放在一堆大岩石中的一块桌子形状的岩石上。其中有海豹颌骨和牙齿，企鹅头骨和骨架。这一露天博物馆就在山脉顶部近似方形的露出地面的岩层的正下方。

就在汉那海岬的东侧坐落着西班牙的胡安·卡洛斯·普利麦罗站（Juan Carlos Primero station）。这座基地于1987至1988年建立，仅在夏季运营，可容纳19人。这里有南极站中少见的替代能源系统，使用太阳能和风能发电机，可满足基地20%的电力需求。

保加利亚的圣克里门特·奥赫里德斯基站（St Kliment Ohridski station）就在胡安·卡洛斯·普利麦罗站东北2公里以内。这座基地建于1988年，是个夏季站，可容纳20人。开站后仅运营了一年，1993年才重新启用。基地以帮助保加利亚引进西里尔字母的学者及主教——奥赫里德的圣克里门特（840~916）命名。

欺骗岛
（Deception Island）

因为其断环形状，在任何地图上都能很容易地认出欺骗岛。尽管火山会定期喷发，但岛上塌掉一角的火山锥使这里成为世界上最安全的天然良港之一。

但要到达这一秘密天堂，船只必须航行穿过火山墙230米宽的险恶的断口，这里从19世纪初海豹猎捕时就被称为尼普顿风箱（Neptunes Bellows），因吹过海峡的强劲大风而得名。20世纪20年代一名到访欺骗岛的英国人将"风箱"称为"缺乏航海经验的人名副其实的死亡陷阱"，并将之归因于"狭窄海峡中心水面以下2.5米处能刺穿船体的Ravn岩（Ravn Rock），这块岩石由沙考（Charcot）在1908年以捕鲸船"拉温"（*Ravn*）号为其命名"。"欺骗"岛入口从19世纪初开始为人所知，当时被称为"地狱大门"（Hell's Gates）或龙之口（Dragon's Mouth）。

南方的海岬名叫入口海岬（Entrance Point），证明了狭隘的海峡能有多危险：1957年新年前夕英国捕鲸船"南方猎人"号（*Southern Hunter*）在躲避穿过"风箱"进入海岬的阿根廷海军蒸汽船时搁浅失事。英国捕鲸者在撞击岩石后大声呼救，但是阿根廷人认为他们的呼叫与挥手只是新年的庆祝，所以经过海岬继续前行。附近是游船"北角"号（*Nordkapp*）2007年2月搁浅的地方，当时船身形成25米长的裂缝，船上280名游客的航行被迫中断。

当你进入海港时，注意海港两侧岩石表面醒目的颜色。还可留意观看在入口的右侧悬崖上筑巢的岬海燕，这些鸟经常在海面盘旋。

到达这片内海时，游客可能会在捕鲸者湾（Whalers Bay）登陆，海湾位于一片黑色沙滩上，被神秘的白色云雾笼罩，弥漫着硫磺气味的水汽。深深地踩入沙滩，感受从地下火山口溢出的热量。岛上倾斜的、冰雪覆盖的墙体延伸至海滩之上580米高处。

很少有海洋动物敢于到达福斯特港（Port Foster），因为海水受火山口热气加热而升温。帽带企鹅是欺骗岛最常见的企鹅种类，这里的几座聚居地企鹅规模都在5万对以上。这些聚居地分布在蒸气坳（Vapour Col）的西南海岸，马可罗尼海岬（Macaroni Point）的东海岸和贝利海角（Baily Head）。贝利海角（也被称为"兰乔海岬"（Rancho Point）），外观颇似露天圆形剧场，一条融水溪流穿过其中。贝利海角可能是南极半岛最大的帽带企鹅聚居地，但到访这里可能会困难重重，即使在海面平静时，海浪也很大。就在贝利海角南方，名为缝纫机针（Sewing Machine Needles）的海蚀柱曾经有座天然拱形岩石，在1924年的地震后拱形石坍塌。

历史

早期海豹捕猎者将欺骗岛的12公里宽的海港作为基地。最先探索这座岛并发现其内港的纳塔尼尔·帕尔默（Nathaniel Palmer）于1820年见到了南极半岛。他很有可能是从被海豹捕猎者称为"缺口（the Gap）"的尼普顿之窗（Neptunes Window）的火山口墙上的缺口看见的。

亨利·福斯特（Henry Foster）船长指挥

的"公鸡"号（*Chanticleer*）于1829年进入现在被称为福斯特港的190米深的海港。他的船在钟摆湾（Pendulum Cove）停锚，在那里进行了两个月的磁场试验。"公鸡"号不仅搭载了第一位到访南极洲的科学家韦伯斯特（Webster），还带去了爱德华·肯登尔上尉（Lieutenant Edward Kendall），他最先对这座岛进行勘查，并制作了一些南极最早的绘画。

捕鲸站 (THE WHALING STATION)

1906年挪威裔智利人阿道夫·阿曼杜斯·安德森船长（Captain Adolfus Amandus Andresen）建立挪威智利联合捕鲸公司，并开始使用捕鲸者湾火山口北侧的一片区域作为其浮动加工厂船Gobernador Bories号的基地。和安德森一起来到这里的还有他的夫人、家人和宠物：一只鹦鹉和一只安哥拉猫。他的公司Sociedad Ballenera de Magallanes总部在彭塔阿雷纳斯威，使用捕鲸者湾长达10年。1907年另外两艘挪威船和一艘纽芬兰加工厂船开进这里和这艘船一起作业。

英国人于1908年正式宣称对该岛拥有主权，将该岛作为福克兰群岛附属领地的一部分，并于1911年与一家挪威捕鲸公司Hvalfangerselskabet Hektor A/S签署了一份21年的租约。向该公司发放许可的原因之一是为了利用弃置在福斯特港海岸上的约3000头鲸鱼残骸。这些鲸鱼残骸被捕鲸船遗弃，这些船把鲸脂剥下，但却无力处理鲸鱼肉和鲸鱼骨，而鲸鱼肉和骨中含有60%的油脂。Hektor公司于1912年在捕鲸者湾建立一座海岸站，不过直到1919年这座捕鲸站才开始全面运营。

1912年至1913年的捕鲸季，12艘浮动加工厂船，27艘捕鲸船和一个海岸捕鲸站在捕

致命的碎片

根据南极条约的约定，在60°S以南禁止向船外抛出任何垃圾，但是有些船只仍然无视这些规定。有研究者估计，南大洋里的垃圾碎片在1992至2002年间增长了100倍。每年数千只南极海豹和海洋哺乳动物因这些碎片死亡或受伤。

来自渔船的碎片是南大洋垃圾碎片的主要来源。海狗会被塑料制品缠绕，特别是破渔网、包装带和六罐装塑胶环。随着海狗长大，他们会慢慢地被缠绕的塑料勒死。

海鸟吃下塑料和其他碎片后会因肠阻塞或饥饿而死亡或受伤。

鲸者湾作业,加工超过5000头鲸。捕鲸者以挪威捕鲸镇将捕鲸站命名为新桑德尔福德(New Sandefjord)。

海岸捕鲸站于1931年关闭,部分原因在于鲸油价格暴跌和技术的发展。浮动加工厂船可在海上高效处理鲸,尤其是船尾滑道发明后,鲸残骸可以被直接拖上加工船。

现在,海滩有些地方有300米宽,有些破裂的木制小屋还屹立在海滩。剥皮船和驳船埋在沙中,舷缘以下都埋在黑色的火山沙里。曾用来加工和储藏鲸油的巨大熬油锅和储油罐,如今屹立在南方天空下慢慢生锈。

捕鲸者公墓曾安葬了45个人,如今已被几米厚的 Lahar(火山泥流)的沙子掩埋,1969年的火山喷发,融化了上面的冰川,引发这些泥沙流。在捕鲸站后面漫步时,眼尖的游客会看见公墓里的一座简单的木棺(空的),曾在泥浆和水形成的巨浪里被掀来翻去。附近是一座木制十字架。

最完整无缺的**FIDASE**建筑内曾居住着福克兰群岛和附属领地航空调查远征队(Falkland Islands and Dependencies Aerial Survey Expedition,简称FIDASE),他们在这里度过了两个夏季(1955至1956年和1956至1957年),拍摄南设得兰群岛和半岛北部的航空照片,用于地图绘制。FIDASE使用民航导航服务组织(Canso)的飞行船,拍摄了近9万平方公里的领土。

从海滩朝着在1961年至1962年间建造的波纹钢飞机库往远处走,是一座十字架,纪念Tømmerman(木匠)Hans A Gulliksen,他于1928年逝世。飞机库旁边曾有一条南北跑道。

就在古老飞机库的西面,面朝海岬和克朗湖(Kroner Lake)的是一片受南极条约保护的禁区。边界没有进行标记,但是为了安全起见,不要在漫步时经过飞机库朝海岬走去。可以向上走到飞机库后方的小山上,欣赏一座小火山锥的美景。

威尔金斯的第一次飞行

澳大利亚人休伯特·威尔金斯(Hubert Wilkins)和他的飞行员卡尔·本·艾尔森(Carl Ben Eielson)于1928年11月16日进行了南极洲第一次有动力装置的飞行,他们乘坐威尔金斯拥有的洛克希德维加单翼机"洛杉矶"号(Log Angeles)从一条人工清理出的跑道起飞,飞行了20分钟。一个月后,12月20日他们乘坐威尔金斯的另一架维加飞机"旧金山"号(San Francisco)起飞,飞行了11小时,2100公里,到达南极半岛沿岸的71° 20' S处。

领土主张

欺骗岛的战略位置和优良海港使其成为众人争夺的土地。1941年英国海军的军事行动,挫败了德军的突袭,并摧毁了位于捕鲸站的德军煤库和油库。1942年阿根廷派遣其海军军舰 Primero de Mayo 号到达这座岛,正式占领60° S以南、25° W和68° 34' W之间的所有土地。这艘船在其他两座岛群岛再次进行了领地仪式,留下了几座铜质圆筒,内有阿根廷宣称群岛主权的官方文件。

1943年1月,英国派遣英舰"卡那封城堡"号(Carnarvon Castle)到达欺骗岛,移走了阿根廷到达此地的证据,升起英国国旗,并将铜筒及其中的文件通过英国驻布宜诺斯艾利斯的大使还给阿根廷。两个月后,阿舰 Primero de Mayo 号返回欺骗岛,移走了英国的徽章,重新插上阿根廷国旗。1943年底,英国再次移走阿根廷的标志。1944年2月,英国在原来的捕鲸站营地建立了一座永久气象站 **B基地(Base B)**。

如今,基地残存的主要木制建筑**Biscoe House**残骸还能在捕鲸者湾的捕鲸站西侧见到。Biscoe 在1969年泥石流中受损严重,几块墙壁被冲走。但是这座建筑曾安置一群紧密团结的远征者,他们被派往该岛度过两年时间。这里的酒吧曾见证了许多欢乐的夜晚,装饰品包括匾牌、旗帜、烈酒瓶标签和访客领带被剪下的一角——这是一种基地人们珍爱的传统。

B基地建立之后,阿根廷和英国之间的争夺仍未消解。阿根廷于1948年建立了他们自己的基地Decepción。1952年阿根廷和智利都在英国的飞机跑道上(原来属于威尔金斯)建立了庇护小屋。英国海军于次年移除这些小屋,并将两名阿根廷人驱逐到南乔治亚岛。1953至1954年间,一组英国皇家海军到达这里"维持和平",并在欺骗岛度过了4个月的时间。1955年智利在欺骗岛上正式宣示其主权,并在钟摆湾建立基地。1961年阿根廷总统阿杜罗·弗朗迪西(Arturo Frondizi)到访这里表明该国对这座岛的官方关注。如今,这三个国家都声称拥有该岛主权。

现在,欺骗岛仅有的定期开放的南极站都仅在夏季运营。西班牙的加布里埃尔·德·卡斯蒂利亚站(Gabriel de Castilla station)位于火山口湾(Fumarole Bay)南侧,可容纳12人。其西侧约1000米处是阿根廷的Decepción站。

火山

塑造了欺骗岛的火山如今被列为"有高度的火山爆发危险的活跃的火山口"。1万年前的猛烈爆发从岛上涌出30立方公里的熔岩,火山顶坍塌并形成如今填满水的火山口。1923年福斯特造的水受热变沸使船身油漆剥落,1930年海港的地面在一次地震中下降了3米。1967年的两次火山爆发迫使阿根廷、英国和智利研究站人员的撤离,智利的南极站被摧毁。1969年又发生了多次火山爆发,导致新一轮的撤离行动,并破坏了英国的南极站。五名南极站成员,也是当时岛上仅有的居民,头顶波纹钢片,逃过了一阵火山落石和喷下的火山灰。他们当天被智利船只上的直升机营救。1970年又发生了几次火山爆发。1991至1992年的夏季,岛上地震活动增加,水温升高,一些船避免驶入福斯特湾以防万一。西班牙科学家如今每年夏季在岛上度过三个月,监管着几台地震仪。

钟摆湾(Pendulum Cove)以福斯特船长在此进行的实验得名,你可以脱下衣服在此进行"沐浴"。流入海港的受到地热加热的一条小溪,以及滚烫的水与冰冷的水混合的一块区域成为人们躺下享受地热温泉的场所。在1967年的火山爆发中受损的智利佩德罗·阿吉雷·塞尔达总统站(Presidente Pedro Aguirre Cerda station)的遗迹就位于海滩后方,但是禁止入内。虽然边界没有标记,但为保护这里丰富的苔藓,禁止游客进入。

泰勒冯湾(Telefon Bay)是观赏火山活动遗迹的绝佳场所。这片海湾以捕鲸补给船 Telefon 号命名,这艘船于1908年搁浅在乔治王岛Admiralty Bay的入口,1909年在这里得到修复。

船帆石(Sail Rock)

醒目的船帆石坐落于欺骗岛西南11公里处,穿越布兰斯菲尔德海峡时经常可以在海平面上看到这座岩石。其狰狞的外形很像一艘挂着黑帆的海盗船,28米高的岩石十分引人注目。

其他环南极洲岛屿(OTHER PERI-ANTARCTIC ISLANDS)

没有一次行程会囊括所有的环南极洲岛屿。从澳大利亚、新西兰或南非出发的航行经常在麦夸里岛或赫德岛以及新西兰的亚南极群岛停靠。前往Îles Kerguelen岛(Îles Kerguelen)、Îles Crozet岛(Îles Crozet)、Île Amsterdam岛(Île Amsterdam)和Île St Paul岛(Île St Paul)等岛屿的补给船也会搭载游客。

在到达/离开北半球的途中,"重新定位"的邮轮航行通常会到特里斯坦-达库尼亚群岛(Tristan da Cunha)和戈夫岛(Gough Island)。 除非乘直升机,否则登陆人迹罕至、火山众多的南桑威奇群岛的11座岛中任何一座岛都十分困难。彼得一世岛(Bouvetøya, Peter I Øy)和斯科特岛(Scott Island)也少有人登陆。

赫德岛与麦克唐纳群岛(Hear & McDonald Islands)

列入世界遗产的赫德岛与麦克唐纳群岛是澳大利亚的海外领土,包含火山主岛赫德岛,小型的沙格群岛(Shag Islands)(赫德岛以北11公里)以及麦克唐纳群岛(赫德岛以西43公里)。赫德岛和麦克唐纳群岛上没有已知

南极洲最早的游客

南极洲最早的旅游航线由智利国家航空于 1956 年开始运营，航线飞越南设得兰群岛和南极半岛。

南极洲最早的两次邮轮航行是阿根廷船只 Les Eclaireurs 号在 1958 年 1 月和 2 月到达南设得兰群岛。

1959 年阿根廷的 Yapeyú 号和智利的 Navarino 号都搭载乘客来到南设得兰群岛。

南极洲最早的大规模游客访问发生在 1973 年，当时西班牙游船 Cabo San Roque 号搭载 900 名乘客到达南设得兰群岛和南极半岛。

的人类引进的生物种群，因此的检疫规定要求任何登岛的人都要穿着干净的鞋子和衣物。所有登录都需要获得澳大利亚南极局 (**Australian Antarctic Division**) (www. aad.gov.au) 发放的通行证。

赫德岛基本是个圆形，10 公里长的劳伦斯半岛 (**Laurens Peninsula**) 向西方方向延伸，7 公里长的大象沙嘴 (**Elephant Spit**) 向东延伸。澳大利亚唯一的活火山大本 (**Big Ben**) 在 1910 年、1950 年、1985 年和 1992 年都曾经爆发。其顶峰即岛上最高点是莫森峰 (**Mawson Peak**) (2745 米)。该岛面积 390 平方公里，80% 为冰川覆盖，但是许多冰川正在迅速后退。年均气温为 1.4℃。

海豹猎捕者之角 (**Sealer's Corner**) 位于科林斯湾 (**Corinthian Bay**) 的西北端，象海豹捕猎者在 1850 年前后最早使用这一场地。石头小屋的遗迹清晰可见，可看出小屋建造之初是半埋在沙中的，以保护小屋不受狂风侵袭。带有薄木板标记的几座墓地和人体形状的石堆就比较不容易看出来了。

海豹猎捕时代，大象沙嘴地势较低的沙砾沖海滩是赫德岛最主要的捕猎地，大象沙嘴因其丰富的象海豹而得名，每年上岸繁育的象海豹约有 4 万只——每年有超过 1.5 万只幼仔出生。你还可以看到海狗、巴布亚企鹅和国王企鹅。

1908 年赫德岛和麦克唐纳群岛成为英国属地。1947 年 12 月 26 日，这一主权被移交给澳大利亚。同一天，第一次澳大利亚国家南极研究远征 (**Australian National Antarctic Research Expeditions**，简称 ANARE) 在位于赫德岛西北海岸的阿特拉斯湾 (**Atlas Cove**) 建立起基地，他们用第二次世界大战的海军登陆艇到达沙滩上，并通过船首门卸载。亚瑟·斯科尔斯 (Arthur Scholes) 所著的《十四人：赫德岛南极远征的故事》(*Fourteen Men: The Story of the Antarctic Expedition to Heard Island*) (1952 年) 记载了首批在此越冬人群的经历。

如今，除了纪念阿里斯泰尔·福布斯 (乔克) (Alistair Forbes 'Jock') 和理查德·霍西森 (Richard Hoseason) 的十字架以外，几乎没有什么留下遗迹。这两个人是在 1952 年从岛上一次不幸的行程返回时去世的。他们正走在鲍迪逊冰川 (Baudissin Glacier) 前的冰崖下方的海滩上时，一个大浪将他们卷入海中。霍西森溺亡，福布斯在试图翻越冰川回到基地时冻死。由于十字架位于受保护的植物种群中，因此禁止游客接近。

1929 年英国建造的失事船只水手庇护所上将小屋 (**Admiralty Hut**) 的遗迹仍然屹立在阿特拉斯湾。

超过 100 万对马可罗尼企鹅在赫德岛上繁育后代。赫德岛南海岸上的长滩 (**Long Beach**) 可能是世界上最大的马可罗尼企鹅聚居地。群岛上还有约 1000 只赫德岛南极海鸟 (一个亚种)，以及不到 1000 对当地特有的赫德鸬鹚 (*Phalacrocorax nivalis*)。

麦夸里岛 (Macquarie Island)

这座岛有个昵称 "Macca"，坐落于塔斯马尼亚和南极洲中间，其首要魅力在于岛上的住客：10 万头海豹——主要是象海豹；400 万只企鹅——包括 85 万只在这里繁育后代的皇家企鹅。

记录表明人们最早于1810年7月11日见到麦夸里岛，当时人们乘坐海豹捕猎双桅帆船"毅力"号（*Perseverance*）看见此岛。人们以澳大利亚新南威尔士殖民地总督拉克伦·麦夸里（Lachlan Macquarie）为这座岛命名（当时塔斯马尼亚是新南威尔士的一部分），并在岛上收获了8万张海豹皮。海豹捕猎时代过后，19世纪70年代中期到末期再次有船只开始到访麦夸里岛，当时人们捕杀国王企鹅和皇家企鹅用来熬制油脂。每只企鹅可产出约半升的油。捕猎者更喜欢皇家企鹅，因为它们的油脂中血液含量较少，而血液会使油脂发酵并破坏油脂。如今，麦夸里岛是一座塔斯马尼亚自然保护区。登陆岛上必须事先从塔斯马尼亚公园暨野生动物服务处（Tasmanian Parks and Wildlife Service）（www.parks.tas.gov.au）获得许可证。登岛费用为每人A$150以上，邮轮航行价格包括这一费用。公园警卫监督游览，严格的规定控制每次上岸人数。

麦夸里岛上有陡峭的悬崖，高原海拔为240至345米。这座岛有34公里长，宽度在2.5公里至5公里之间，面积为128平方公里。最高点为433米高的汉密尔顿峰（Mt Hamilton），以道格拉斯·莫森的1911至1913年远征队中的生物学家哈罗德·汉密尔顿（Harold Hamilton）命名。小型湖泊散布于高原之中。法官和书记员岩（Judge and Clerk Rocks）位于北侧16公里处；主教和教士岩（Bishop and Clerk Rocks）位于南侧28公里处。

麦夸里岛是地球上气候最稳定（变化最少）的地区之一。年均气温在3.3℃至7.2℃之间。强烈的西风几乎每天都在吹。岛上没有永久冰雪覆盖。年降水量（91厘米）分散于300多天，形式各异：雪、雨、冰雹、雨夹雪、水汽和雾——有时一天就能出现所有这些形式的降水。

低海拔地区的植物主要是生草丛、矮草地和较高些的feldmark草丛。岛上没有树木或灌木，但是有两种"大型草本植物（megaherb）"，其中一种可长到1米高。长着黄色花朵的麦夸里岛卷心菜曾经是海豹捕猎者的食物，为的是防止坏血病。

麦夸里岛不同寻常的地方是这里的"羽绒床"地貌，由于地下排水不良，整个海岸阶地浸满了水，显得异常柔软，有些地方只能刚好撑住一人的重量。这里也被称为"颤动的泥沼"，形成这种地貌的主要原因是地下水系如同大块的凹凸透镜一样起伏不平，这种"水透镜"上面覆盖着的大块大块的植被也随其填度起伏，整体最深处可达6米。

该岛是地球上唯一有来自洋底6公里以下的地幔岩石活跃地暴露在海平面以上的地区，这是由逐渐而持续的地壳上隆形成的。伴随这些地壳活动，大型地震经常发生。因其重要的地理价值，麦夸里岛在1997被列入世界遗产名录。

捕鲸者和海豹捕猎者把马、驴、狗、山羊、猪、牛、鸭子、鸡和绵羊带到麦夸里岛来，不过这些动物都没能存活。老鼠、猫、兔子和新西兰秧鸡（来自新西兰的一种不会飞的鸟）却在岛上大量繁衍——近年来已严重影响该岛的生态系统。尽管新西兰秧鸡已在1988年被根除，老鼠和兔子还是数量太多并带来大量问题。

当莫森在他的1911至1914年澳洲南极征期间将一支科学团队带到这里时，他遇到了"克莱德"号（*Clyde*）的船员，这艘船在一个月前失事，船员最初把莫森的团队当做海豹捕猎竞争者，准备捍卫他们的海豹捕猎权利。弄清事实后，留在岛上的莫森的团队用无线山（Wireless Hill）上设立的一座无线中继站与南极大陆进行最早的双向通讯。传送的信息有：莫森的雪橇搬运工同伴去世的消息（从联邦湾发送到麦夸里岛），以及罗伯特·福尔肯·斯科特（Robert Flacon Scott）的死讯（从麦夸里岛发送至南极洲）。

其他在麦夸里岛停留的远征领导者还包括别林斯高晋（他曾用三瓶朗姆酒与一名海豹捕猎者交换了两只活着的信天翁，20只死去的信天翁和一只活着的鹦鹉），威尔克斯，斯科特和沙克尔顿。

1948年ANARE在岛上建立了一座科研站，坐落于1911年莫森的团队占用的场地上的地峡。约15至20人在ANARE站越冬；夏季多达40人居住在这里。

新西兰亚南极群岛
（New Zealand's Sub-Antarctic Islands）

新西兰保留着五个亚南极岛群，作为国家自然保护区：安蒂波迪斯群岛（Antipodes），奥克兰群岛（Auckland），邦蒂群岛（Bounty），坎贝尔岛（Campbell）和斯奈尔斯群岛（Snares）。众多野生动物特别是海鸟在这些岛屿上筑巢，数量高达数百万。有记录的企鹅有十种之多，其中四种定期在此繁育后代。

所有这些岛群都由新西兰保育部（New Zealand Department of Conservation）（简称DOC；www.doc.govt.nz）管理。只有获得许可证才能进入这些岛屿；所有登岛团队都必须由一名DOC代表陪同。每年游客数量都限制在几百人以内。

南极半岛

最佳历史景点

» 洛克罗伊港（见80页）

» 德塔耶岛（见85页）

» 斯通宁顿岛（Stonington Island）（见87页）

» 雪山岛（见93页）

最佳风景

» 雷麦瑞海峡（见84页）

» 天堂港（见80页）

» 夏洛特湾（见77页）

» 库弗维尔岛（Cuverville Island）（见77页）

» 丹科岛（Danco Island）（见77页）

为何去

　　美丽的南极半岛是南极大陆最容易到达的部分，朝着北面的南美洲火地岛伸开欢迎的臂膀，就好像召唤着客人一般。无畏的旅行者们也确实来到了这里，因为南极半岛是南极大陆最温暖的地区（也被戏称为"香蕉带"），也是南极洲主要的海鸟、海豹和企鹅繁育地区。

　　这里有冰雪覆盖的陡峭山峰从海面拔地而起，有冰山遍布的狭窄海峡与无数的岛屿和多山陆地纵横交织，这一切构成了南极半岛壮丽的景观，让人叹为观止。

　　近几十年来，游客的登陆地大多集中在半岛中央西海岸沿岸的几处地点，各类船舶鲜少到访半岛东侧的威德尔海。这里确实以浮冰封海和事故多发而闻名。沙克尔顿的"坚忍"号只不过是在此沉没的数艘船只中最著名的一艘。

网络资源

» 《南极洲的两人》（*Two Men in the Antarctic*）（1939），托马斯·W·巴格肖（Thomas W Bagshawe）。独自在南极大陆供水船站越冬的两个年轻人之一讲述的吸引人的故事。

» 《游向南极洲》（*Swimming to Antarctica*）（2004），琳恩·考克斯（Lynne Cox）。尼可港游泳者的引人入胜的自传。

» 《凶险的夏天》（*The Ferocious Summer*）（2008），梅雷迪思·胡珀（Meredith Hooper）。全球气候变暖、企鹅和南极半岛。

» 《水晶沙漠》（*The Crystal Desert*）（1992），大卫·G·坎贝尔（David G Campbell）。一位生态学家用三个夏天的时间研究南极半岛的生物。

■ 英国南极遗产信托（UK Antarctic Heritage Trust，简称UKAHT；www.ukaht.org）南极半岛景点介绍，包括洛克罗伊港。

» 南极时报（Polar Times）（www.americanpolar.org）

半岛中部
(CENTRAL PENINSULA)

大多数南极游船经常光顾昂韦尔岛（Anvers Island）地区附近的几处风光优美的地点。这些景点相距不远，你可以在此拍摄照片和冰山崩解的视频，以及探访一些人类最南端的居住点。与此同时你还可以欣赏到自然栖息地中的企鹅。

夏洛特湾（Charlotte Bay）

夏洛特湾里随处可见新近崩解的冰山，有些人认为这里是南极半岛沿岸最美的景点之一，可与天堂港的美景相媲美。这一海湾的名称取自德·热尔拉什（de Gerlache）的1897年至1899年远征的副指挥的未婚妻之名。在海湾入口处，**Portal Point**是英国南极调查小屋从前所在的地方，小屋建于1956年，现已迁至位于斯坦利的福克兰群岛博物馆。

库弗维尔岛
（Cuverville Island）

该岛由德·热尔拉什于1897年至1899年间发现，并以法国海军中将JMA Cavalier de Cuverville之名命名，这座黑色的半圆顶形状、250米高的岛屿是一个受欢迎的停留站。岛上几个大型巴布亚企鹅聚居地（共有7000对企鹅）构成了南极洲最大的巴布亚企鹅群落之一。

剑桥大学研究者在1992年至1995年间研究了他们以及游客的存在对企鹅的影响。在对巴布亚企鹅的心率进行监测，对贼鸥和其他动物种群进行观察后，得出结论，认为组织良好、能遵循游客参观准则的团体对企鹅的哺育行为和哺育成功不会产生可察觉的影响。

登陆海滩上方的斜坡上生长着大片厚厚的苔藓，不要踩到上面去。雪生藻类则遍布于山坡上（见94页框内文字）。

丹科岛（Danco Island）

丹科岛有1.5公里长，有一片宽阔、倾斜的鹅卵石沙滩。德·热尔拉什在1897年至1899年间对其进行地图绘制，随后以远征队的地理学家Émile Danco为其命名，这名地理学家在南极洲逝世。**O基地（Base O）**由英国人在1955年至1956年间建立，1959年前用作调查基地，后来40年的时间里都用作庇护小屋，于2004年被拆并移走。6个水泥基座保留了下来，其中一个带有一块牌匾。巴布亚企鹅的巢就在丹科岛180米高的峰顶。在冰山阻碍的海峡中沿这座岛进行橡皮船游览可领略到十分壮观的风景。

亨热岛（Rongé Island）

德·热尔拉什以de Rongé女士的名字为该岛命名，她是德·热尔拉什远征的一位富有的资助人。这座岛上有几座大型的巴布亚企鹅和帽带企鹅聚居地。山坡上的山洞可能是早期海豹捕猎者的庇护所。名为奥恩群岛（Orne Islands）的小型群岛就在亨热岛的北侧，可能是由20世纪早期在此工作的捕鲸者命名的。岛上栖息着一群帽带企鹅。

尼可港（Neko Harbor）

尼可港是安德沃得湾（Andvord Bay）深处的一处大陆着陆点，由德·热尔拉什第一次发现，但名称取自挪威捕鲸船Neko号，该艘船在1911年至1924年期间运营。

附近的冰川崩解总是伴随着巨大的轰鸣，成为绝佳的摄影取景对象。

一旁有阿根廷旗帜的橘色小屋是一间*refugio*（庇护小屋），建于1949年，名为"Fleiss船长（Captain Fleiss）"。数百只巴布亚企鹅在山坡上筑巢。

在你凝视尼可港布满冰山的水面时，你可能会想到美国长距离游泳选手琳恩·考克斯（Lynne Cox），2002年12月她在这里0.5℃的水中游了近2公里（用时25分钟）——对几乎所有人来说这都是一种致命的危险运动。

南极半岛亮点

❶ 拍摄**雷麦瑞海峡**(见84页)、**天堂港**(见80页)和**夏洛特湾**(见77页)周围美丽绝伦的风景

❷ 倾听**保利特岛 (Paulet Island)**(见90页)上20万只阿德利企鹅的嘶叫声

❸ 在**韦尔纳茨基院士站 (Academician Vernadskiy)**(见84页)气氛活跃的酒吧痛快地喝下剌嗓子的胡椒味的烈酒伏特加

❹ 在**洛克罗伊港**由英国基地改建而成的博物馆里邮寄一张明信片(见81页)

❺ 探访位于**德塔耶岛**(见85页)W基地(Base W)的20世纪50年代英国南极基地生活的缩影

❻ 在**西摩岛**(见93页)寻找化石,并展示给旅行同伴们看(记住,你不能拿走任何东西!)

❼ 探索位于**雪山岛**(见93页)的南极半岛现存最古老的建筑——诺登许尔德小屋

❽ 在**埃斯佩兰萨站 (Esperanza Station)**(见88页)见见阿德利企鹅以及人类的孩子们

❾ 探访位于**斯通宁顿岛**(见87页)的古老科考站

❿ 在**帕默站 (Palmer Station)**(见81页)、**罗瑟拉站 (Rothera Station)**(见86页)或非常现代化的**哈雷站 (Halley VI)**(见95页)见证进行中的科学研究

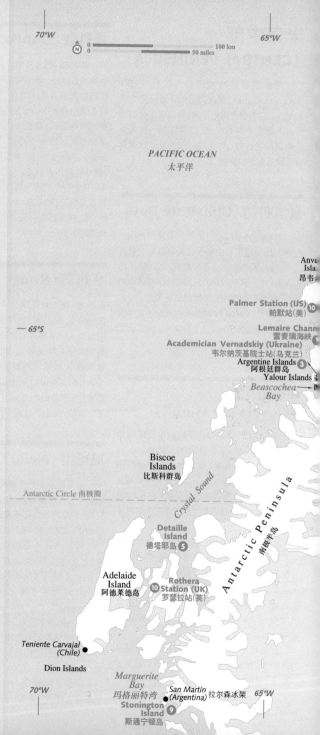

Drake
Passage
德雷克海峡

South
Shetland
Islands
南设得兰群岛

King George Island
乔治王岛

55°W

60°W

Nelson Island
纳尔逊岛

Robert Island
Greenwich Island
格林尼治岛

Livingston Island
利文斯顿岛

Bransfield Strait
布兰斯菲尔德海峡

Smith
Island

Snow
Island
雪岛

Deception Island
欺骗岛

D'Urville
Island
迪尔维尔岛

Joinville
Island
茹安维尔岛

Low
Island

Hoseason
Island

Trinity
Island

Astrolabe Island
星盘号岛

Esperanza
Station
(Argentina)
埃斯佩兰萨站

Bransfield
Island

Antarctic
Sound

Dundee Island 邓迪岛

General Bernardo O'Higgins (Chile)
Cape Legoupil

Cape
Legoupil

Hope
Bay 希望湾

⑧

Paulet
Island
保利特岛 ②

Brabant
Island

Orleans Strait

Trinity Peninsula
特里尼蒂半岛

Brown
Bluff

Anderson
Island

Davis Coast

Devil
Island 德弗尔岛

Erebus &
Terror Gulf

Gerlache Strait
格尔拉什海峡

Charlotte
Bay
夏洛特湾 ①

Botany
Bay

Vega
Island
维加岛

Lockroy
洛克罗伊港

James
Ross
Island
詹姆士罗斯岛

Seymour Island
西摩岛 ⑥

Paradise
Harbor
天堂港 ①

Cape
Sobral

Snow Hill
Island
雪山岛 ⑦

65°S

Cape
Fairweather

Robertson
Island
罗伯逊岛

Weddell
Sea
威德尔海

raham
and
雷厄姆地

Cape Disappointment

Larsen
Ice Shelf
拉森冰架

60°W

Halley VI Station
哈雷站
(1200km) ⑩

55°W

考克斯在刺骨的冷水中训练了多年，但是医生表示她的身体条件也是独一无二的。

实用岛（Useful Island）

这座岛之所以得名可能因为其位于一个"有用的"（useful）地点——热尔拉什海峡（Gerlache Strait）内亨热岛以西3公里处。这座岛虽小但十分有趣，巴布亚企鹅和帽带企鹅就在岛顶上筑巢。事实上，因为高地覆盖的冰雪将最先融化，所以鸟类更喜欢在这里筑巢。企鹅愿意穿越冰雪和岩石跋涉到100米的高处，这样在哺育幼鸟的过程中就能抢占先机。山顶的标志为一座阿根廷界标（2米高的橙色金属圆筒）。

供水船站（Waterboat Point）

尽管供水船站看起来像是座岛屿，但只有涨潮时它才与南极半岛分离。退潮时，甚至能踏过一系列岩石走到半岛上。

1921年1月至1922年1月期间，英国研究者托马斯·W·巴格肖（仅19岁）和马克西姆·C·莱斯特（Maxime C Lester）（22岁）在供水船站用一年的时间记录气象、潮汐、动物学数据。当时他们是南极洲上居住的仅有的两个人。

他们是南极远征组队人数最少的队伍，只有4人，由约翰·库伯（John Cope）带领，另一名成员是休伯特·威尔金斯（Hubert Wilkins）。远征队本应更加壮大，但因资金有限，两名成员放弃了计划，剩下的两位年轻人决定继续进行下去。储备不足，他们就食用企鹅和海豹肉；没有住处，他们就用挪威工厂船*Neko*号八年多前留下的一艘倾覆的小船部件，改造成粗制庇护所。巴格肖和莱斯特的小屋遗址几乎没留下任何东西，但这里是一处受保护的历史遗迹。

1951年智利空军在一处面积很大的巴布亚企鹅聚居地中间建造了加夫列尔·冈萨雷斯·魏地拉总统站（**Presidente Gabriel González Videla Station**），巴格肖和莱斯特的小屋遗址就在其中。现在只有在夏季不时有人居住于此。这座南极站的名称取自智利的一位总统，他在1948年成为到访南极洲的首位智利国家元首——随同他到访的有140人，包括他的夫人和女儿！南极站成员曾经在这里养猪、羊和鸡，所有这些动物都可以自由地晃来晃去，实在是"南极洲的一幅奇观"，1964年到访的一位游客回忆道。

天堂港（Paradise Harbor）

天堂港有壮丽的冰山，海面上群山倒映，实在是美不胜收。甚至连20世纪早期在此作业的捕鲸者也被这壮丽景色折服，因此有了"天堂港"这个美丽的名字。

海湾前部的冰川（冰川正逐渐后退）崩解后形成冰山，使这里成为橡皮船绕冰山游弋的好地方。你乘船游览时，可以看见在悬崖上筑巢的蓝眼鸬鹚。这些悬崖色彩斑斓，因为有铜矿床而呈蓝绿色，因为有苔藓而呈鲜绿色，或因为生长着地衣而显橘色或黄色。

1984年4月12日阿根廷的布朗站（**Brown Station**）（原来名为Almirante Brown）的原有设施被基地内科医师领队放火烧毁，因为他不想在站上再度过一个漫漫长冬。基地人员被美国船只"英雄"号（*Hero*）营救。现在巴布亚企鹅在废墟中筑巢。

爬上小山可欣赏到冰川胜景。断裂的纪念石碑缅怀乔斯坦·黑尔盖斯塔德（Jostein Helgestad），他于1993年在莫尼卡·克里斯滕森（Monica Kristensen）的私人远征中去世，在前往南极点途中他的机动雪橇陷入了冰缝中。

洛克罗伊港（Port Lockroy）

德·热尔拉什在1897至1899年间为Wiencke岛（Wiencke Island）命名，以纪念在清理*Belgica*号排水口时落水溺亡的年轻海员Carl August Wiencke。

洛克罗伊港坐落在Wiencke岛西海岸。这座800米长的海港，是南极洲最受欢迎的游客停靠站之一。这主要是因为这里有英国南极站A基地（Base A）旧址改建成的博物馆。博物馆位于古迪尔岛上，由英国南极遗产信托（UK Antarctic Heritage Trust, 简称UKAHT; www.ukaht.org）运营。

此地的游览通常会在朱格拉海岬（Jougla Point）附近的巴布亚企鹅聚居地着陆，那里的其他亮点还包括蓝眼鸬鹚和在海岸上重建的复杂的鲸鱼骨架。

历史

早在1899年洛克罗伊港就由比利时探险家阿德瑞恩·德·热尔拉什（Adrien de Gerlache）发现，但直到1904年2月让-巴蒂斯特·沙考（Jean-Baptiste Charcot）到达此地后，这座港口才有了名字和海图。港口以法国下议院副议长Edouard Lockroy命名，他曾帮助沙考获得了远征资金保障。

1931年前，洛克罗伊港是捕鲸者的主要港口。在登陆点周围，链条和螺栓以及刻在岩石上"1921"依然可见；这些是曾在此停锚并加工鲸鱼的11艘加工厂船之一——Solstreif号的系泊设备。

阿根廷海军军舰Primero de Mayo号于1943年在洛克罗伊港留下一座圆柱，声称海港和60° S以南、25° W和68° 34′W之间的所有领土为阿根廷所有，英国随即提出抗议、并与之争夺主权。1943至1944年间一次被非正式地称为"Tabarin行动"（来源于一家淫秽的巴黎夜总会之名）的英国海军秘密行动中，英军将阿根廷的标志移走，并建立了A基地。在基地建设中使用的一些木头取自捕鲸船的平台和木筏，还有些取自欺骗岛上被弃用的捕鲸站。

A基地直到1962年都持续有人员驻扎（通常有4~9人，而通常一次执勤时间长达2.5年），但是后来逐渐年久失修。

◎ 景点

布兰斯菲尔德博物馆（Bransfield House）　历史建筑

1996年英国人精心修复了原来A基地的主要建筑布兰斯菲尔德博物馆。建筑内悬挂着南极站的历史展示。展品包括来自Tabarin行动的衣服，1944年的地下无线电广播发射机，带有Noel Coward 78转速唱片的HMV发条唱机，以及1957年从南乔治亚的古利德维肯捕鲸站商店购买的木制滑雪板。

科学亮点：经过修复的"小动物（Beastie）"（一种早期用于上层大气研究的装置）。不要错过绘制在发电机小屋（礼品商店）门后的玛丽莲·梦露（Marilyn Monroe）全身像，这是南极洲全男性时代孤独的越冬者用来回忆的纪念。

夏季，英国南极遗产信托员工居住在洛克罗伊港以维护历史遗迹。他们还运营着一座繁忙的邮局（每年约有7万件物品经过手工盖戳），以及一家有着上佳商品的纪念品商店，其收益用于博物馆运营。剩余利润用于资助南极半岛其他英国历史景点的保护。商店接受美元、英镑、欧元和信用卡（不接受美国运通信用卡）。

在游客人数管理方面，英国南极遗产信托每天允许350人到访，但一次上岸人数不得超过60人。小屋是员工的临时住所，请尊重他们的私人空间。

古迪尔岛（Goudier Island）　栖息地

古迪尔岛栖息着800对巴布亚企鹅。每年数以千计的游客都要经过企鹅筑的巢，但1995年开始对企鹅繁殖成功率的监测表明游客未对它们产生明显的影响。繁殖成功率似乎更多地与当地环境条件，如覆盖的冰雪、或可获得的磷虾数量有关。确实，巴布亚企鹅似乎不太在意布兰斯菲尔德博物馆；每年夏季伊始，冰雪厚度能达到建筑的屋檐那么高，而企鹅就试图在屋顶上筑巢。

昂韦尔岛（Anvers Island）

昂韦尔岛山峦遍布，有70公里长，于1898年由德·热尔拉什发现并以比利时同名的省为其命名。

◎ 景点

帕默站（Palmer Station）　基地

帕默站建于1968年，坐落在岛上西南海岸，以纪念美国海豹猎者纳塔尼尔·布朗·

帕尔默(Nathaniel B Palmer)，他是1820年最先见到南极洲的几个人之一。新基地取代了"老帕默"站的木结构活动板房。老帕默站建于1964年，位于阿瑟港（Arthur Harbor）对面、距这个新基地约1公里远。而老帕默站又曾取代了1955年至1958年间使用的英国的 **N基地（Base N）**（现已不存在）。

帕默站夏季可容纳44人，但仅有25人在此越冬。这座南极站全年可通过海上航行到达，每六周由补给船提供一次补给。

帕默站由两座主要建筑和一座船库、潜水更衣间、车间、洁净空气实验室、桑拿房和仓库组成，各部分相距都很近。三层高的生物实验室包括1间实验室、就餐区、办公室、通讯与住宿设施。两层高的**GWR建筑**（该缩写代表车库、仓库和休闲）内设有发电机、住宿设施、小型医疗设施和基地商店。

研究侧重于对海洋生态系统（主要是海鸟和磷虾）的长期监测，大气研究，日益增强的紫外线辐射影响（由臭氧空洞引起），海洋和陆地的气候变化。

每年仅允许12艘船到访以避免对研究的干扰。游客可进行步行参观，包括探访两座水族馆，里面展示着许多海葵、软体动物、海胆、磷虾和鱼类。你还可以在基地商店内购物（接受信用卡和美元），在就餐区品尝当地著名的"帕默布朗尼"。

不要错过基地巨型储油罐上的飞跃的逆戟鲸壁画。如果天气允许，帕默人有时会观看投射在储油罐一侧的露天电影。还可留意一下桑拿房顶上的金属磷虾风向标。

托格森岛（Torgersen Island）　栖息地

阿德利企鹅聚居地就在海岸不远处，到

Anvers Island Area 昂韦尔岛区域

2007年，一艘新西兰渔船在罗斯海捕捞到一只罕见的巨型乌贼，其长10米，重约500公斤。两只如篮球大小的眼睛，单只直径为27厘米，是目前已知的最大的乌贼眼睛。

《南极洋生物资源保护公约》制定了捕渔许可证制度（Catch Certification Scheme）和海鲈鱼捕捞标准（Dissostichus Catch Documentation）的相关要求来进行保护。当某些国家的专属经济区出现非法捕捞时，这些国家试着采取过一些措施进行限制。但是，自1996年以来，非法捕捞海鲈鱼数量还是超过了合法捕捞量。

尽管有《南极洋生物资源保护公约》的努力，以及环境保护主义者倡导的消费抵制行动，由于其商业价值，以商业目的捕捞齿鱼的行为从未停止过（包括合法和非法捕捞），这最终导致其濒临灭绝。在英国，为人们熟知的齿鱼有南极海鲈鱼、澳大利亚海鲈鱼及南极冰鱼。

南极磷虾被制成灌装或冷冻，以"南极虾"的名义销售，也用作家畜饲料，或水产业中的鱼类饲料。捕鱼技术的进步，加之磷虾药用价值的增值利润，导致近期磷虾捕捞数量剧增：2006~2007年捕捞季，捕捞数量为10.9万吨；2010~2011年为21万吨。尽管上述数目仍低于《南极洋生物资源保护公约》的限额，但对磷虾捕捞监管不能松懈，且磷虾（作为环南极大洋食物链基础）的生存也面临着气候改变所带来的压力。

南大洋捕鲸争议

1994年，当国际捕鲸协会（IWC）建立南大洋鲸鱼禁捕区时，日本是24个成员国中唯一提出反对的国家。接着颁布了一条特例，允许进行研究目的的捕鲸。在此条款下，日本捕鲸船队获得许可每年捕杀1000头小须鲸。保护组织和许多科学家强烈反对日本的这一欺诈行为，鲸肉还是进入市场销售，用于学校午餐配给，以及供给食用鲸肉的餐馆。但不管怎样，从2011~2012年的鲸鱼肉销售数据看来，销量已大大下降。日本鲸类动物研究所（Institute of Cetacean Research, 简称ICR; www.Icrwhle.org）称销售鲸肉是为了筹集资金进行研究，研究内容包括鲸的年龄、幼鲸，以及鲸的妊娠。

这种行为引起许多争论。海洋守护者协会（Sea Shepherd Conservation Society, www.seashepherd.org）的积极分子每年都会努力阻止捕鲸活动，他们尾随捕鲸船，堵塞船上吊放鲸鱼的滑道，阻止捕鲸者将鲸鱼吊上甲板。尽管这些海洋守护者的直接行为遭到了许多政府的指责，但却拥有大量的拥护者，其中不乏众多的名流、音乐家、体育明星等。

2007~2008年，海洋守护者协会史提芬·欧文号（Steve Irwin）上的两名积极分子在未经许可的情况下登上捕鲸船，并被扣留。之后，该协会声称他们的船长被枪支袭击。而日本鲸类动物研究所的捕鲸人员称他们曾被用强酸等化学药品袭击。同一季，绿色和平组织的"埃萨佩兰萨"号（Esperanza）尾随捕鲸工厂船"日新丸"号（Nisshin Maru）超过7400多公里。

当海洋守护者协会坚持日本在南极捕鲸不合法时，该组织却被日本鲸类动物研究所以生态恐怖主义的名义告上法庭。2011年，日本鲸类动物研究所将海洋守护者协会诉诸位于华盛顿州西雅图的美国联邦法庭（尽管海洋守护者协会许多管理活动是在澳大利亚进行的，目前其船只上悬挂的是荷兰国旗，但其总部基地仍位于华盛顿州）。但法官驳回了其请求，并允许该组织继续其活动。

2012年7月，国际捕鲸协会在巴拿马召开会议，南美提出的一项关于延长南大洋鲸鱼禁捕区的议案进行投票，同2011情况相似，最终是日本及其他捕鲸国代表离开会场表示抗议。尽管有澳大利亚、新西兰和美国的支持，投票最终还是少于通过议案所要求的75%的通过票。日本、中国、俄罗斯和挪威对此项提议投了反对票。

鱼类及磷虾

19世纪70年代，鱼类（称之为鳍鱼类以区别于贝类）捕捞成为商业目标。前苏联时期，南乔治亚岛可捕捞的物种（南极鳕鱼、冰鱼）数量非常可观，然而由于随后的商业性质的过度捕渔，从那以后，这些鱼类便再也没有恢复到最初的数量。

同一时间，磷虾也成为商业捕捞目标（自1972年开始商业性质的磷虾捕捞）。在19世纪80年代，磷虾捕捞达到一个巅峰时期，每年夏季，磷虾捕捞数量高达40万吨。据推断，起初磷虾数量非常庞大，甚至可以用来解决世界温饱问题。虽然一旦发现磷虾群以后的捕捞相对而言还是很容易的，但事实证明磷虾处理成本高，而且很难进入市场。磷虾含有一些极为强大的蛋白质消化酶，这就要求捕鱼者必须尽快对其进行处理，否则它的组织很快便坏掉，变黑变软。在甲板上放置超过3小时便不宜人类食用，超过10小时连家畜也不宜食用。另外，磷虾外壳含氟量高，除非彻底剥壳，否则食用后会引起中毒。

现在

鲸鱼

现代，国际捕鲸委员会所颁布的商业捕鲸禁令面临来自捕鲸国家的重重压力，如日本和挪威。

1994年，国际捕鲸委员会建立了南大洋鲸鱼禁捕区（Southern Ocean Whaling Sanctuary），以保护大部分大型鲸鱼的主要觅食场所，并借此机会让那些濒危种群慢慢复苏。在该区域内，商业捕鲸是严厉禁止的，哪怕是在世界范围内撤销的捕鲸禁令的情况下。但是用于科研用途的捕鲸可作为例外（详见蓝色方框中的内容——南大洋鲸鱼禁捕区）。

海豹

按照官方规定，海豹生活在南极大陆和冰架上，受到保护，仅能以科研目进行捕杀（必须获得许可）。《南极海豹保护公约》（Conventioni for the Conservation of Antarctic Seals）将这种保护范围延伸到海洋、海冰和积雪冰群。该公约禁止因商业目的捕杀海狗，南象海豹及罗斯海豹，对其他海豹则限定了捕猎禁闭区域和禁闭时期。

由于该公约规定了捕猎的最高限额：食蟹海豹（175 000头），豹海豹（12 000头），威德尔海豹（5000头），这样在理论上会再次出现海豹产品交易。公众对此强烈抗议，可能会导致该公约难以落实。

鳍鱼及磷虾

鳍鱼及乌贼目前的捕捞数量巨大；在南乔治亚岛附近，也开始捕捞螃蟹。于1982年生效的《南极洋生物资源保护公约》，在对整个生态系统进行慎重考虑后，对捕捞数量设定了限额，除非数据显示限额可以增加。监督与科学观察员计划也已落实。随着监管力度的加大，仍有一些渔场无视法律的约束，过渡捕捞量呈上升趋势。

20世纪90年代，掀起了对巴塔哥尼亚齿鱼或智利海鲈鱼的狂热捕捞。由于齿鱼性成熟时间较长，所以很容易被过度捕捞。另外，用放线捕鱼的方式进行捕捞，还容易导致信天翁和海燕的死亡（见192页）。巴塔哥尼亚齿鱼可长到240厘米长，重130公斤，但是现在捕捉到的大多小于10公斤。

野生动物 南极野生动物面临的威胁

在历史上，鲸油用来照明，作润滑剂和制革工业用品，早些年挪威及英国有此工业。

自然界中只有逆戟鲸（虎鲸）捕食豹海豹。

Bahía Paraíso号残骸

南极洲最严重的一次环境灾难发生于1989年1月28日，当时长131米、搭载了234名乘客和船员（包括81名游客）的阿根廷海军补给船 Bahía Paraíso 号，在距帕默站3公里处的DeLaca岛附近撞上了水下尖锥形暗礁。锥尖将船身撕开10米长的裂缝，645 000升汽油和其他石油产品泄漏，形成面积达30平方公里的浮油。所幸没有人员受伤。帕默居民把 Bahía Paraíso 号的无机动装置的救生艇拖上岸，并为乘客和船员提供食宿。附近的两艘邮轮和一艘阿根廷船将所有人带出了南极洲。

漏油对海鸟和海洋环境造成严重危害。贼鸥幼鸟和蓝眼鸬鹚幼鸟的死亡率都接近100%。当季阿德利企鹅数量减少16%。软体动物和大型藻类也受到直接伤害。最恶劣的后果可能要算漏油干扰或破坏了一些科学研究，有些领域的研究已持续近二十年。

1992年阿根廷与荷兰开展联合行动，将水下储油罐残存的148 500升汽油中的大部分以及部分有害润滑剂加以回收转移（但至今仍有油从船的残骸中泄漏出来）。

20世纪90年代期间，除了蓝眼鸬鹚还未能恢复到从前的数量，大部分当地的海洋生物种群都得到了恢复。

如今，Bahía Paraíso 号几乎被水淹没的船身仍然可见。从帕默站以及接近的船只上眺望，生锈的船体就位于DeLaca岛和Janus岛之间，靠近DeLaca岛稍前面。船只一般进入Bonaparte海峡和Janus岛之间的Arthur港。涨潮时，眼力好的观察者可观察到3米长的Bahía船身部分。退潮时，水平线上露出的船身部分有10米长50厘米高——提醒着人们在南极洲航行的危险。

访帕默站的游客经常也会到访这里。然而由于气候引起的海冰和降雪变化，自1974年以来，这里的阿德利企鹅的种群数量已减少了60%，降至不足3300对。

在托格森岛西侧的利奇菲尔德岛（Litchfield Island），阿德利企鹅已经绝迹。1974年以来就对这个栖息地进行监控，当时约有1000对企鹅在此繁育。而古生态学证据显示，企鹅在这里至少繁衍了600年，最多时每年有1.5万对企鹅在岛上筑巢。到2007年11月，岛上的企鹅已踪影全无。

梅尔基奥尔群岛（Melchior Islands）

梅尔基奥尔群岛由16座小岛组成，位于规模大得多的昂韦尔岛和Brabant岛之间，南极半岛西侧，各岛以希腊字母命名：从阿尔法（α）到欧米加（Ω）。Lambda（λ）岛上有阿根廷在南极洲建立的第一座灯塔，叫做Primero de Mayo，于1942年建造，现为历史景点。

布斯岛（Booth Island）

Y字形的布斯岛是由德国远征队于1873年至1874年间发现，以Oskar Booth或Stanley Booth——或两人——命名，他们是汉堡地理协会（Hamburg Geographical Society）的成员。这座岛构成了雷麦瑞海峡的西侧。岛上的最高点是980米高的Wandel峰（Wandel Peak）。

布斯岛是南极半岛罕见的三个企鹅种群（阿德利企鹅、巴布亚企鹅和帽带企鹅）毗邻筑巢的地点之一，而这些地方都禁止游客进入。

1904年冬沙考（Charcot）带领法国南极远征队乘坐 Français 号到达布斯岛西北端的沙考港（Port Charcot）（这位探险家以其父之名为这座港口命名）并在此越冬。远征队留下的一座石标、柱子和牌匾作为历史景点受到保护。

雷麦瑞海峡
（Lemaire Channel）

这座海峡景色优美，十分适合拍摄，因此有了"柯达缺口（Kodak Gap）"的昵称。这一海峡两侧为峭壁，有11公里长，位于布斯岛和南极半岛的群山之间。水道很深——大部分深达140米——海峡有1600米宽，只有当你几乎已经进入到海峡才能发现海峡的存在。

雷麦瑞海峡由一支德国远征队于1873至1874年发现，但是直到1898年12月德·热尔拉什乘坐Belgica号才首次穿越雷麦瑞海峡。德·热尔拉什当时做了一个坚决但古怪的决定，以曾在刚果探险的比利时探险家查尔斯·雷麦瑞（Charles Lemaire）为这座海峡命名。有时海冰会阻挡航道，船只被迫后退并绕布斯岛航行。在雷麦瑞海峡的北端，两座高耸的圆形山峰坐落在False Cape Renard海岬。其中较高的一座有747米高，一支德国登山队曾于1999年登顶。

普雷诺岛
（Pléneau Island）

这座岛长约1公里，栖息着数千只巴布亚企鹅。沙考在1903年至1905年的远征中以摄影师Paul Pléneau为这座岛命名。根据威廉·J·米尔（William J Mill）的《探索极地边疆》（Exploring Polar Frontiers）（2003）一书中的记载，当沙考在最后一分钟改变计划时（他原来打算前往格陵兰），Pléneau用电报回复了一句任何领导都喜闻乐见的话："去任何你想去的地方。在任何你喜欢的时候。你喜欢待多久就待多久！"

彼得曼岛
（Petermann Island）

位于65°10′S的彼得曼岛有135米高，是世界上最南端的巴布亚企鹅栖息地，也是大多数南极邮轮最南端的登陆点之一。这座岛长度不到2公里，最早由搭乘蒸汽船Grónland号的德国捕鲸和海豹捕猎远征队于1873年至1874年发现。远征队由Eduard Dallman带领，他以德国地理学家August Petermann为这座岛命名。阿德利企鹅、巴布亚企鹅和蓝眼鸬鹚在此筑巢，还有丰富的雪生藻类（见94页文字框）。

沙考1908年至1910年的远征曾乘坐Pourquoi Pas? 号来到Port Circumcision港越冬。这座小型海湾位于岛上东南海岸，由沙考在1909年新年第一天发现，并以主受割礼日（Feast of the Circumcision，即1月1日）为其命名，传统记载耶稣在这一天行割礼。梅格勒斯特利斯山（Megalestris Hill）（名称来源于南极贼鸥物种的古名）上堆砌的石冢以及阿根廷在1955年建造的一座庇护小屋都保存下来了。小屋附近是一座十字架，纪念着英国南极调查局的三位男性员工，1982年他们从彼得曼回到法拉第站（Faraday Station）试图穿越海冰时去世。

亚勒群岛
（Yalour Islands）

该群岛有2.5公里长，由沙考以阿根廷海军军舰"乌拉圭"号（Uruguay）上的一名军官Jorge Yalour命名，这艘船曾在1903年营救了瑞典的南极远征队。约8000对阿德利企鹅在此筑巢。这里还有各种美丽的橘色地衣和绿色苔藓，以及南极发草的小型草丛。

阿根廷群岛
（Argentine Islands）

沙考在他的Français号远征中发现这座群岛，并以阿根廷共和国为群岛命名以感谢该国提供的帮助，群岛设有几处可躲避风暴的游艇锚地。

◉ 景点

韦尔纳茨基院士站
（Academician Vernadskiy） 基地

这座乌克兰基地坐落于Galindez岛，可容纳24人。1996年乌克兰以1英镑的价格从英国人手中接过这座基地（可寻找嵌在基地酒吧龙头之间木头中的真实硬币）。基地从前名叫法拉第（Faraday）（纪念发现电磁的英国人迈克尔·法拉第，Michael Faraday），现在的名字以纪念乌克兰科学院第一位院长Vladimir Vernadskiy。

基地里英国时代遗迹中最受欢迎的是酒吧，内有一块飞镖靶、台球桌和有着华丽雕刻的木制吧台——由基地的木匠建造，而他们本来另有职责所在。酒吧装饰着大量旗帜、横幅和照片，他们都来自到访船只和附近的南极站。一个奇特之处在于酒吧的大量文胸收藏，定期有游客带来新的收藏品。游客可以品尝gorilka，即当地制作的一种辣味的胡椒伏特加——说声"Budmo!"（"干杯"的乌克兰语）然后一饮而尽。

基地商店中有许多不同寻常的纪念品出售，其中瓶装"低臭氧空气"，是由基地的人们在当地采集并贴上官方标签售卖的。

乌克兰接手基地后，很快就进行了一项重要的升级：增加了一座桑拿房。

长时间在基地进行的气候记录表明，南极半岛西海岸沿岸的年均气温从1947年以来已上升了约2.5℃。当地冰盖减少，周边地区植物数量（例如南极发草和南极漆姑草）也有所增加，可能都是气候变暖造成的。

Wordie House

历史建筑

这座建筑建于1947年，位于距离基地1公里处。作为法拉第站前身的一部分，它曾在20世纪90年代末由英国南极调查局进行修复，现为受保护的历史景点。原有基地于1934年由英国格雷厄姆地远征队（British Graham Land Expedition）建立，1946年前后在一次海啸中被冲毁。房间现已按20世纪50年代早期的原貌重建，里面陈列着具有时代特征的物品如蒸汽灯、铺位、无烟煤麻布袋和炉子，但也有一些近期的食品，可能是到访游艇留下的。墙上挂有介绍建筑历史的标牌。

半岛南部
（SOUTHERN PENINSULA）

很少有游船深入南极圈以南。但一旦穿越南极圈，你将发现更加广阔、更加荒芜的海岸延伸出，几座趣味盎然的历史基地，以及包括英国的罗瑟拉站在内的两座仍在运营的基地。

德塔耶岛
（Detaille Island）

德塔耶岛面积很小，因为地处南极圈南侧而常常成为"穿越南极圈"邮轮上远征队长的目标。但由于风疾浪高，在这座岛登陆往往难以实现。1956年英国的W基地（Base W）在德塔耶岛建成。1958至1959年夏季驻站人员迅速撤离了基地。由于人们匆匆离开，而且不能随身携带太多东西，W基地非常完好地保留了20世纪50年代南极的生活风貌。

基地本来是为了安置穿越海冰前往附近南极半岛的狗拉雪橇调查队，但由于冰层十分危险而作罢。W基地人员撤离时，尽管有两艘美国破冰船相助，沉重的海冰还是将补给船"比斯科"号（Biscoe）阻拦在50公里外。因此人们被迫关闭这座基地，只能在雪橇上装载最有价值的装备，并借助拉雪橇的狗队才到达补给船（这有点讽刺）。

狗队被带上"比斯科"号时，一只名为"史蒂夫（Steve）"的狗挣脱开来并奔向德塔耶岛。因为时间紧迫，人们不得不放任那只狗自生自灭。3个月后，该基地以南100公里的英国马掌岛（Horseshoe Island）基地的人员惊讶地看见史蒂夫跑来，看起来健康又开心。

如今W基地舒适的木制主建筑仍可接受小规模团体的参观。搁着沉重的木制滑雪板的架子沿主要走廊摆放，床垫还铺在床上，羊毛长内衣挂在煤油加热器上方的一条绳子上，等待着再也不会归来的主人。顶层床铺上放着的一叠用打字机打出来的广播信息令人心酸，展现了远征者们坚守在此的两年里所经历的与世隔绝。一位母亲写给儿子约翰"我那刚开放的玫瑰花看起来十分娇艳"。而另一位则写下："我们都希望你和你的同伴们保持健康，享受你们的新基地"。

阿德莱德岛
（Adelaide Island）

这座岛面积较大（140公里长，30公里宽），大部分为冰川覆盖，岛上山脉高达2565米，于1832年由"比斯科"号远征队最先发现，并以英格兰的阿德莱德女王命名，而这一名称也代表着南澳大利亚州的首府。大多向南走的船都沿阿德莱德岛西侧航行，因为在这座岛和大陆之间的水道被海岛阻挡，无法穿越。

👁 景点

罗瑟拉站（Rothera Station）　　　　基地

英国的罗瑟拉站建于1975年，占据着阿德莱德岛东南海岸的一座小型半岛。1990年至1991年间建造的900米长的卵石飞机跑道和飞机库，使罗瑟拉站成为一座地区物流中心，服务于英国使用双水獭（Twin Otter）飞机进行的南极行动。60米深的比斯科码头（Biscoe Wharf）建于1990至1991年，用于接受补给船的补给。罗瑟拉站夏季可安置多达130人，冬季平均安置21人。基地的名字来源于罗瑟拉海岬（Rothera Point），而这座海岬的名字是来源于20世纪50年代英国一项计划的调查员约翰·罗瑟拉（John Rothera）。

罗瑟拉站的主要建筑Bransfield House包括基地的餐厅、酒吧、图书馆、办公室、实验室和一座抬高的"行动控制塔"。

两座宿舍楼内纪念着罗瑟拉站最后的几支拉雪橇的狗队。Admirals House于2001年启用，内有带有独立卫生间的两个房间。而Giants House于1997年启用，有4个房间，带公用浴室。

博纳实验室（Bonner Laboratory）以著名极地生物学家奈杰尔·博纳（Nigel Bonner）命名，于1997年建成，2001年9月28日毁于一场电气故障引发的火灾。实验室耗资300万英镑进行了重建，在2004年1月重新启用。现在实验室包括一间紧急气压室用来在潜水事故发生时使用，还有一间冷水水族馆，研究者们在此观察到即便是微小的升温都可能会对南极海洋环境中的关键种群产生重大影响（见210页）。水温升高2℃，就会使三种种群无法对捕食者进行抵抗。

Teniente Carvajal　　　　基地

英国于1961年在阿德莱德岛的西南端建立了T基地（Base T），但是1977年因滑雪道情况恶化而关闭基地，并将工作转移至罗瑟拉站。T基地在1984年被转让给智利，智利将其重新命名为Teniente Luis Carvajal Villaroel南极基地，通常简称为Teniente Carvajal。

玛格丽特湾
（Marguerite Bay）

沙考在1909年的远征中发现了这座大型港湾，并以沙考的妻子命名。

玛格丽特湾北端的Dion岛（Dion Islands）是南极半岛地区唯一的帝企鹅栖息地，该地区受到保护，不向游客开放。

阿根廷的圣马丁站（San Martín

网球比赛，有人加入吗？

网球在德塔耶岛的历史上扮演了奇特的角色：这里是南极圈以南最早进行网球比赛的地方。1956年墨尔本奥运会开幕后，爱丁堡公爵到访几座英国南极基地。随同人员中有位狂热的网球运动员带去了球拍和球。但是因为网球在德塔耶岛的雪地上无法弹起，比赛被改成了"不着地的截击球比赛"。菲利浦王子和随行团员（包括69岁的雷蒙德·普莱斯利爵士——Sir Raymond Priestley，他之前曾在南极洲与欧内斯特·沙克尔顿和罗伯特·斯科特共事）也加入比赛。这群人组成了第一个南极网球俱乐部，还制作了自己的俱乐部领带。

Station）是南极半岛上最南端的基地，建于1951年，坐落在Debenham群岛的Barry岛上，在阿德莱德岛和亚历山大岛（Alexander islands）之间。这座基地在1970年至1975年间一度关闭，现在可容纳20人。

斯通宁顿岛 （Stonington Island）

斯通宁顿岛以美国康涅狄格州的海豹捕猎者纳塔尼尔·帕尔默的家乡港口命名，是南极的一座鬼城。两座被弃置的南极站相距约200米，因为位置太南，罕有游客到访。罗瑟拉站和圣马丁站的人员客偶尔会造访此处。

◎ 景点

E基地（Base E）　　　　　　　　历史基地

英国的"E基地"建于1945年至1946年间，于1975年停用。基地包括两座小木屋和一些铁网狗圈。较大的小屋有两层，用于住宿，而较小的木屋是间发电机棚。基地有座十字架纪念1966年一次野外旅行期间在雪洞中躲避暴风雪时去世的两名英国人。

东基地（East Base）　　　　　　历史基地

东基地建于飞行员理查德·伯德（Richard Byrd）的第三次南极远征——1939年至1941年美国南极服务远征（US Antarctic Service Expedition）期间。龙尼（Ronne）带领的私人南极研究远征队也曾在1947年至1948年间使用这座基地，这支远征队中有伊迪丝·龙尼（Edith Ronne）和珍妮·达林顿（Jennie Darlington）两位最早在南极越冬的女性。糟糕的是，同为远征队成员的她们的丈夫发生了争吵，于是出于忠诚，两位女性也互不理睬！在龙尼的远征队离开后，东基地由英国使用直到1975年。

1990年至1991年间美国政府资助了东基地的一项历史性保护项目。在基地三座建筑中的有一座标着博物馆，内部设置了小型用品展。

半岛北部 （NORTHERN PENINSULA）

半岛北部很少有人到访。这部分地区包括格雷厄姆地（Graham Land）的几个部分，格雷厄姆地由英国探险家约翰·比斯科（John Biscoe）发现并以第一海军大臣（First Lord of the Admiralty）詹姆士·RG.格雷厄姆（James RG Graham）命名。半岛北部的终点为北端的特里尼蒂半岛（Trinity Peninsula），爱德华·布兰斯菲尔德于1820年为该半岛命名。英国、智利和阿根廷都声称该地区为其南极领地的一部分，地区内的三座基地包括南极半岛最古老的基地之一贝尔纳多·奥伊金斯将军站（General Bernardo O'Higgins base）（智利），以及南极洲最早有婴儿诞生的地点埃斯佩兰萨站（Esperanza Station）（阿根廷）。

贝尔纳多·奥伊金斯将军站 （General Bernardo O'Higgins Station）

智利的贝尔纳多·奥伊金斯将军站是南极半岛最古老的基地之一，与冰崖密布的Legoupil角（Cape Legoupil）隔海相望，坐落在距其80米处的一座小岛上。这座基地建于1948年，由智利总统加夫列尔·冈萨雷斯·魏地拉主持开幕仪式。岛上有座码头，因此靠岸十分方便。木板和锁链护拦的人行桥将小岛和大陆连接起来。

这座基地可容纳50人，由智利军队运营。基地负责收集气象与海洋温度数据。现代的三层建筑建于1999年至2000年间，内设所有的生活与办公空间，还有供水与废水设施。仓库建筑中还设有一座小型博物馆。

巴布亚企鹅在基地建筑之间成功繁育，而基地原本就建在企鹅栖息地之中。这些企鹅可能是南极洲最适应人类的一种企鹅了——你必须穿过它们才能到达栈桥。他们在基地门阶上筑巢，直升机运转的时候也泰然自若。基地人员的监测表明从1948年建站至今许多企鹅巢的位置都没有变化。

文森峰：世界底端之巅

南极洲最高峰是 5140 米高的文森峰。这座山（20 公里长，13 公里宽）属于埃尔斯沃思山脉（Ellsworth Mountains）的 Sentinel Range 山，靠近南极半岛的基部。文森峰于 1958 年被一架美国海军飞机发现，并以美国佐治亚州的国会议员卡尔·文森（Carl Vinson）命名，由于文森议员的影响，美国政府才对 1990 至 1991 年的南极探险提供了支持。得益于登山界对"七大洲最高峰（Seven Summits）"（攀登每一个大洲上的最高峰）登山之旅的热捧，文森峰成为南极洲最多人攀登的山峰。

1966 年 12 月 18 日，一支由尼古拉斯·B·克林奇（Nicholas B Clinch）带领的美国私人远征队的四名成员首先攀登了文森峰。随后的几天，远征队还登上了南极洲的第二、第三和第四高峰的峰顶：分别是附近的泰里峰（Mt Tyree, 5088 米），加德纳峰（Mt Gardner, 4686 米）和锡恩峰（Mt Shinn, 4661 米）。

自 1985 年起，南极航空公司（Adventure Network International）已为超过 600 名攀登文森峰的登山者提供导游服务。攀登文森峰所需时间在 2 至 14 天之间，根据天气、登山者的经验和身体状况而变化。与文森峰相邻的泰里峰只比文森峰低 52 米，是公认的南极大陆最具挑战性的山峰，但是还有其他几十座南极山峰仍无人攀越。

岛上另一座德国接收站于1988年至1989年间由德国建造。通过位于海湾旁的抛物线状的白色9米接收器获取来自欧洲遥感卫星的数据。每年有4~5个月的时间有12人驻站。其他时间，由奥伊金斯将军站的人员进行看管。

附近冰川上的冰上跑道为从智利的Frei站起飞的DHC-6双水獭飞机提供服务。

星盘号岛
（Astrolabe Island）

这座岛是迪蒙·迪维尔（Jules-Sébastien-César Dumont d'Urville）在其1837年至1840年远征中发现的，并以他的主舰命名。这座岛有5公里长，很少有人到访，栖息着数千对帽带企鹅。

龙牙（Dragon's Teeth）是由巨石组成的小型礁群，位于东北海岸外；乘船游弋其间，自然就被戏称为在"剔牙"。

希望湾（Hope Bay）

希望湾坐落于南极半岛的最北端，拥有南极洲最大的阿德利企鹅聚居地之一——这里栖息着12.5万对阿德利企鹅，还有一些巴布亚企鹅。可经由南极海峡（Antarctic Sound）到达希望湾的入口，这里经常漂浮着许多平顶冰山。

◉ 景点

埃斯佩兰萨站（Esperanza Station） 基地

阿根廷于1951年建立这座基地，不过1930年还曾在此建过一座海军驻地。埃斯佩兰萨站在1978年进行了一次重要的扩建，妇女与儿童也开始在此全年扎营，这是阿根廷致力于在南极领地上建立"主权"的举措之一。西尔维娅·莫雷洛·德·帕尔玛（Silvia Morello de Palma）是埃斯佩兰萨站的领导——陆军上尉豪尔赫·德·帕尔玛（Jorge de Palma）的妻子，她在怀孕7个月时从阿根廷乘飞机来到这里。她在1978年1月7日生下了埃米利欧·马科斯·德·帕尔玛（Emilio Marcos de Palma）——第一位本地出生的南极人。在之后的五年间，这里还诞生了更多的孩子，包括4个男孩和3个女孩。

如今约有20个孩子和家人一起全年在此生活。基地总共能安置100个人，大部分人员为军人，约35%的人口是军人的配偶和子女。这里还有一座小教堂、银行、邮局、医务室、卵石足球场、墓地、1.5公里的卵石道路，以及13座用于家庭居住的小木屋。与其说是科考站，这里更像是一座村庄——这里仅有两间普通的实验室。

紧邻码头，索绳后方是一座石头小屋的遗迹，1903年，尼尔斯·诺登许尔德（Nils Otto Gustav Nordenskjöld）的瑞典南极远征队的三名成员曾在这里度过了一个孤独绝望的冬季，以食用海豹肉为生。诺登许尔德以这三名远征队成员为这座海湾命名。1966年至1967年间，埃斯佩兰萨站的员工曾对小屋进行重建；小屋遗迹现陈列在基地里的一座小型博物馆内。其他历史设备则保留在小屋旁边的室外。

附近的布宜诺斯艾利斯冰川（Buenos Aires Glacier）上的冰上跑道是从马兰比奥站（Marambio Station）起飞的DHC-6双水獭飞机提供每年约20次的服务。

Ruperto Elichiribehety站　　　基地

距离埃斯佩兰萨站约500米的小山上坐落着Trinity House。 D基地（Base D）留下的这座小屋于1944至1945年间由英国建造，在1963年关闭。1997年这座建筑被移交给乌拉圭，现在名为Ruperto Elichiribehety站，这个名字取自乌拉圭蒸汽拖网渔船Instituto de Pesca No 1号的船长。沙克尔顿曾三次前往大象岛营救落难同伴，但都失败了。在第二次营救中，他使用的就是这位船长的渔船。该基地设施仅在夏季运营，可容纳12人。

附近公墓中的十字架纪念在1948年火灾中逝世的两人。

茹安维尔岛和迪尔维尔岛（Joinville & D' Urville Islands）

茹安维尔岛是南极半岛尾端三座岛屿中最大的。这座岛由迪蒙·迪维尔（Dumont-d' Urville）在1838年发现，并以法国贵族——弗朗索瓦-斐迪南-菲利浦-路易-马里·奥尔良，茹安维尔亲王（François Ferdinand Phillipe Louis Marie d' Orléans, Prince de Joinville）为此岛命名。在茹安维尔岛的西端，300米高、微红色的Madder Cliffs（以一种叫做madder的红色植物染料命名）山脚下4.5万对阿德利企鹅在此筑巢。茹安维尔岛北侧毗邻迪尔维尔，在1902年诺登许尔德为其绘制了海图，并以迪蒙·迪维尔（Dumont-d' Urville）的名字为其命名。

邓迪岛（Dundee Island）

邓迪岛坐落于保利特岛西北5公里处，1893年由英国捕鲸船长托马斯·罗伯特森（Thomas Robertson）发现，并以他在苏格兰的家乡港为该岛命名。

1935年11月22日，美国百万富翁飞行员林

南极半岛　茹安维尔岛和迪尔维尔岛

气候变化与南极半岛

半岛西部是地球上变暖速度最快的地方之一（见178页）。帕默地区的冬季平均气温在过去50年间已上升了6°C。这导致冬季海冰面积的缩减和冰川后退，大大地改变了当地的景观风貌。"老帕默"所在地于2004年被发现是一座独立的岛屿，而不再是昂韦尔岛的一部分。这两座岛屿中间原本的缺口被马尔冰山麓（Marr Ice Piedmont）所覆盖，但是冰川后退，出现了一座明显的岛。这座新出现的岛长2公里，在2007年被命名为"阿姆斯莱岛"（Amsler Island），以纪念两名美国海洋生物学家，查克·阿姆斯莱和玛吉·阿姆斯莱（Chuck and Maggie Amsler）夫妇。

随着当地天气变暖，出现了许多变化，帽带企鹅和巴布亚企鹅数量增加，而更加喜爱寒冷气候的阿德利企鹅数量则在减少（1974年以来已减少了85%）。

帕默站长期生态研究（http://pal.lternet.edu）对该地区的变化进行研究。

肯·埃尔斯沃思（Lincoln Ellsworth）（见169页）和飞机副驾驶员赫伯特·霍利克-凯尼恩（Herbert Hollick-Kenyon）从邓迪岛起飞，进行第一次横跨南极洲的飞行。在前往罗斯冰架的鲸湾（Bay of Whales）途中发现了伊特尼蒂岭（Eternity Range）和森蒂纳尔岭（Sentinel Range），并为其命名。飞行航程长达3700公里，计划用时14小时，而恶劣的天气使他们花了两周时间才完成了这一飞行，期间他们在四个不同的地点宿营。

他们驾驶的Northrop Gamma单翼飞机"极地之星"号（*Polar Star*），在距离鲸湾25公里时燃油耗尽，他们徒步8天才到达了鲸湾。同时，应道格拉斯·莫森和约翰·金·戴维斯（John King Davis）要求，澳大利亚派遣一艘船到伯德的旧基地Little America II

去接回两人，而他们在这座基地中已经舒适地生活了近一个月。

保利特岛（Paulet Island）

约10万对阿德利企鹅在这座环形火山岛上筑巢，这里还栖息着蓝眼鸬鹚和南方巨型海燕。保利特岛直径仅为2公里，但岛上醒目的火山锥高353米高。

这座岛是在詹姆斯·克拉克·罗斯的1839年至1843年远征中被发现的，并以英国皇家海军上校乔治·保利特勋爵（the Right Honorable Lord George Paulet）命名。

1903年2月12日，诺登许尔德的船南极号（*Antarctic*）在被威德尔海海冰围困挤裂数

基地生活

能在这南极冰盖上多待些时日实属幸运，而这些幸运儿通常都是科学家及后勤人员。根据你驻守的基地不同，你也会体验到各不相同的基地生活。各基地设施迥异：从原始的小屋，到配有高科技实验室和舒适设施（如桑拿房和酒吧）、保温性能良好的现代基地。定期补给储备的基地提供的食品甚至还可能包括新鲜蔬果。

小型基地经常只有科学家驻站，而大型基地如麦克默多站，则配有多样的后勤人员团队，从理发师到重型设备操作员等。员工通常会停留长达一年，而有些科学家则可能只停留几星期以进行观测。然而，无论是何种情形，同事情谊都将使你感受到一种生气勃勃的氛围，而根据基地的规模不同，你也能感受到各种活跃的社交生活。麦克默多站在夏季有几间酒吧开放运营（基地成员志愿担任酒吧间招待），还举办大型舞会、手工课程和体育活动。但是冬天就是一幅完全不一样的景象了。

在南极越冬

在南极基地过冬可能会成为一次改变人生的经历。与世隔绝长达 8 个月（特别是在南极半岛以外的基地），没有来往的飞机、船只、人群，这可能会产生有趣的结果。再加上缺少阳光等让人惊奇的环境条件，所有事物都变得十分不一样。

南极站关闭之后，太阳开始在地平线附近持续的日落——这是一幅壮丽的景象：无论你转向何方，柔和的色彩弥漫整个天空，映照在冰原上。此时还有一种让人晕眩的潜在感和兴奋感。"外面的世界"的"嘈杂声"已远离你，周围的人们将成为你长久的同伴。第一天，你午饭时走到室外，看到的是夜空，繁星点点是你一生中见过最多的（就像白色的荒野布满黑点，或反之亦然），这一景象足以令你激动不已。

起初，人们尽情地吃喝、培养友谊、发展爱好、学习新技能、探索附近的地形。但是随着冬季的延续，整个人群通常会开始体验到长期的感官剥夺带来的影响。（在某些基地，甚至一次紧急医疗撤离都是不可能的⋯⋯）几乎没有任何感觉，没有植物，天天对着老面孔（经常是集体用餐），连新鲜的蔬菜也见不到。奇怪的是，尽管完全地与世隔绝，找到一点私人空间也

周后，最终在距保利特岛40公里的地方沉没。船上20个人乘雪橇经过16天到达了这里，在东北海岸建造了一座10米长7米宽的小屋，除一人之外所有人都挺过了那个严冬。如今，小屋的遗迹（一堆石头和屋顶木头）是阿德利企鹅的家园。在它们的上方是一片100米长的卵形融水湖。小屋以东300米的海岸上树立着一座十字架，标记着奥雷·克里斯蒂安·温纳斯加德（Ole Christian Wennersgaard）之墓，他是远征队中的水手，1903年死于心脏病。但是要到达这座墓地，就不得不惊扰到在此筑巢的企鹅。

布朗断崖（Brown Bluff）

布朗断崖是一座745米高，覆盖着冰帽的平顶死火山，坐落于南极半岛的东北端。根据计算，这座火山原来的直径在12公里至15公里之间；火山约有一百万年历史。断崖的名称来自其北侧崖面上的一块醒目的红褐色岩石悬崖。数百只巴布亚企鹅和2万只阿德利企鹅在此筑巢；有时岩石会滑落到3公里长的海滩上，使许多企鹅丧生。

威德尔海
（WEDDELL SEA）

当你环绕南极半岛的最北部海域时，会惊讶地发现半岛面向威德尔海的一侧与西侧截然不同（在西侧，山脉通常从海中拔地而起）。在威德尔海这一侧，山峰在海滩的后

会成为一个切实的问题……几乎每时每刻你周围都有人，而且还是相同的人。在这种安全要求如此严格的地方，不带同伴也不带着无线电设备的单独出行是明令禁止的，因此，避开你的基地同事也几乎是不可能的。

这种深刻的体验能让你更真切的感受生活的深刻影响。南极光等天文现象十分壮观，但任何琐碎的小机会——就连离开基地随便走走都变得不亦乐乎。在这漫长的时光里，工作、生活的节奏都慢了下来。有的是时间出去玩，友谊可以在最不可能的地方建立。人们的行为改变很多，有时充满友爱，有时就像隐士一样孤僻。

虽然有些基地每年仍然保留某些传统（例如观看电影《怪形》(The Thing) 或《闪灵》(The Shining)），或是像斯科特和沙克尔顿所做的那样利用基地成员所作的诗、绘画和摄影制作一本"隆冬的书"），许多人会发现他们的注意力持续时间降低了。阅读莎士比亚全集或学习一门外语等美好设想都像南极的水汽一样融化了。

近年来，电子邮件和其他网上交流方式的出现当然已经在很大程度上减弱了这种与世隔绝的状态。老手有备而来，知道要带什么东西来帮助他们打发无聊的隆冬时间。但是看见地平线上的第一缕和煦的光线仍然足以让一个富有经验的越冬者雀跃。在持续数月的黑暗后再次见到阳光意义非凡，最沉重的心也立即变得轻快。从此刻开始，即使人们迫不及待地要离开冰盖，或是见一见基地开放时出现的新面孔，人们也深深地留恋、珍视过去数周或数月共同度过的孤独时光。太阳在地平线以上持续升起，有时营造了一种不可思议的舞台效果：满月在你身后，金色的太阳在你前方，冰雪将所有的阴影染成从靛蓝到奶油黄的各种颜色。也就在此时，由于寒冷的空气作用，光线也变起花招，在穿过云层时发生折射，形成由漫溢的色彩构成的绚丽光谱。

那时，紧随太阳而来的是夏天的开始，南极以外的人们接踵而至，接着是越冬者离开前往丰饶的土地（如春季的新西兰）。冰原上建立的许多友情将持续一生，在南极度过的体验将鲜活地保留在记忆中。

（参见141页南极站的生活，144页在南极越冬，134页沃斯托克站的越冬者）。

诺登许尔德：一个关于运气与生存的故事

恶劣的天气经常将诺登许尔德的雪山岛团队困在他们的小屋里，但是在1902年12月，他们得以乘坐雪橇到达西摩岛，并在那里发现了惊人的化石。那时这些人显然很担心他们的南极号船，因为这艘船早就该到了。

南极号曾试着去接回雪山岛的人们，但失败了，船停靠在希望湾让三人下船，准备徒步320公里到达雪山岛。南极号接着环绕若因维尔岛航行，然后向南航行，被重重海冰困住，无情挤压。南极号于1903年2月12日在距保利特岛45公里处沉没；船员用雪橇搬运供给物和小船，用了16天才登陆陆地。

此时，在希望湾下船的三人发现通往雪山岛的路被开放水域所阻挡，因此他们安营扎寨，按照既定计划，等待着南极号归来。瑞典南极远征队此时已分拆成了三组，两组处在非常险恶的条件中，没有人知道其他组的处境。

希望湾的三人组在粗糙的小屋里勉强捱过了冬天，主要以海豹肉为食，于1903年9月29日再次出发前往雪山岛。纯粹是因为运气好，正在进行研究之旅的诺登许尔德和奥雷·乔纳森（Ole Jonassen）当时正乘坐狗拉雪橇由雪山岛向北行进，两队人在10月12日相遇。诺登许尔德被希望湾三人组不同寻常的外表所震撼（他们完全像炭一样黑，戴着古怪的面罩，他们自制的面罩来防止雪盲症），他还以为这三人是否来自某个未知种族。他们把重逢的海角重新命名为"Cape Well Met"（重逢角）。

同时，南极号的船员正在保利特岛上越冬。他们建造了一座石头小屋，在鸟类飞离过冬前，杀了1100只阿德利企鹅作为食物。10月31日，同为探险老手的船长卡尔·安通·拉尔森带领其他5人乘坐一艘敞篷船去寻找希望湾三人组。他们在小屋里发现了这三人留下的便笺，于是拉尔森决定由海路沿希望湾三人组前往雪山岛的路线行进。

而在远征队失踪后，曾有三组搜寻队被派遣出去。阿根廷在1903年派遣乌拉圭号前往搜寻，在11月8日他们找到了在西摩岛安营扎寨的雪山岛两人。他们都经过短暂步行前往并到达雪山岛，难以置信的巧合是，他们就只比拉尔森和他的团队领先了几小时路程。快乐的重逢后，要做的事就只剩下找到仍滞留在保利特岛上的其余的南极号船员了。他们刚刚收集了6000枚企鹅蛋，这是他们第一次食物补给有了剩余。

方，前部是大片没有冰雪覆盖的卵石平地，这不免让人联想起澳大利亚的沙漠或是美国西南部（尽管这里没有植物！）。詹姆斯·威德尔在1823年2月发现了这片海，并命名为"乔治四世海"（King George IV Sea），宣布为英国领土。德国南极历史学家卡尔·弗里克（Karl Fricker）在1900年提出"威德尔海"这一名称。除了功能最强大的破冰船，通常所有船只都被禁止驶入威德尔海。也曾有人曾做出尝试——但付出了代价。

维加岛（Vega Island）

诺登许尔德以维加号（Vega）为这座岛命名，他的叔叔巴伦·AE·诺登许尔德（Baron AE Nordenskiöld）曾使用维加号在1878至1879年间首次横跨北极区的东北通道（Northeast Passage）。

1903年10月12日，诺登许尔德在维加岛北海岸与三名失踪同伴重逢，这三名同伴曾在希望湾越冬。后来他们将重逢地重新命名为Cape Well-Met。

南极恐龙最早就是在这里及其附近的詹姆士罗斯岛发现的（见104页）。

夏季，冰雪融水形成的瀑布从维加岛北海岸上陡峭的悬崖上一泻而下，落到下方的碎石坡——这是一幅激动人心的景象。

德弗尔岛（Devil Island）

这座狭长的岛屿仅有2公里长，因为这座岛两端各有一座低峰，诺登许尔德将其命名为Devil（魔鬼）岛。这座岛就位于维加岛北海岸外，在维加岛上眺望可欣赏到德弗尔岛的美景，这座岛还栖息着8000只阿德利企鹅。

詹姆士罗斯岛（James Ross Island）

1995年以前一直有冰架永久地连接着这座65公里长的岛和南极洲大陆，但后来这座冰架坍塌。绿色和平组织的船只"北极日出"号（Arctic Sunrise）最先对这座岛进行了环游，在1997年穿过了从未有人穿越的高兹塔王子道（Prince Gustav Channel）。

诺登许尔德以这座岛的发现者罗斯为其命名，罗斯在1843年见到这座岛，但由于当时岛和半岛之间还有冰架连接，就认为它是南极半岛的一部分。岛名中的"James"是为了将其与罗斯海中的罗斯岛（Ross Island）区别开来，但是它们的命名都是为了纪念这位影响深远的探险家。

岛上西海岸可以寻找到海洋化石和木头化石。蕨类化石和其他植物干茎化石印痕可在附近的博特尼湾（Botany Bay）找到，1946年特里尼蒂半岛上的英国研究学者因为在这里收集到的植物化石而将此地命名为博特尼湾。

西摩岛（Seymour Island）

西摩岛因为没有冰雪覆盖而令人称奇，这座岛长20公里，宽3公里至9公里不等。之所以岛上没有冰雪，是因为这座岛坐落在临近的詹姆士罗斯岛和雪山岛上高山的背风处。罗斯在1843年发现了西摩岛，并以英国海军少将乔治·西摩（George Seymour）之名为其命名。卡尔·安通·拉尔森在1892年至1893年间认定其为一座岛。

西摩岛是南极洲唯一发现了从1.2亿年到4千万年年代不等的各种岩石的地方。此外，这座岛上还有关于6500万年前全球"生物集群灭绝"情况的重要记录，而那次灾难使包括恐龙在内的世界70%的物种灭绝。

1902年12月诺登许尔德在雪山岛附近越冬，在西摩岛发现了一些惊人的化石。他发现了一只大型企鹅的骨骼化石，进一步支持了早前1893年拉尔森的化石发现。关于古代巨型企鹅的这一发现1975年得到了威廉·J·辛梅斯特博士（Dr William J Zinsmeister）的证实。这些企鹅站立时约有2米高，重量可能达135公斤。辛梅斯特发现的800块化石中有海星、螃蟹、海百合、珊瑚和近200块新发现的软体动物物种的化石，其中还有一块4米长的鹦鹉螺化石。另一个有趣的发现是：4000到4500万年前生活的一头海龟，大小和体型很像一辆大众甲壳虫汽车。

岛上南海岸的企鹅海岬（Penguin Point）栖息着超过2万只阿德利企鹅。

马兰比奥站（Marambio Station）建于1969年至1970年间，在冬季可容纳22人，夏季可容纳150人。这座南极站由阿根廷空军运营，有一条1200米长的飞机跑道，一年中大部分时间大力神C-130飞机都可在此着陆。夏季，双水獭飞机和直升机将补给品和人员运送到边远站点和营地。马兰比奥站的北侧是一片贫瘠的景象，但蕴藏着丰富的无脊椎动物化石。

雪山岛（Snow Hill Island）

这座岛正如其名，是座冰雪覆盖的小山，395米高，在1843年被罗斯发现；罗斯简单地把这座岛称为"雪山"，因为他不确定这座岛与大陆的联系。诺登许尔德（见159页）于1902年2月在此建立了一座冬季基地，并确定这里为一座岛屿。

◉ 景点

诺登许尔德小屋（Nordenskjöld Hut）　　　　历史小屋

这座瑞典南极远征队的活动黑墙小屋是南极半岛现存最古老的建筑，现在是一处受

粉雪

尽管大众对雪印象都是白色的，其实雪经常会呈现出粉红色、红色、橘色、绿色、黄色或灰色。这种现象是由雪生藻类引起的，雪生藻类是一种单细胞生物，生活在世界各地的雪原之上，包括南极半岛的许多地方。

早在 2000 年前人们就注意到了雪生藻类，当时亚里士多德在他的《动物史》一书中描述的雪是"略带红色"的。在北美洲的高山地区，雪生藻类的颜色和果香使远足者将其称为"西瓜雪"。在斯堪的纳维亚，雪生藻类生长的雪被人们称为"血雪"。尽管人们因为害怕腹泻而避免食用雪生藻类，但在 7 名志愿者身上进行的研究表明雪生藻类不会引起疾病。

不知是什么原因，有 350 种雪生藻类在这种严酷、酸性、冰冷、缺乏营养、紫外线强烈照射的环境中生存了下来。雪生藻类更倾向于生活在高海拔地区或高纬度地区，靠非常顽强的孢子进行繁殖，这种孢子可抵御非常寒冷的冬季和非常干燥的夏季。研究者们正在研究雪生藻类在药物领域的潜能。

当然，在企鹅聚居地附近，雪呈现出淡粉 – 橙黄的色调还有另一个原因：鸟粪！

保护的历史景点。5名瑞典科学家和一名阿根廷科学家在这座小屋里度过了计划外的两年（见92页框内文字），小屋建在一片脆弱的海滩阶地上，人们的踩踏很容易对阶地造成损坏。

小屋有6米长，8米宽，内有三个双层铺、一间厨房和一间中央起居室。两个大型金属标识用西班牙文描述了这个基地的历史，小屋内还有英语传单记载了相同的内容。两块木板构成一个角度，支撑着东北墙，这是种原创设计。阿根廷政府负责维护这座小屋，而该国政府在西摩岛上的马兰比奥站就在这座小屋东北21公里处。每次进入小屋的人数不能超过5人，19:00至次日8:00小屋不开放参观。

在小屋后方是一片没有冰雪的峡谷，在这里的砾石中可找到蛤蜊化石和菊石化石，你可以把它们展示给别人看（但是绝对不能带走它们！）。

帝企鹅（Emperor Penguins）　栖息地

雪山岛南海岸是低矮的冰崖，冰崖约400米以外的固定冰上坐落着南极最北端的（也是最容易到达的）帝企鹅聚居地。1997年一架小型飞机里的人最早看到了这一聚居地，2004年终于有游客搭乘俄罗斯破冰船来到这里访问。据估计，这里栖息着超过4000对帝企鹅。

龙尼冰架
（Ronne Ice Shelf）

龙尼冰架东侧相邻的是菲尔希纳冰架（Filchner Ice Shelf），这两座冰架一起形成了威德尔海的南海岸。这座冰架由1947年至1948年的龙尼私人南极研究远征队领队——美国海军指挥官芬恩·龙尼（Finn Ronne）发现的，并以他的妻子伊迪丝（Edith）之名命名，她在最后一分钟决定加入远征队，在斯通宁顿岛度过了艰苦的一年。

德国的菲尔希纳站（Filchner Station）只在夏季运营，于1982年在龙尼冰架上建成，可容纳12人。但是，1998年10月13日通过卫星观测到一块巨大的冰山崩解，基地也被冰山裹挟带走了。所幸当时基地没有人员驻扎。

菲尔希纳冰架
（Filchner Ice Shelf）

1912年威廉·菲尔希纳发现这座冰架时，以他的君主德皇威廉为这座冰架命名，而德皇决定将此荣耀交还给菲尔希纳。Berkner岛将菲尔希纳冰架与龙尼冰架分隔开，通常也是横跨南极洲的滑雪旅行的起点。

阿根廷的贝尔格拉诺II站（Belgrano II Station）建于1979年，位于距海岸120公里的一座50米高的冰原岛峰上，全年可容纳18人。这座新基地取代了之前贝尔格拉诺将军站（General Belgrano Station）。老基地建在菲尔希纳冰架上，在1954至1955年间是阿根廷军队的气象中心，在1968至1970年间成为一座科考站。在1980年1月被弃置停使，已经几乎被积雪摧毁；冰架坍塌时，连站带冰漂入汪洋。

哈雷站（Halley Station）

英国科学家于1982年最早在哈雷站测量到了南极平流层的臭氧层损耗（见179页），但是他们测量到的数值非常低，以至于他们对所使用的仪器产生了怀疑，并继续收集了三年的数据后，才在1985年发表了他们的测量结果。

这座基地以天文学家埃德蒙·哈雷（Edmond Halley）命名，是最南端的英国南极站。哈雷站建于1956年，坐落在厚达200米的流动布朗特冰架（Brunt Ice Shelf）上。由于基地不断接近冰架边缘，每十年就需要进行一次重建，迄今为止，已有三座基地随崩解冰川而消失（分别建于1966年，1972年和1982年），还有一座被掩埋并关闭（建于1989年）。

哈雷V站建于1994年，现在距冰架边缘约10公里。夏季人口为70人，冬季为16人，基地建在冰面上的桩柱上，每天大概移动2米。每年都要托起桩柱一次，这一过程耗时一周，目的是确保基地高出冰面2米以上。

2007年开始建造哈雷VI站，位于哈雷V站附近，现在已接近完工（截至2011年至2012年的夏季）。新基地的设计是将基地建造在"可托起"的支架上，安置在雪橇上而不是地基上，这样就可以用推土机将房屋（可拆分成几个部件）拖拽到不同的地点——甚至数十公里外，从而避免了先前基地的灭顶之灾。

这座耗资7400万美元的基地将包括7个蓝色的活动单层单元和一个红色中央双层单元——这些屋子间都通过短走廊相连，看起来就像长着腿的航空时代列车一样。中央单元将包括一间餐厅、厨房、健身房和图书馆。哈雷VI站投入运营后，哈雷V站将被拆除。

南极半岛 哈雷站

罗斯海

最佳历史景点

» 斯科特的特拉诺瓦小屋（见109页）

» 沙克尔顿的小屋（见111页）

» 博克格雷温克的南十字号（*Southern Cross*）小屋（见98页）

» 冰雪教堂的埃里伯斯圣杯（见107页）

最佳摄影对象

» 干燥谷（见100页）

» 埃里伯斯火山（见114页）

» 埃里伯斯冰舌冰穴（见106页）

» 罗伊兹角冰缘线（见111页）

为何去

英雄时代航行在罗斯海区域布满海冰的海域的探险者们将这里作为探索南极内部的重要据点。罗斯海周围分布着南极洲最丰富的历史遗迹。其中最激动人心的是罗伯特·斯科特和欧内斯特·沙克尔顿留在罗斯岛上的小木屋。卡森·博克格雷温克（Carston Borchgrevink）的小屋坐落于阿代尔角，是南极大陆上最早建造的建筑结构，有幸在此登陆的人仍可见到保留至今的这些小屋。

南极洲最大的现代定居点麦克默多站坐落在小型生态环保的斯科特基地（Scott Base）旁边，但是这里有布满石子的海岸，还有巨大的罗斯冰架，大部分都成为威德尔海豹、阿德利企鹅和帝企鹅的领地。对于靠着执着和运气到达南极这一相对偏远地带的旅行者来说，热气升腾的埃里伯斯火山（Mt Erebus）以及神秘而超凡脱俗的干燥谷，将成为他们赢得的额外奖赏。

网络资源

» 《冰之遗产：罗斯海地区历史景点》（*Icy Heritage: Historic Sites of the Ross Sea Region*），大卫·哈罗菲尔德（David Harrowfield）。详细介绍了34座景点。可在南极遗产信托（AHT）买到。

» 《世界最险恶之旅》（1922年），埃普斯勒·薛瑞—格拉德（Apsley Cherry-Garrard）。记录克罗泽角最恐怖的隆冬旅行最经典的编年史。

» 《最漫长的冬季：斯科特的其他英雄们》（2011年），梅雷迪斯·胡珀（Meredith Hooper）。关于斯科特的"北方团体"在冬季雪地山洞中的越冬考验的扣人心弦的记录。

» 《水、冰和石头》（1995年），比尔·格林（Bill Green）。这位地球化学家在书中记录了在干燥谷的工作。

罗斯海亮点

① 体验那些再也没有回到斯科特的**特拉诺瓦小屋**（见109页）的探险队员之灵在此地留下的刺骨冰凉

② 陶醉于**干燥谷**奇异的自然风蚀景观（见100页）

③ 在麦克默多站的**克拉里实验室（Crary Lab）**（见107页）参观海洋水族馆，近距离观察当地的海洋生物

④ 在**罗伊兹角（Cape Royds）** 从沙克尔顿的"尼姆罗德"（*Nimrod*）小屋走到阿德利企鹅聚居地（见111页）

⑤ 观赏从**埃里伯斯火山（Mt Erebus）** 的熔岩湖面悠然飘出的蒸汽（见114页）

⑥ 探访位于华盛顿角的世界上**最大的帝企鹅聚居地**（见99页）之一

⑦ 乘坐直升机在巨大的**罗斯冰架**（见114页）上着陆，寻找冰架边缘的逆戟鲸

⑧ 探索**博克格雷温克小屋（Borchgrevink's huts）** 后，在阿代尔角拍摄**南极洲最大的阿德利企鹅聚居地**（25万对企鹅！）（见98页）

⑨ 探访**斯科特基地**的博物馆（见109页）

⑩ 前往南极点的途中，在巨大的、断裂的**比尔德莫尔冰川（Beardmore Glacier）** 上空飞行

阿代尔角（Cape Adare）

阿代尔角是罗斯海入口最北端的海角。詹姆斯·克拉克·罗斯于1841年发现这座海角，并以他的一位朋友——英国拉摩甘郡议员阿代尔（Adare）子爵命名。南极洲最大的阿德利企鹅聚居地散布在海岸上，这里栖居着有25万对企鹅。海岸上还坐落着两组历史小屋。遗憾的是，这里风大浪高，导致登陆非常困难（每年有200至500人登陆）。因为这里有企鹅栖息地，直升机也只能在季末使用。

1895年1月24日，远征队领队亨利克·约翰·布尔（Henrik Johan Bull）等一行人登陆阿代尔角的海岸，并声称这是人类在南极半岛以外进行的第一次南极大陆登陆。卡森·博克格雷温克（Carsten Borchgrevink）（远征队中的助理生物学家）声称他是第一个登陆的，但是南极号的船长莱纳德·克里斯滕森（Leonard Kristensen）也声称自己是第一个登陆的人。然而，亚历山大·冯藤泽尔曼（Alexander Tunzelman）（在斯图尔岛——Stewart Island征募的一个男孩）可能早于两人到达岸上：他声称自己第一个下船，为准备登陆的船上把船停稳。但是人们仍然不清楚比他们更早的海豹捕猎者在哪里登陆（见153页），以及迪蒙·迪维尔（Dumont d'Urville）1840年在阿黛丽地（Terre Adélie）海岸何处登陆，因此以上几个人的主张可能都是错误的。

博克格雷温克小屋
(Borchgrevink's Huts)　　历史小屋

1899年2月，克里斯滕森登陆四年后，博克格雷温克（见158页）作为南十字号远征队的领导回到了阿代尔角。远征队花了两周时间搭建起两座活动小屋，这两座小屋的遗迹现在仍可见到，就在雷德利海滩（Ridley Beach）的后方，博克格雷温克以他的母亲之名为这片海滩命名。这两座小屋是南极洲最古老的建筑。

南十字号启航前往新西兰过冬，留在这里的10个人成为最早在南极洲越冬的人。尽管当时他们是南极大陆上仅有的人类，但他们还有90只雪橇狗做伴，这些雪橇狗也是南极洲最早的雪橇狗。远征队还第一次使用皮划艇进行海上航行，并率先使用普里莫斯火炉——一种六年前在瑞典发明出的轻型便携式压力炉，也被他们之后的几乎每一支远征队携带。这种火炉至今仍在使用。

越冬队员经历了一名成员离世，一场几乎毁灭性的火灾，还逃过了煤气中毒的一劫。了解完整故事，可以阅读博克格雷温克的《南极大陆上最早的居民》（First on the Antarctic Continent）。

博克格雷温克的小屋建立时间比"北方团体"的小屋要早12年，但是"北方团体"的小屋倒塌后，博克格雷温克的小屋仍然屹立，因为他们的小屋使用了更加坚固的材料来建造：用挪威云杉制作的咬合木板。

用于居住的小屋长6.5米、宽5.5米，10人都住在这里。一进入小屋，可以看见一间办公室/储藏室就在左边，右边是一间暗室。这两个房间都用内衬皮毛来保暖。继续向里走，左边放着一座炉子，过了炉子是一张桌子和椅子，五张棺材一样的双层铺位沿着其余的墙壁摆放。博克格雷温克的床铺在左后角的上铺。小屋使用混凝纸浆保温，还装有一扇双层窗户。记得要注意观察在一张床铺上的天花板上绘制的一位年轻女性的优美的铅笔画像。

储藏用的小屋在西侧，现在已没有了屋顶。这间小屋里有几个弹药箱，博克格雷温克把这些弹药箱带来以防远征队遭遇大型食肉动物，例如北极熊（记住，他是最早在南极大陆越冬的人。他不知道这里会有什么）。煤块和储藏桶散落在小屋外面的地上。

如今小屋完全被阿德利企鹅所包围，要格外小心避免打扰到这些动物。南极遗产信托（Antarctic Heritage Trust，简称AHT）负责保护这些小屋，每次仅允许4人（包括随同你的邮轮或从斯科特基地到此的AHT代表）进入位于阿代尔角的小屋。每次只允许40人进入小屋所在区域。

汉森之墓（Hansen's Grave）　　墓地

南十字号远征队的动物学家——挪威人尼古拉伊·汉森（Nicolai Hansen），他于1899年10月14日逝世，死亡原因可能是一次肠道紊乱：这是南极大陆上发生的第一次人类死亡。令人悲伤的是，汉森在出发南极前不久刚刚结婚，他留有个从未谋面的女儿乔安（Johanne）。

他临终时的遗愿是将自己埋葬在雷德利海滩的山脊上，因此远征队员们为南极大陆上第一次人类的安葬制作了棺材并炸出了一个墓穴。人们费了好一番工夫才把汉森沉重的棺材拖到陡坡上。

当南十字号远征队返回时，在墓地旁竖立了纪念碑，在一块巨石上安置了铁十字架和黄铜饰板。后来，当维克多·坎贝尔（Victor Campbell）的团队把这座山脊用作Terra Nova号的瞭望台时，其中的一人用白石英卵石拼写出了汉森的名字。1982年到访这里的游客曾对碑刻进行了修复。

遗憾的是，前往350米高的山脊的最安全的路径被阿德利企鹅聚居地阻挡，因此，除非你的游船搭载了直升机，否则墓地是无法到达的。

"北方团体"小屋（'Northern Party' Huts） 历史小屋

1911至1914年斯科特的Terra Nova号远征队员维克多·坎贝尔（Victor Campbell）建造的小屋已几乎无迹可寻（见164页）。唯一的遗迹位于博克格雷温克小屋的东面。这座活动房屋原来的大小为长6.4米、宽6.1米，曾经安置了六个人。

占领群岛（Possession Islands）

Erebus号和Terror号艰难穿过罗斯海的重重海冰，到达开放海面后，罗斯在1841年1月10日发现了这一群岛的两座主岛——Foyn岛和占领岛。看见陆地他感到十分惊讶，因为按照计算，从罗斯海向西航行到达的应是南磁极所在地。那时，南磁极实际上就在内陆。

尽管感到失望，罗斯还是在两天后乘一艘小船占领了岛登陆，并宣称该岛为维多利亚女王所有。在反映这次事件的一幅版画中，企鹅队伍甚至延伸到了岛上最高的山脊上。的确，在两座岛上栖息的成千上万只阿德利企鹅仍然会爬上占领岛小山的山顶。

1895年博克格雷温克在这里发现了一片地衣，这是南极洲最早发现的植物。

一个世纪后，1995年2月，占领岛西侧发现了不知来自何处的一艘小型现代船只遗骸，至今仍是一个谜。

哈利特角（Cape Hallett）

1841年罗斯发现了哈利特角，并以Erebus号的乘务长托马斯·哈利特（Thomas Hallett）为其命名。1957年1月，作为国际地球物理年计划的一部分，美国和新西兰联合建立并运营了一座科考站。为此8000只阿德利企鹅被转移到海角的另一个地区，从而为基地让路。基地安置了在此越冬的11名美国人和3名新西兰人。

基地全年运营，直到1964年火灾烧毁了主要科研建筑后，才成为一座只在夏季运营的设施，并于1973年关闭。20世纪70年代末，弃置的建筑被逐渐拆除，以便让阿德利企鹅回归。一座沾染污渍的白色圆顶建筑成为了仅存的遗迹。

哈利特角通常只能乘坐橡皮艇到达，当企鹅栖息在聚居地时，直升机是不允许着陆的。

华盛顿角（Cape Washington）

作为南极洲两座最大的帝企鹅聚居地之一，这里的海冰上栖居着2万多对帝企鹅。这座海角在1841年被罗斯发现，他以英国皇家海军的华盛顿上校（Captain Washington）为其命名，华盛顿上校在1836至1840年间担任英国皇家地理协会的秘书长。

墨尔本峰（Mt Melbourne）

这座2732米高的火山锥是南极大陆上少有的火山之一。几乎所有其他南极火山——包括埃里伯斯火山、Siple峰（Mt Siple）和欺骗岛——都是坐落在大陆以外的岛屿。和同名的澳大利亚城市一样，这座活火山的名字是为了纪念19世纪30年代和40年代的英国首相墨尔本勋爵。同罗斯海地区的众多其他事物一样，墨尔本峰也是在1841年被罗斯发现的。

特拉诺瓦湾
（**Terra Nova Bay**）

斯科特的发现号在远征中发现了这片65公里长的海湾，并以救援船*Terra Nova*号命名（后来在斯科特不幸遇难的南极点远征中也使用过这艘船）。意大利运营的Mario Zucchelli站（Mario Zucchelli Station）夏季可容纳90人。这座基地拥有一系列带有橘色装饰的蓝色建筑，在1986至1987年建造，2004年以前被称为Baia Terra Nova，后来人们为它重新命名以纪念意大利南极计划的长期领导人。

基地的第一座建筑被称为"Pinguinattollo"，这个词语代表了一种富有想象力的组合——pinguino（企鹅）和scoiattolo（松鼠）。建筑内墙布满了多年来数十名访客和员工的题词、绘画和签名。新的Pinguinattollo是一座大型木屋，一个花岗岩壁炉用废木块来生火（有些出乎意料，因为此地火灾风险极高）。

1990年一条海冰跑道启用后，每季约有10架次的大力神飞机在此起降。

椎伽尔斯基冰舌
（**Drygalski Ice Tongue**）

这一冰舌在1902年被斯科特发现，以德国探险家之名命名（见161页），斯科特在第一次远征前曾与他协同进行过几次行动。这一冰舌是戴维冰川（David Glacier）向大海延伸的部分。宽度从14公里到24公里不等，长度约有50公里。

富兰克林岛
（**Franklin Island**）

罗斯于1841年1月27日在这个11公里长的岛上登陆，并声称维多利亚地（Victoria Land）的海岸为维多利亚女王所有。他以范迪门斯地（Van Diemen's Land）（即塔斯马尼亚）的总督约翰·富兰克林（John Franklin）为这座岛命名，这位总督本身也是一位探险家，罗斯的远征队向南航行时于1840年到访荷巴特，受到这位总督的热情接待。

虽然南极洲只有这座小岛以富兰克林命名，但是他在北极历史上的影响却深远得多。1845年他用罗斯南极远征所使用的船——*Erebus*号和*Terror*号带领一支注定将遭遇不测的远征队对西北通道（Northwest Passage）进行新的海图绘制。搜寻他的失踪船只的救援人员也做出了一些重要的发现，并以他命名。

富兰克林岛还是一个大型阿德利企鹅聚居地的所在地。

诺登许尔德冰舌
（**Nordenskjöld Ice Tongue**）

这一冰舌是斯科特的1901至1904年国家南极远征队发现的，以瑞典探险家诺登许尔德（Nils Otto Gustav Nordenskjöld）命名（见159页），是莫森冰川（Mawson Glacier）向大海延伸的部分。

干燥谷（**Dry Valleys**）

南极的干燥谷是地球上最不同寻常的地方之一。这里巨大、荒芜、壮观，奇异的地形就像是来自其他星球一样。这里拥有世界上最奇特的几种生物形式，它们生活在地球上最为罕见的环境中。

山谷中外星球般的地貌应部分归因于奇异的风蚀岩石。这些风棱石的向风面经过高度打磨，有些被风雕琢成伤痕累累的大圆石或精致的薄片；有些则与你的手掌如此贴合，仿佛是打磨得十分光滑的原始时代工具。

山谷面积为3000平方公里，和其他南极地貌景观一样，可能很难去领会它们的实际规模。看起来似乎近在咫尺的山坡或冰川，实际上可能位于几小时的路程之外。

干燥谷（一些美国人称它们为"麦克默多干谷"——McMurdo Dry Valleys）形成之初，地面上升的速度超过了冰川侵蚀大地的速度。最终，每座山谷顶端的岩颈阻挡了所有冰川。

山谷的空气如此干燥，以至于这里没有冰也没有雪。这种无冰区在南极洲称为"绿

南极光 费莉西蒂·阿斯顿(FELICITY ASTON)

开始时，它只是夜空中最渺小的一点——它起初如此不起眼，几乎就是一小束迷失的云彩。但是随着你继续观察，这一小点逐渐加深，变得更加真实，泛着绿光。突然，一道清晰的彩色弧光刺破星辰之间的黑暗。漫射的光线从稍纵即逝的幕布空间落下，幕布闪烁光芒，轻轻舞动，仿佛有一阵来自天际的轻柔的微风吹拂着这片幕布。夜空爆发成为一片巨大而抽象的画布，绿色的漩涡和金色的涟漪交织在画布上，又微微闪耀着红色，迸发出紫色。光线在天空飘浮，炽烈地照耀了一分钟，然后逐渐消失，又变成一片黑暗。除了天空中色彩和光线的澎湃交响，能听到的声音只有你自己急促的呼吸和衣服的沙沙声。寒冷侵袭着你的脸颊，手指也感到刺骨冰冷，但是你仍然站立着，被这盛大的表演而惊呆，这令人着迷的诱惑力就如同引人凝视的篝火余烬一样。这一表演可持续几小时，尽管寒冷不可避免地会逼人后退，但却很难让你挪开一步。

极光（aurora）的名称来源于罗马神话里的黎明女神，极光在南极（南极光）和北极（北极光）都有可能发生。从古代开始，北极人用各种方式来解释神秘的北极光：灵魂在前往灵界的路上手持的火把，或是极地海洋中的鲱鱼群的反射光。北美某些部族相信拍手会把极光吓跑，而吹口哨会把它们招致更近的距离。

科学家们专程前往南极研究极光——极光现象的成因在很多方面就像其本身的表演一样让人惊异。数百万公里之外，太阳产生带电粒子，一阵持续的"太阳风"将带电粒子向外吹遍整个太阳系（见216页）。

太阳风吹过地球时，带电粒子被地球的磁场吸引，并朝着地球的两个地磁极点移动。粒子穿过大气，在上层大气与原子、分子和离子发生相互作用，使其释放出能量，成为光线。绿光是粒子撞击氧分子的结果，而红光和紫光是由粒子与氮分子撞击产生的。

北极光与南极光同时发生，互相之间几乎就是完全一样的镜像，因很少有人能够幸运地目睹南极光，更赋予了南极光一份特别的神秘。来到南极的人大部分都是在南半球的夏季到访，此时日光掩盖了极光的活动。只有在4月到10月之间天空才足够黑暗，使人可以观测到极光。即使是在这段时间，圆月或是夜空多云也会减弱可视度。

观察南极光的最佳地点是某些最难以到达的南极地区。大多数南极光发生在地磁南极（靠近沃斯托克站）附近的一个宽幅环圈上（也称为极光带）。极光带的确切位置每天都在移动，但是通常会覆盖毛德皇后地（Queen Maud Land）海岸，跨越南极洲西部的玛丽伯德地（Marie Byrd Land），然后继续延伸至南大洋，最远到达麦夸里岛。只有在非常偶然的时候，极光带才会到达南极半岛，因此在这里不太可能会看到南极光。

了解关于极光的更多信息，可访问阿拉斯加大学地球物理研究所的网站（www.gedds.alaska.edu）。

费莉西蒂·阿斯顿（www.felicityaston.co.uk）作为英国南极调查局的一名气象学家，在罗瑟拉站度过了三年时间；2012年她成为独自滑雪穿越南极大陆的第一位女性。

南极的"爬行动物时代"
威廉·R·哈默博士(DR WILLIAM R HAMMER)

南极最早的陆生脊椎动物化石在1967年被发现。当时在比尔德莫尔冰川附近的三叠纪早期的沉积物（约有2.45亿年历史）中发现了一块下颌碎片，之后又发现了四块不同的中生代化石。

三叠纪早期的化石主要是合弓纲类动物，这是一类已经灭绝的动物，介于远古爬行动物与哺乳动物之间。其最著名的成员可能是水龙兽（Lystrosaurus），这是一种小型食草动物，在南半球其他大陆以及中国和俄罗斯也曾发现过这种动物的化石。

1985年，在横贯南极山脉（Transantarctic Mountains）中部最早发现三叠纪早期水龙兽的地点附近又发现了三叠纪中期（2.35到2.4亿年前）的一群脊椎动物化石。化石大部分属于合弓纲类动物且它们的体型比三叠纪早期的合弓纲类动物大，化石还包括了和狼一样大小的食肉动物犬颌兽（Cynognathus）以及合弓类中与水龙兽有关联的一种大型肯氏兽（kannemeyerid）。三叠纪中期还生活着两种大型大头龙科（capitosaurids）动物——Paratosuchus和南极火蜥蜴（Kryostega collinsoni），它们的头骨有近一米长。南极火蜥蜴是仅在南极发现过的一个新的属和种。

南极恐龙最早发现于20世纪80年代末，是来自詹姆士罗斯岛和维加岛的白垩纪晚期（6500至7000万年以前）沉积物。这些化石包括一只结节龙类甲龙（背甲龙）和一只棱齿龙（一种食草的小型鸟脚亚目恐龙）的部分骨架。一些小型四肢碎片也被认为是来自于兽脚亚目恐龙（食肉恐龙）。

1998年鸭嘴龙（嘴像鸭嘴的恐龙）的一颗牙齿在詹姆士罗斯岛被发现，2003年一只小型（1.8米长）驰龙科恐龙的碎片标本在维加岛被发现。

除了陆生动物，南极半岛附近的岛屿上还发现了已经灭绝的大型海洋动物蛇颈龙。这些长颈动物长着桨状鳍（以形似"尼斯湖水怪"著称），虽不是恐龙，但与恐龙生活在同一时代。一件更壮观的蛇颈龙标本于2005年在维加岛上被发现。这是一头近乎完整、保存良好的蛇颈

洲"，南极还有约20座这样的"绿洲"（包括南极洲东部的邦戈丘陵——Bunger Hills，拉斯曼丘陵——Larsemann Hills和维斯特福尔德丘陵——Vestfold Hills）。要形成一座绿洲，必须有一片正在后退或变薄的冰盖和一大片暴露的岩石区，因为太阳的辐射能量被岩石吸收，导致冰雪融化。虽然人们常说这里至少有两百万年没有下过雨了，但是干燥谷确实下过雨（包括在1959年、1968年、1970年和1974年）。

科学家认为干燥谷是地球上最接近火星地形结构的地方。在将运载海盗号探测器（Viking Lander）的轨道飞行器送上火星前，美国航空航天局（NASA）于1974至1976年在这里进行了大规模的研究。

从北到南，罗斯海的三座主要干燥谷分别为维多利亚谷、赖特谷和泰勒干谷（Victoria, Wright and Taylor）。这里附近

还有一些较小的山谷。游客一般乘坐直升机进入泰勒干谷，这是从罗斯海出发容易到达的干谷。其他干谷大部分受南极条约保护，包括科学家在内，人员进入是受限或禁止的。

历史

罗伯特·斯科特在1903年12月偶然发现了干燥谷中的第一座干谷，并以地质学家格里菲斯·泰勒（Griffith Taylor）为其命名。斯科特和其他两人乘坐雪橇在Ferrar冰川（Ferrar Glacier）上前进，来到东南极冰盖。返回途中，他们在浓云中迷失方向，错误地下行到一座山谷。因为他们只有拉雪橇的装备，没有远足的装备，在进行短暂探索后被迫返回。在《发现之旅》中斯科特写道：

我不得不说这座山谷是个非常美妙的地方。我们今天见识了巨大的冰作用和相当的水作用所造成的各种痕迹，而无论冰或水那种推

龙幼兽，显然是在一场火山爆发中丧生的。

独一无二的南极恐龙

1990 年在比尔德莫尔冰川附近再次发现了第四个陆生脊椎动物化石群。这一侏罗纪早期（1.9~2 亿年前）的化石发现包括了近 7 米长的两足食肉恐龙——冰脊龙（*Cryolophosaurus*）。南极洲发现的最完整的恐龙骨架就来自于冰脊龙，这一动物是最早确认的仅存在于南极大陆的恐龙（白垩纪恐龙化石都不完整，不足以确定它们是否代表一种新的属）。拉丁文"cryo"（"冰冷的"）被加入冰脊龙的名称，因为尽管南极洲在恐龙生活的时代并非是一个冰封的世界，但人们在收集它们的化石时可是快被冻死了。

这只冰脊龙死去时嘴里还咬着一只原蜥脚下目恐龙的肋骨，这引发人们的一种推断，即这只食肉动物可能是在享受最后一顿晚餐时噎死的。原蜥脚下目恐龙是侏罗纪晚期著名的大型蜥脚类恐龙（雷龙、腕龙）的祖先，但体型较小（7.5 米长）。一个新的分类——第二种为人所知的南极独一无二的恐龙——被命名为汉氏冰河龙（*Glacialisaurus hammeri*）。

这只冰脊龙于 2 亿年前死在了南极一座河岸上，随后，较小型的肉食动物兽脚亚目恐龙寻觅到了它的骸骨。一些骨头上发现了咬痕，附近也收集到了兽脚亚目恐龙的小块的断裂的牙齿。人们发现的化石中还有侏罗纪动物中其他成员的一些单独部位，包括来自一只像啮齿类动物一样的合弓纲类动物的一颗牙齿，以及一只小型翼龙的上臂。

这些发现表明，南极气候在中生代时期较为温和，南极洲和其他南半球大陆之间存在着某些联系。

威廉·R·哈默博士是奥古斯塔那学院地质系主任，汉氏冰河龙（Glacialisaurus hammeri）就是以他命名的，他还与威廉·希克森（William Hickerson）一起发现了冰脊龙。

罗斯海　干燥谷

动力如今早已不存在了……

野生动植物

尽管山谷看起来毫无生命迹象，但这里确实栖息着地球上最令人惊叹的有机体。1976 年美国生物学家在干燥谷的岩石内部发现了生长的藻类、细菌和真菌。这种"石头内的"植被在渗透性强的岩石内的气腔中生长。光线、二氧化碳和水份渗透到岩石内，岩石保护有机体不受过度干燥和有害辐射的伤害。人们认为有些植物已有20万年历史。

土壤中有着丰富的显微动物群，主要是细菌、酵母、原生动物和线虫类动物。这一生态系统中生物种类之丰富堪比有着众多迁徙种群的非洲塞伦盖蒂平原——只不过所有的生物都无法用肉眼看到。

例如，两到三种线虫类物种占据着一个非常简单的食物链的顶端。（线虫是体长以微米计的圆柱形蠕虫，也是地球上数量最庞大的生物：每五只动物里有四只是线虫。）线虫需要水来运动、存活和繁殖，但是有一种线虫——矮化属线虫，能够通过将身体盘绕起来进入一种被称为"低湿休眠（没有水的生活）"的可复原的休眠状态，从而在冬季干燥的含盐土壤中生存。线虫个体可保持休眠状态长达数十年（60年！），然后在获取水份后的几分钟内立刻变得活跃。

山谷中（最远地点距离海边50公里）发现过海豹的干尸，任性的阿德利企鹅的残骸也偶有发现。这些残骸在极度的干燥中冷冻干化，然后在无孔不入的风中日渐干瘪，就如同风棱石一样。

湖泊与水塘

干燥谷内有些不太寻常的水塘和湖泊中也栖息着生物（至少其中一些是有生物的）。

在泰勒干谷，Hoare湖（Lake Hoare）长期覆盖着5.5米厚的冰层，但是厚厚的蓝绿色水藻铺满湖底。Bonney湖（Lake Bonney）上层是淡水，但是底部的盐度是海洋的12倍。咸水湖Fryxell湖（Lake Fryxell）有5公里长，是泰勒干谷的第三大湖。Chad湖（Lake Chad）是泰勒干谷中比较小的一片湖泊，以同名的非洲湖泊命名。湖水中镁元素含量如此之高，以至于发现这片湖泊的探险家们在饮用了湖水后仿佛吃了泻药一般。

赖特谷的Vanda湖（Lake Vanda）以一只雪橇狗命名，湖水深60米，底部温度达25℃。人们对这片湖泊的两个生态系统进行了长达数年的深入研究：顶部45厘米（4米厚的冰层以下）是营养匮乏的淡水；其下方是盐度为海洋四倍的咸水。这两层湖水维持着大相径庭的微生物群体。

南极洲最长的河流为30公里长、名叫Onyx河（Onyx river）的一条融水溪流，从山谷尽头的冰川流入Vanda，这条河是世界上少有的从海岸流向内陆的河流之一。

Don Juan湖（Don Juan Pond）也位于赖特谷内，仅有10厘米深，100米宽，300米长。湖水为接近饱和的氯化钙溶液，有时会完全蒸发。它的名字（Don Juan——唐璜），唉，不是来自于那位传奇的情圣，而是来自于两位分别名为唐（Don）和约翰（John）的美国海军飞行员，他们曾帮助最早的野外考察队对这一水塘进行过研究。钙盐晶体和一种少见的矿物质南极石（六水氯化钙）构成的白色硬壳凝结在Don Juan湖的湖岸上。湖水盐度为海水的19倍，是地球上盐度最高的水体，即使温度低至−55℃也不会结冰。

罗斯岛（Ross Island）

自从新西兰和美国在罗斯岛上建造了两国最主要的南极站后，每逢夏季这里就成了各种活动的枢纽，科学家团体在前往位于南极大陆这一侧各地的野外营地以及前往南极点的路上会经过这座岛。这里还是三座著名历史小屋、埃里伯斯火山和几个企鹅聚居地的所在地。

麦克默多站
（MCMURDO STATION）

若不是有直升飞机和冰雪景色陪衬，南极洲最大的营地麦克默多站，真有一种繁忙的边疆小镇的凌乱氛围。基地背后是若隐若现的活火山埃里伯斯火山。这座呈不规则形状的美国基地夏季驻扎着1100多人，还安置着由此前往野外营地和南极点的、来自各个国家的许多研究者。Hut Point和观察丘之间分布着100座座建筑，占地近4平方公里。输水线路、污水线路、电话线和电线都设置在地上，形成纵横交错的阵列。在目睹南极洁白的冰山和荒无人烟后，再看见这座大工厂般的基地真是让人感慨万千。约有250人在麦克默多站越冬以维护这不规则的基地，并为下一个繁忙夏季给基地做好准备，到夏季，基地将再次被人们占满。

麦克默多站建于1956年，其名称来自麦克默多湾（McMurdo Sound），而麦克默多湾又是罗斯在1841年以Terror号的海军上尉阿奇博尔德·麦克默多（Archibald McMurdo）命名的。这里的居民规模从一开始就十分庞大：第一年已有93人在此越冬。

这座基地也被居民称为Mac Town（麦克镇，或就叫"Town"——城镇），基地确实有着繁忙都市的感觉。约有250辆车，包括一支由100辆雪地摩托组成的车队，帮助人们在附近移动，但速度并不会很快：基地限速为30公里/小时。尽管斯科特基地/麦克默多站地区使用新西兰时间，驾驶却是采用美国方式，靠右行驶。

设施

麦克默多站有自己的医院、教堂、邮局（游客不可使用）、图书馆，有42名人员的消防部门和两座消防站、理发店、录像店和ATM自动取款机（游客不可使用）。这里还有咖啡馆Coffeehouse（原来是海军军官俱乐部）和两家俱乐部：吸烟者酒吧Southern Exposure和无烟俱乐部Gallagher's（为了纪念于1997年去世的一位麦克默多站居民兼前任理发师）。这里还有一间潜水加压舱，一座220米长的冰上码头，以及一座总容量为3000万升的燃油库。

罗斯海

罗斯岛

Ross Island 罗斯岛

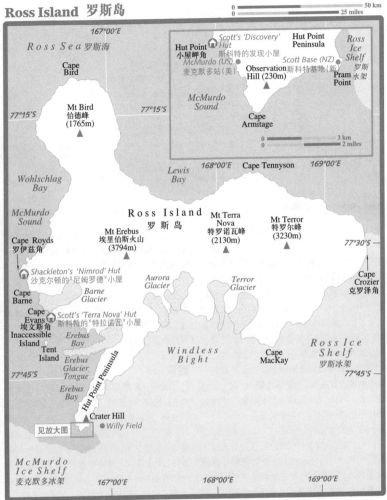

0 — 50 km
0 — 25 miles

Ross Sea 罗斯海

Cape Bird

Mt Bird 伯德峰 (1765m) ▲

77°15'S

Hut Point 小屋岬角
Scott's 'Discovery' Hut 斯科特的发现小屋
Hut Point Peninsula
Ross Ice Shelf 罗斯冰架

McMurdo (US) 麦克默多站(美)
Observation Hill (230m) 斯科特基地(新)
Scott Base (NZ)
Pram Point

McMurdo Sound

Cape Armitage

0 — 3 km
0 — 2 miles

77°15'S

Wohlschlag Bay

McMurdo Sound

Cape Royds 罗伊兹角

Cape Barne

Cape Evans 埃文斯角
Inaccessible Island
Tent Island

Lewis Bay

168°00'E   Cape Tennyson   169°00'E

R o s s   I s l a n d 罗斯岛

Mt Erebus 埃里伯斯火山 (3794m) ▲

Mt Terra Nova 特罗诺瓦峰 (2130m) ▲

Mt Terror 特罗尔峰 (3230m) ▲

77°30'S

Shackleton's 'Nimrod' Hut 沙克尔顿的"尼姆罗德"小屋

Barne Glacier

Scott's 'Terra Nova' Hut 斯科特的"特拉诺瓦"小屋

Erebus Bay

Aurora Glacier

Terror Glacier

Cape Crozier 克罗泽角

Ross Ice Shelf 罗斯冰架

77°45'S

Erebus Glacier Tongue

Erebus Bay

W i n d l e s s   B i g h t

Cape MacKay

77°45'S

Hut Point Peninsula

见放大图

Crater Hill ▲
Willy Field

McMurdo Ice Shelf 麦克默多冰架

167°00'E   168°00'E   169°00'E

罗斯海 罗斯岛

美国南极计划致力于减少麦克默多站对环境的影响。海水反渗透淡化厂可满足基地高峰时期每天30万升的淡水需求。海水淡化系统回收的废热可节省约160万升用于为建筑供暖而燃烧的燃料。此外,截至2010年,通过与斯科特基地的合作,三座风轮机已投入使用,以补充基地的供电。

2003年美国启用了一座污水处理设施,每年处理3500万升废水。此前,废水都在进行挤压和稀释后被排放到海里。现在,废水处理后留下的残余物(30吨的压缩干燥固体)与麦克默多站的其他垃圾一起被送回美国进行焚烧。

1990年以前,基地积累的垃圾(包括废弃车辆、空燃料桶和废旧金属)都在每年春天海冰消融前被拖到海冰上。现在基地的回收计划复杂得让人眼花缭乱:铝、衣物、食物废料、玻璃、有毒废物、重金属、轻金属、混合纸张、包装物、塑料,以及木材等其他材料,要全部进行回收。按照通常标准,一年中基地的固体垃圾中有75%将被回收(每年超过2000吨),是美国城市平均回收率的三倍。

Ross Island Area 罗斯岛区域

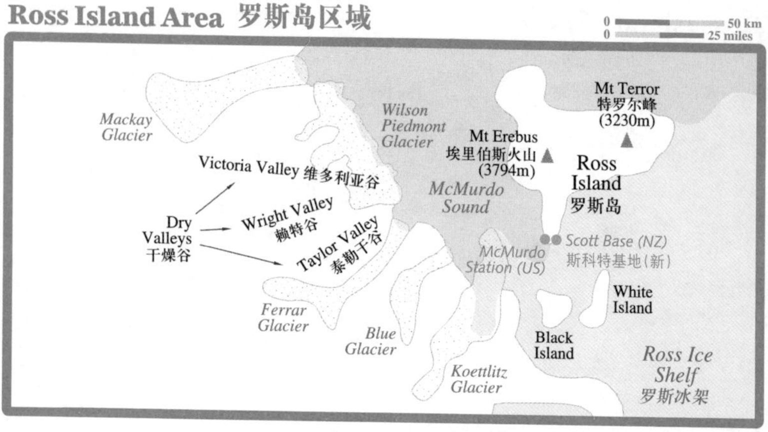

还有一项不那么成功的尝试——南极大陆唯一的大型核电站:一座1.8兆瓦的实验性反应堆,被通俗地称为"核便便(Nukcy Poo)"。该核电站于1961年被设置在观察丘上,1962年3月开通运营。遗憾的是,反应堆发生了几次故障。在1972年,面对巨额维修费用,美国关闭了这座核电站。最终,约1万吨受到放射污染的土壤和岩石被移出场地。

麦克默多站的水耕温室采用手工授粉,因为当地没有昆虫(由于环境限制,也无法引进昆虫)。每年数千瓦的人工照明能产出1600公斤的生菜、药草、番茄和黄瓜。

麦克默多站的住所通过一个点系统来进行分配,在这一系统中,职位和在南极大陆上的最初几个月决定着铺位。经常在野外营地和基地之间迁移的科学家和相关人员通常睡在俯瞰直升机起落坪的几座大型宿舍中。其中两座宿舍分别被赋予了生动的名字——"加利福尼亚酒店(Hotel California)"和"马默斯山旅馆(Mammoth Mountain Inn)"。新建的宿舍位于俯瞰Winter Quarters湾(Winter Quarters Bay)的地点。

媒体

基地的报纸《美国南极科考在线新闻》(*Antarctic Sun*)夏季每周出版(全年可在线浏览,http://antarcticsun.usap.gov)。这里还有"The Scroll"——四个电视频道,介绍关于每日活动、公告、天气信息和其他基地新闻,可通过基地的几百台电视机收看。其他媒体包括麦克默多广播(Radio McMurdo, FM104.5),全国公共广播(FM93.9),两个电视广播频道——11和13频道,以及两个电影频道(在基地内选择电影),每天24小时播放。麦克默多站许多房间都有安装在室内的直拨电话服务。

娱乐

夏季,基地人员有着丰富的娱乐休闲活动:有氧健身、篮球、宾果游戏、保龄球、烹饪竞赛、乡村舞蹈、越野滑雪、飞镖、远足、足球、垒球、乒乓球、跆拳道、排球、举重和瑜伽等。居民甚至可以租借自行车在基地周围游览。对于高尔夫球爱好者,麦克默多站也为他们举办了公开锦标赛。对于跑步爱好者,相关赛事包括一项年度马拉松(全程和半程),许多人花数月时间为这一赛事进行训练。有些人则用滑雪代替了跑步。

基地还开展星期日科学讲座、计算机课程、心肺复苏(CPR)训练、戒酒匿名会、基地合唱队排练、罗斯岛戏剧节、罗斯岛艺术展、基地人才参加的冰壶音乐节、麦克默多历史学会的会议,甚至偶尔还会举办斯科特的发现号小屋游。

人们利用冬季冰封大海,前往位于埃里伯斯冰舌(Erebus Glacier Tongue)的壮丽的冰穴远游。这些洞穴是夏季海浪运动侵蚀冰川而形成的。

基地居民还以可以参加一项特殊的抽奖，赢得不寻常的一日游：游览南极点基地。这项独一无二的奖品（利用飞机余留舱位旅行）在当地被称为"乘坐雪橇"。

◉ 景点

游客到访以下列举的地点时可一探基地的繁忙生活，并可通过步行导览游参观Mac Weather（气象观察中心）和Mac Ops（通讯中心），这两座设施都位于同一建筑内，咖啡厅Coffeehouse提供茶点服务。

冰雪教堂（Chapel of the Snows） 教堂

白色的冰雪教堂为一座有64个座位的礼拜堂，内有优美的企鹅图案彩色玻璃窗和一架风琴。这是麦克默多站建造的第三座小教堂（之前两座在火灾中烧毁）。每当平安夜来临，教堂都举行不寻常的午夜庆祝活动，而此时阳光会洒满圣坛后方的窗户。埃里伯斯圣杯（Erebus Chalice）是罗斯在1841年带到南极洲来的，可能是南极大陆最古老的历史遗留物。这个优美的银制镀金圣杯在圣餐仪式中使用，冬季的几个月被放置在新西兰的克莱斯特彻奇大教堂，每年夏天都会被借到麦克默多小教堂来。

克拉里科学与工程学中心
(Crary Science & Engineering Center)
实验室

克拉里科学与工程学中心（简称CSEC）被象征性地编号为"1号楼"，通常被称为"克拉里实验室"，是以第一位到访南北两极的人——地球物理学家和冰河学家阿尔伯特·P.克拉里（Albert P Crary）命名的。这座4320平方米的建筑在1991年完工，为生物研究、地球科学和大气科学提供工作空间。设备先进，设施条件媲美主要研究院校。从企鹅聚居地猛然来到科学家们需用电子钥匙卡进入的办公场所，这感觉着实有些怪异。但是再次说明，这就是大城市！克拉里实验室还拥有一间暗室、处理冰芯的冷冻室、电子车间、用于监测埃里伯斯火山的地震观测仪，以及图书馆。克拉里实验室展示有三种陨石，而三座大型水族馆提供难得机会，使人们无需在海冰以

下用水肺潜水就可以观察到南极海洋生物。根据近期生物学家的不同收获，你可能有机会见到南极磷虾、海星、等脚类动物、蜘蛛蟹，甚至是一些大型南极鳕鱼，它们体内流动着独一无二的"防冻"血液（见196页）。

155号楼（Building 155） 社区中心

155号楼是麦克默多站室内的主要大街，长长的中央走廊被称为1号公路。沿走廊设置了餐厅设施（仍然沿用海军时代的名称"画廊"）、员工办公室、娱乐部门、理发店、房管处、员工宿舍，以及主要的公共计算机实验室。公告牌上有各种活动的广告。

基地商店

基地商店设置在1号公路旁，销售明信片、T恤和其他纪念品，接受信用卡和美元。烟酒价格合理，至少比你乘坐的船上的价格合理，但是店员不会把烟酒卖给你，因为这将减少基地存货。美国南极计划不负责运送游客的邮件，因此你无法从麦克默多站邮寄明信片。此外，也不允许游客使用基地的两台ATM自动取款机和公用电话。

破败的枢纽站（Derelict Junction） 班车站

"破败的枢纽站"（也被称为DJ）就位于155号楼以西，是一座木制公共汽车站，仅在夏季运营的24小时班车，从这里出发前往飞机场和斯科特基地。

飞机场(Airfields) 飞机跑道

这里有三座飞机场，分别在一年的不同时间运营，为麦克默多站提供服务。紧邻基地的麦克默多海峡海冰上有一条冰上跑道，在10月、11月和12月初用于轮式飞机。这里的企鹅和海豹偶尔慢悠悠穿过跑道，形成了一种当地独有的潜在危险，因此需要一名官方的经过训练的"陪护人员"将它们带离飞机场。

在12月末，由于夏季温度使海冰的强度降低，飞机运营将迁移到Williams Field，这是一条3000米长的滑雪道，位于罗斯冰架上。这一设施的名称来自在深冻行动I（1955至1956年）中去世的理查德·T·威廉姆斯（Richard T Williams）。当时，他的30吨重的拖拉机坠入

罗斯海　罗斯岛

麦克默多保龄球

被称为 63 号楼的单调的活动房屋是麦克默多站现存最古老的建筑。建筑内有举重房、抱石洞、手工艺室、陶艺工作室一以及在地下层，有麦克默多站著名的保龄球道。两条球道设有罕见的不伦瑞克旧式人工置瓶装置，并由志愿者提供人工摆瓶服务，世界上这种球道已经所剩无几了。可能因为球道已经明显地弯曲变形，击球有时会产生巨大的撞击声。在 1961 年 7 月 19 日的球道剪彩仪式上，企鹅标本被用作为保龄球瓶。

了罗伊兹角附近破碎的海冰中。该地也被称为 Willy Field 或 "Willy"。Willy Field 就像是一座小型南极站，其建筑全部安装在雪橇上，以便快速调度。"Willy" 距麦克默多站有 16 公里，因此还运营着机场班车：一辆巨型 TerraBus 车（昵称 "Ivan"）。

第三座机场 Pegasus 冰上跑道（以美国海军 C-121 超级星座客机 *Pegasus* 号命名，这架飞机于 1970 至 1971 年夏季在附近坠毁，机上所有人都在坠机中生还，飞机残骸至今仍在原地）距麦克默多站约 25 公里（45 分钟车程）。2002 年起，位于 *Pegasus* 号所在地的一条由压实雪铺就的跑道开始启用，实现了大型轮式飞机在麦克默多站着陆。每年约 100 架次飞机从克莱斯特彻奇起飞到达这里：C-130 大力神飞机、C-5 银河飞机、C-141 运输星飞机、C-17 环球霸王飞机和配备有雪橇式起落架的 LC-130 大力神飞机。大多数航班在 10 月初至 2 月底之间飞抵，有些则在 8 月底冬末期间着陆——这是名为 "Winfly"（冬季飞人）的行动，此时第一波夏季员工到达，帮助重启基地。

小屋海岬（HUT POINT）

斯科特的发现号小屋
(Scott's Discovery Hut)   历史小屋

斯科特的国家南极远征队（见 159 页）于 1902 年 2 月建造了这座小屋，并把这里恰当地命名为 Hut Point（小屋海岬）。这一预制建筑是在澳大利亚购买的，至今在澳大利亚乡村地区仍可见到这种小屋，它的三侧上方都有宽大的阳台。小屋原本漆成了棕红色，但是经年风吹已使其褪色。尽管建筑造价不低，安装也需耗费人力，但斯科特的队员们从未把它用于住宿，因为小屋很难进行有效加热。它被用来存储物品，从事维修工作，并作为一座娱乐

中心（被称为 "皇家恐怖剧院"）。

事实上，后来的几次远征反而更充分地利用了发现号小屋。1908 年以罗伊兹角为基地的沙克尔顿 "尼姆罗德" 号远征将这座小屋作为往返罗斯冰架的雪橇旅行途中一处便利的庇护设施，斯科特自己的 1911 年 *Terra Nova* 号远征也再次利用了这座小屋。

沙克尔顿带领的 "坚忍" 号远征命途多舛，此次远征中其在罗斯海停留的团队从这间小屋中获益最多。1915 和 1916 年，他们时不时地蛰伏在小屋里。这些队员没有发现小屋以前积累的埋在冰下的大量食物储备，结果饥饿无比——尽管那大量的食物宝藏真的就在脚下。他们确实找到了一点食物、雪茄、薄荷甜酒、睡袋和两件长内衣。小屋室内被烟尘熏黑，还散发着鲸脂炉烟熏的气味，人们曾使用这个炉子来取暖。

发现号小屋距离麦克默多站最近，多年来接待了最多的游客（还有小偷），但小屋内遗留物品相对较少，因此是罗斯岛三座历史景点中最无趣的一个。南极遗产信托估计每年有 1000 人到访这里，屋里已没有留下什么物品了。小屋向人们准确传达着早期探险家经历的艰苦生活。进屋后可看到储藏物品沿着右侧墙壁摆放。中央区域放置着炉子、几堆生活物资和一个睡铺。地上有个方形的洞，曾用于进行钟摆实验。一头海豹干尸躺在南侧的开放阳台上。

为了对小屋进行保护，每次仅允许 8 人进入室内，并且仅允许 40 人进入小屋所在区域。

文斯的十字架（Vince's Cross）   纪念碑

在发现号小屋以西约 75 米处竖立着一座橡木十字架，作为二等兵乔治·T·文斯（George T Vince）的不朽纪念碑。1902 年 3

月11日，他从麦克默多海峡的一座冰崖上跌落坠亡。

观察丘（OBSERVATION HILL）

这座230米高的火山锥位于麦克默多站的边缘，常被简称为"Ob Hill"。山上有一座3.5米高的十字架，这座十字架于1913年1月20日竖立，纪念在斯科特从南极点返回途中逝世的5人：亨利·鲍尔斯（Henry Bowers）、爱德加·埃文斯（Edgar Evans）、劳伦斯·奥茨（Laurence Oates）、罗伯特·斯科特和爱德华·威尔森（Edward Wilson）。渐渐模糊的碑文内容为丁尼生（Tennyson）的诗作《尤利西斯》（Ulysses）的结尾句："奋斗吧，追寻吧，探索吧，绝不屈服。"十字架至少曾两次被吹倒。1994年1月最后一次重新竖立时，十字架被固定在了一座水泥底座中。

普拉姆海岬（PRAM POINT）

普拉姆海岬位于小屋海岬半岛的东南侧，由斯科特的"发现"号远征队命名，这一名称的原因是：夏季从那里前往罗斯冰架时，需要用到一种名为pram（译者注：Pram音译为普拉姆）的平底船（一种小型船只）。

斯科特基地（Scott Base）　基地

与麦克默多站的"城市扩张"相比，新西兰的斯科特基地看起来更具乡村风格。两站相聚3公里，以砾石路相连。斯科特基地为一组排列有序的青柠绿建筑，以罗伯特·斯科特命名。作为富克斯（Fuchs）英联邦横穿南极探险（Commonwealth Trans-Antarctic Expedition，简称TAE）的一部分，由埃德蒙·希拉里（Edmund Hillary）在1957年建立。当时的三座建筑保留至今：两座迷人的小屋，以及另一座建于1956年的建筑，人们用各种名字来称呼它：混乱小屋（Mess Hut），A小屋（Hut A）以及TAE小屋（TAE Hut）。这座建筑内十分混乱，还有基地领导的房间和无线电室。建筑现作为历史遗迹保留，内设一间小型博物馆。

斯科特基地可容纳11名越冬者，夏季可容纳多达90人。2004年新西兰建造了希拉里野外中心（the Hillary Field Centre）——一座面积为1800平方米的可加热的两层仓储式建筑，这也是斯科特基地进行过的最大单体工程。

基地的旗杆还包含了一件有趣的历史遗留物品：旗杆部分来自斯科特发现号小屋。这截旗杆是在小屋附近地上发现的，1957年由麦克默多站的美国人赠送给希拉里。

克雷特山（Crater Hill）上安装的三座风轮机，是大型风电项目的一部分，于2010年初全部投入运营。这三座风轮机与麦克默多站的输电网相连，每年可节省约463 000升发电燃料，并减少1242吨的二氧化碳排放。目前这三座风轮机供应斯科特基地90%的电力需求以及麦克默多站15%的电力。斯科特基地的厕所是用海水冲洗的，以减少淡水消耗。

由于游船停靠时，基地员工必须为游客提供服务，因此像斯科特基地这样的小型南极站，很容易就会因游客的到来而超负荷。但新西兰员工依然非常友好，每年有几百人到访基地。每周斯科特基地会举行一次"美国之夜"活动欢迎麦克默多站居民的到访，用这一方法可以控制人数众多的麦克默多站邻居来此串门。相反地，麦克默多站随时欢迎人口较少的新西兰基地居民前来参加活动。

尽管斯科特基地没有邮递设施，但在指挥中心的门厅有两部公共电话。可使用在基地商店购买的电话卡，拨打对方付费电话，或使用信用卡付费。商店接受新西兰和美国货币、Visa、MasterCard和American Express信用卡。

埃文斯角（CAPE EVANS）

特拉诺瓦小屋（Terra Nova Hut）　历史小屋

斯科特的Terra Nova号远征留下的小屋弥漫着一种美妙的历史感。在这里，沙滩上狗的骨架在南极太阳的照射下已经褪色，让人们回想起斯科特从南极点返回的死亡征程。站在军官起居室的桌子前方，脑海浮现出斯科特最后一次过生日时的著名照片。相片里，斯科特的队员们聚在一起享用盛宴，远征旗帜就悬挂在身后。

这座预制小屋建于1911年1月，坐落在斯科特命名的家庭海滩（Home Beach）上，他还将这一带命名为埃文斯角（以副指挥爱德华·埃文斯——Edward Evans为此处命名）。小屋有14.6米长，7.3米宽，靠近麦克默多海峡的

罗斯海　罗斯岛

历史小屋

只有进入探险家们留下的历史小屋，人们才能真实地体验到早期的远征生活。在当时的黑白照片中，探险者们簇拥在一张桌子周围，或是挤在数张床铺上。当你步入埃文斯角的斯科特小屋时，你会突然意识到，那些人并不只是为了让摄影师拍照才挤在一起的——这其实就是他们每天的生活写照。注意观察小屋粗糙的室内——这些建筑原本只计划使用两到三年，因此都是匆匆赶工建成的。

现在，这些小屋都上锁了。新西兰南极遗产信托（AHT；www.nzaht.org）负责维护和保护小屋，以及制定游客规章，并派一名代表随同你进入小屋。他们对小屋十分熟悉，可为游客指出有可能会错过的重点。这里提供一条提示：把背包、救生衣和其他装备放在远离小屋的地方，以免它们现代的外形破坏照片画面。

罗斯海

罗斯岛

海岸。这座小屋是罗斯岛上三座历史小屋中最大的一座，可容纳25个人，但环境相当拥挤。一座狭长的建筑坐落于小屋前方；里面有公共厕所以及供官员单独使用的设施。

在斯科特的最后一次远征之后的1915年5月，属于沙克尔顿的"坚忍"号远征队的罗斯海团队10名成员（见162页）被困在这里，当时他们的船只Aurora号被风刮离锚地。他们面临一项艰巨任务：布置好几座仓库，以便从威德尔海一侧穿越南极大陆的另一支队伍能在旅行的后半程使用这些储备。但由于"坚忍"号被海冰挤压而沉没，这些仓库从来没有被用过。而困在此地的这些人在Aurora号的船员最终把船开回来时，已度过了长达20个月的艰苦时期。

进入小屋前，你需要经过一个室外门廊区。左边朝向海滩一侧陈列着几张桌子。门廊中至今还留着一盒企鹅蛋、几叠海豹油脂、墙上挂着铲子和工具，以及地质学家格里菲斯·泰勒（Griffith Taylor）的自行车。

走进这个用缝着海草的麻袋保温的小屋，眼前出现的正是远征队员口中的"混乱甲板"。斯科特遵循皇家海军的惯例，将远征队员分为军官和普通人员。混乱甲板里住着普通人员：克里恩（Crean），基奥恩（Keohane），福特（Ford），奥梅尔申科（Omelchenko），格罗夫（Gerov），克利索尔德（Clissold），拉什利（Lashly），埃德加·埃文斯和胡珀（Hooper）。右边是厨房，还装着个大炉子。

继续向屋里走，经过当年用包装箱做成的隔墙所在的位置，就来到了军官起居室。暗

室和庞廷（Ponting）的睡铺就在后方。右边是实验室以及莱特（Wright）和辛普森（Simpson）的睡铺。军官起居室的桌子左边是（沿着壁龛从前到后）：包华士（Bowers）（上铺）和薛瑞—格拉德（Cherry Garrard）（下铺）；奥兹（Oates）（上铺，下面只有地板）；以及米尔斯（Mears）（上铺）和阿特金森（Atkinson）（下铺）的睡铺。军官起居室的桌子右边是（从前到后）：格兰（Gran）（上铺）和泰勒（Taylor）（下铺）的睡铺；一间小型地质实验室；德贝纳姆（Debenham）（上铺；下面什么也没有）的睡铺；以及尼尔森（Nelson）（上铺）和戴（Day）（下铺）的睡铺。注意一下戴的睡铺：沙克尔顿远征队的罗斯海团队使用这座小屋期间，迪克·理查兹（Dick Richards）曾住过这张床铺。你可以寻找当年三名同伴去世后，迪克在床铺墙上写下的沮丧的记录：

> RW 理查兹 1916年8月14日
> 至今失去了——
> 海沃德（Hayward）
> 麦克（Mack）
> 史密斯（Smith）

小屋后方的左侧角落是一间密室。斯科特的睡铺靠左，与威尔森（Wilson）和爱德华·埃文斯的睡铺隔了张工作桌，桌上还摊着一本翻开的书和褪了色的帝企鹅标本。

屋里到处是补给品和摄影用品。屋内有种强烈的霉味，但并不令人厌恶，闻起来就好像布满灰尘的旧书和小马吃的稻草味。盒子里的蜡烛现在还能用。许多补给品上的品牌

名字至今仍为人所熟悉，标签的设计到今天也没怎么改变过。一定要找一找小屋内的电话，这台电话通过海冰上铺设的裸线与发现号小屋连接。

近几年南极遗产信托正在对小屋进行大规模的修复工程，预计于2014年完工。每年有700至800名游客在埃文斯角登陆，使这座小屋成为游客到访最频繁的罗斯海旅游景点。每次仅允许12人进入小屋，并且每次仅允许40人登陆海岸。

其他景点

沙克尔顿远征的罗斯海团队使用这座小屋期间，在执行仓库放置任务的返途中有三名队员相继去世。牧师阿诺德·斯宾塞—史密斯（Arnold Spencer-Smith）于1916年3月9日死于坏血病，另外两人埃涅阿斯·麦金托什（Aeneas Mackintosh）和维克多·海沃德（Victor Hayward）在1916年5月8日行走在薄海冰上时，在暴风雪中失踪。风向标山（Wind Vane Hill）上的十字架就是为纪念他们而竖立的。Aurora号的两个锚仍然埋在家庭海滩的沙子里，一个就在小屋前方，另一个在小屋以北25米处。

1987至1992年期间，环保组织绿色和平组织在埃文斯角设有一座全年运营的基地，在1991至1992年间被拆除并移走。绿色和平组织基地牌是唯一的地点标记，很难找到其确切位置。沿着海滩向北走，可以找到它。

罗伊兹角（CAPE ROYDS）

斯科特以"发现"号远征的气象学家查尔斯·罗伊兹为这座海角命名。罗伊兹角除了是沙克尔顿小屋的所在地，还是4000只阿德利企鹅的栖息地，而且是南极洲附近160多个阿德利企鹅聚居地中最南端的一个。沙克尔顿小屋前方的小水塘名为小马湖（Pony Lake），因为远征队把他们的小马拴在附近。

沙克尔顿的小屋
（Shackleton's Hut）　　　历史小屋

1908年2月，沙克尔顿在他领导的"尼姆罗德"号远征中建造了这座建筑。15个人生活在小屋里，这座小屋比埃文斯角的斯科特的小屋要小得多，屋里的氛围仍然十分浓厚。沙克尔顿的所有队员都活着离开了这里（和斯科特的小屋不同），而且他们显然是匆忙离开的：Terra Nova号远征队员在1911年到访这座小屋时，发现还晾着袜子，桌子上还摆着饭菜。沙克尔顿领导的1914至1917年"坚忍"号远征的罗斯海团队也曾在这里停留，使用了这里的香烟和肥皂以及其他物品。

在这些早年的过客之后（相当长的时间里没有人到访小屋，期间小屋被冰雪填满），南极遗产信托对小屋进行了一次大规模的保护工程（2004至2008年）。防风雨的施工成果完全保留了小屋的历史风貌。

冰山的名称

长度超过10海里（18.5公里）的大型冰山都被编码，听起来就像是军事飞机用的名字一样：C-16，B-15A等等。这些编码来自于这些冰山最早被发现时（通常是被卫星发现）所在的南极象限。"A"代表从0°到西经90°之间的地区（别林斯高晋海／威德尔海），"B"代表从西经90°到180°之间的地区（阿蒙森海／罗斯海东部），"C"代表从180°到东经90°之间的地区（罗斯海西部／威尔克斯地），"D"代表从东经90°到0°之间的地区（埃默里冰架／威德尔海东部）。

每发现一座冰山，美国国家冰中心都会根据其最初的发现地点为其分配一个象限字母以及一个数字。例如，C-16是自从1976年美国国家冰中心开始追踪大型冰山后，在C象限追踪到的第16座冰山。大型冰山即使在崩解之后都会被追踪，直到碎片太小，卫星无法捕捉其踪迹。这类碎片会得到一个跟在原名之后的后缀字母，因此，B-15A代表B-15冰山崩解的第一块碎片。

南极的热点 菲利浦·凯尔博士 *(DR PHILIP KYLE)*

在南极洲的冰盖之下，是一块动态的大陆板块。在南极板块内部，构造力正在发生作用，在某些地方，断裂作用正在缓慢地撕裂南极大陆，很像非洲东部经历的情形。随着地壳延伸、变薄，地球深处炽热的地幔上升，部分熔化，形成玄武岩浆。岩浆向上流动，而且经常储存在地壳的岩浆房里。岩浆到达表面时，以火山岩浆或火山灰形式爆发，火山就由此形成。

如今在南极洲的三个地区发现存在着活火山：罗斯海西部、南极洲西部和南极半岛沿岸。南极洲随时发生大型火山爆发的可能性仍然很高。

在罗斯海西部区域，大多数火山作用发生在横贯南极山脉或其正面沿线。已发现的许多小型火山口都位于罗斯海之下，且存在磁异常，但是这些火山口现在都不处于活跃状态。一群名为 **Pleiades** 的火山锥和火山穹丘位于维多利亚地（Victoria Land）北部的横贯南极山脉高处，其中有一座看起来非常年轻的火山穹丘，可能在不到 1000 年前喷发过。特拉诺瓦湾（Terra Nova Bay）附近的墨尔本峰峰顶的地面冒着蒸汽，火山灰显示火山曾在不到 250 年前喷发过。

在南极洲西部的玛丽·伯德地，只有柏林峰（Mt Berlin）被认为是处于活跃状态的。火山爆发也有可能正在南极洲西部冰盖的冰层之下进行。航空研究显示了一座圆形凹陷的存在，与火山口造成的冰块融化的特征相符。研究显示这里存在磁性岩石，这是火山的典型特征，从而确认了这一凹陷之下存在火山。

在南极半岛地区，实际为一座火山的欺骗岛就坐落在布兰斯费尔德海峡（Bransfield Strait）南端。

埃里伯斯火山（Mt Erebus）

南极洲最有名的火山是埃里伯斯火山，这是位于罗斯岛的一座成层火山，在 1841 年被罗斯发现。罗斯在日志中提到，埃里伯斯火山正在喷发，"……喷发着大量的火焰和烟雾……有些军官确定他们见到岩浆沿着火山侧面奔流而下，直到消失在冰雪之下。"埃里伯斯火山是世界上最大的火山之一，其规模在世界前二十名之列。

埃里伯斯火山有许多不同寻常的特点，最显著的就是一座永久对流熔岩湖，温度高达 1000°C（世界上其他同类火山只有埃塞俄比亚的尼塔拉雷火山——Erta Ale 和刚果的尼拉刚果火山——Nyiragongo）。在 2007 年底这座熔岩湖直径有 35 米。岩浆富含钠和钾，被称为响岩（phonolite）。该名称来自德语，指的是敲击时响声如钟的岩石。

埃里伯斯水晶

埃里伯斯火山独一无二之处在于岩浆中出现的大量水晶。它们长度超过 10 厘米，外形多样。火山喷发的火山弹中柔软透亮的脉石受到冲刷，因此十分容易产出水晶。这些水晶散落在较高的火山口边缘，就像地毯一般。它们属于名为长石的矿物中的歪长石这一种类。歪长石美得令人赞叹，是地球上任何地方的火山岩中发现的最大最完美的水晶之一。

进入小屋时，如果你个子高，就要闪避一下，避免头撞到在入口通道的乙炔发电机上。这台发电机曾经用来为小屋的电灯供电。

和斯科特不同，沙克尔顿在罗伊兹角没有对军官和一般人员进行分隔，但是作为"老板"，他确实利用行政特权给自己在小屋的前门旁边安排了一间私人房间，可以请随同你进入小屋的南极遗产信托导游指出，沙克尔顿留在狭小卧室里的签名（不确定真实性）。签名是在一块包装箱板条上倒着写的，板条上面标着"非航行用"，他把这块板条做成了睡铺的床头板。

经过冷冻干燥的荞麦薄饼仍然放在屋后方大炉子上的铸铁煎锅里，旁边还搁着茶壶

冰塔

埃里伯斯火山的峰顶以美丽的火山喷气孔冰塔为特色。从海平面用双筒望远镜可以观察到山顶高原的这些冰塔。冰塔标记着饱含水气的受热气体沿着断裂处排放到表面的地点。当气体进入寒冷的空气中时，水会结冰并形成奇特的形状，大小各异。在冰塔下方通常可以找到坑道和洞群，与底下的冰雪融为一体。这些冰穴温度较高而且充满蒸汽，有些情形下感觉就像是桑拿房一样。要到达这些纵横的冰穴可能会十分困难，且需要沿长达 20 米的绳索滑下（用绳索下降）。在夏季，午夜时分太阳朝向地平线下沉，冰塔看起来十分壮观，而蒸汽则缓缓通过空心的塔而上升，从顶部排放出来。

火山喷发

小规模火山爆发在埃里伯斯火山的岩浆湖很常见，在 20 世纪 80 年代中期和 90 年代，每天发生 6~10 次。喷发活动在 2000 至 2004 年间有所减少，在 2005 年和 2006 年又处在高水平，到了 2007 年中期再次"沉寂"。在 2010 年重又观测到喷发活动。这里的火山喷发被称为"斯特隆博利式"喷发，这是以西西里岛附近的斯特隆博利火山（Mt Strombolian）命名的。火山弹很偶然才会从熔岩湖中喷发出来，落在直径 600 米的火山口边缘。2007 年 3 月几个火山弹破坏了火山口边缘的科学设备。

1984 年 9 月，发生了一次长达四个月的火山活动，更加猛烈的喷发把大量的火山弹抛撒到距火山口 3 公里以外的地方。科学家们不得不放弃火山口边缘的一座小型研究设施，当时火山弹纷纷从天而降，砸到峰顶的火山口附近，有些能有小汽车那么大。火山弹降落时发出呼啸声，但是火山喷发最令人难忘的部分来自于火山弹从火山口被抛起时发出的尖锐的爆炸声。（火山弹砸落地面时，因为冷却而爆裂。火山弹的内部可能非常炙热，如果你打破一个火山弹，能把可塑形的炙热火山岩浆像太妃糖一样拉出来。

地震测量

如今，约 12 座地震台组成的观测台网（拥有持续的 GPS，话筒和气象感应器）监视着埃里伯斯火山，记录其小型火山喷发和内部发生的地震。2000 至 2004 年间，地震仪记录下了罗斯冰架崩解的巨型冰山撞击产生的震颤活动。地震仪可帮助科学家预测下一次的火山喷发期。地质记录中并没有证据能表明发生过和 1980 年美国圣海伦斯峰（Mt St Helens）喷发一样级别的大型火山喷发，但存在于几百公里外的横贯南极山脉附近蓝冰中的埃里伯斯火山灰证明，火山有可能发生更大的喷发。

菲利浦·凯尔博士是新墨西哥矿业及科技学院的地球化学教授，以及埃里伯斯火山观测台（*Mount Erebus Volcano Observatory*, erebus.nmt.edu）的主管，他在南极洲度过了 40 个科考季，每年都会回到埃里伯斯火山对火山活动进行监测。

和饭锅。彩色玻璃药瓶摆在几层架子上。有几个睡铺保存至今，其中位于左后方的铺位上还放着个毛皮睡袋。许多食品罐上面标着的名字让人食欲顿失，例如爱尔兰腌肉（猪头肉冻）、煮羊肉、军用口粮（Army Rations）、亚伯丁大豌豆、舌头小吃罐头、豌豆粉，它们和仍然保持明红色的Price发动机润滑油罐一

起，摆放在墙边的地上。堆满连指手套和鞋子的长椅放置在右方。餐桌每天晚上会从地上搬走以腾出更多的空间，但是餐桌现在已经踪影全无。可能是后来某个团队用完了燃料后把桌子给烧了吧。

2010年1月，在一次引起轰动的发现中，管理员从小屋下面挖出了沙克尔顿的三箱麦

金雷威士忌和两箱白兰地。这些酒在克莱斯特彻奇解冻后，2011年由位于苏格兰的怀特马凯公司（Whyte & Mackay，麦金雷品牌的所有者）的勾兑大师分析并精确地复制出远征队的威士忌酒！

屋外坐落着马厩和车库的遗迹，车库当时是为阿罗尔—约翰逊（Arrol-Johnson）汽车（南极的第一辆汽车）而修建的。沙克尔顿把西伯利亚小马带到南极，遗憾的是它们不适合在南极工作：能拉着货物走上一段的距离，但是不如雪橇狗有毅力和用途广泛。给小马喂食的燕麦从饲料袋中撒落到地上。汽车的一个车轮靠着一排补给品箱子，木制的辐条受到风的侵蚀。两座木制狗舍就在附近。

在小屋的南侧，木头暴露在空气中，颜色褪成一种美丽的灰色。几箱生锈的食品罐靠着小屋的侧面和后面放置。尽管锈迹已经完全破坏了罐头标签，但是有个木箱子确实露出了里面装的豆子了。

缆绳绕过屋顶把小屋捆在了地上，南极遗产信托在2005至2006年夏季建造了一块新屋顶。前门也是一个复制品，用的是和原来的前门一样的苏格兰松木。

罗伊兹角的小屋是罗斯岛上人到访最少的历史小屋（每年约700人到访）。出于保护考虑，每次仅允许8人进入小屋，每次仅允许40人登陆该地区海岸。

埃里伯斯火山与特罗尔峰（MTS EREBUS & TERROR）

令人印象深刻的埃里伯斯火山是世界上最南端的活火山，高度达3794米。火山悠然飘出袅袅蒸汽，是罗斯海域最有名的景致。

1908年，沙克尔顿带领的"尼姆罗德"号远征队中的一个团队最先对埃里伯斯火山进行攀登。埃里伯斯火山每天排放出约80克的含金属金水晶，这种水晶堪称地质珍品。埃里伯斯火山是世界上为数不多的拥有永久对流熔岩湖的火山之一。研究者开发出一种DNA测试技术，使用从埃里伯斯火山口中发现的微生物中提取的一种酶来缩短犯罪调查中耗费的时间。

在埃里伯斯山顶火山口附近的地区，大气中混合了盐酸、氢氟酸和二氧化硫，散发着

罗斯海

罗斯冰架

一种辛辣味，因此火山学家给这座火山取了个昵称"令人恶心的球形突出物"（Nausea Knob）。

埃里伯斯火山因为南极洲最严重的一次飞机失事而招来恶名。1979年11月28日，新西兰航空901航班的DC-10客机撞上埃里伯斯火山坠毁，机上的257人全部遇难。南极条约签约国宣布将坠机地点划为一座墓地。墓地的一侧竖立着不锈钢十字架。

特罗尔峰（3230米高）是一座死火山，和埃里伯斯火山之间隔着特拉诺瓦峰。

克罗泽角（CAPE CROZIER）

克罗泽角是最早发现帝企鹅聚居地的地方（1902年由斯科特发现），其名字来自 *Terror* 号船长 —— 指挥官弗朗西斯·克罗泽（Francis Crozier），他的 *Terror* 号是罗斯领导的远征队的两艘船之一，这支远征队第一个发现这里。除了帝企鹅在海冰上孵蛋外，克罗泽海角还栖息着30万只阿德利企鹅。

克罗泽角与1911年斯科特的 *Terra Nova* 号远征队三名成员的一次出名艰难的长途远行密切相关，这三名成员从埃文斯角出发，在隆冬中跋涉了105公里、36天。埃普斯勒·薛瑞—格拉德在他写的经典的《世界最险恶之旅》（1922年）一书中十分生动地记载了这次跋涉经历。他和爱德华·威尔森和"小鸟"包华士一起，不畏24小时全黑的极夜和低至−59℃的低温前行，在如此寒冷的环境中，他的牙齿因为打寒颤而断裂并从嘴里脱落，于是他开始"把死亡当作是一位朋友"。他们进行这次跋涉是为了第一个收集到帝企鹅的胚胎。他们收集的三枚蛋收藏在伦敦的自然历史博物馆里（还有在 *Terra Nova* 号远征中收集的其他4万件很少展出的标本）。

罗斯冰架（Ross Ice Shelf）

罗斯冰架面积52万平方公里，大约是法国国土面积那么大。罗斯冰架是在1841年1月28日被罗斯发现的，他以维多利亚女王之名将这一地区命名为维多利亚屏障（the Victoria Barrier）。后来这一地点曾有过许多

名称,例如屏障(the Barrier)、大屏障(the Great Barrier)、大冰屏障(the Great Ice Barrier)、南方大屏障(the Great Southern Barrier)、冰屏障(the Icy Barrier)、罗斯冰屏障(the Ross Ice Barrier)以及现在的名称——罗斯冰架。

罗斯冰架平均冰层厚度为335米至700米,但是在冰架与冰川和冰流的交界处,厚达1000米。在冰架面朝罗斯海的边界,冰架只有不到100米厚。很难相信整个冰架其实是*漂浮*着的。

罗斯冰架的漂移速度达到每年1100米,每年约有150立方公里的冰山从冰架崩解,而冰架整体体积为23 000立方公里。1987年一座155公里长、35公里宽的冰山从罗斯冰架的东侧崩解。

另一座名为B-15的巨型冰山在2000年3月崩解。这座冰山为298公里长、37公里宽,面积约为11 000平方公里,是有记录以来最大的冰山。尽管美国军舰"冰川"号(*Glacier*)在1956年目睹的一座冰山据称有335公里长、97公里宽,面积近32 500平方公里,但研究者现在认为这些测量数据并不准确,冰山实际要小得多。

科学家将巨型冰山的崩解视为一种正常过程,冰盖借此在大陆向外的持续生长和定期的体积损耗之间保持平衡。而近期的崩解加速则是气候变化的结果(见178页)。

罗斯冰架激起了许多人的敬畏之心。1841年*Erebus*号船上的铁匠受到了异乎寻常地触动,写下了两行诗:

庄严而肃穆,壮阔而独特
这尘世上再也没有其他屏障能与之比拟

发现罗斯冰架的六年后,1847年罗斯本人写道:

……这一非凡的冰山屏障,厚度可能
超过一千英尺,碾碎了起伏的波澜,
毫不在意它们猛烈的势头:这一物体
强大而美妙,超过了我们可能想起或
想象到的任何东西。

博克格雷温克发现冰架比起罗斯发现它时已经缩小很多。事实上,在164° W附近的地点(斯科特后来将该地点称为"发现湾"——Discovery Inlet,这是以他的船名命名的),冰架在海上的高度仅有4.5米。1900年博克格雷温克把储备物品、雪橇和狗带到这里的岸上。他和两名远征队同伴威廉·科尔贝克(William Colbeck)和佩尔·萨维奥(Per Savio)一起长途步行到达78°50′S,这是当时人们到达过的最南端的地点。

罗斯福岛(Roosevelt Island)有130公里长、65公里宽,完全被冰覆盖,岛中央海拔550米高的冰脊十分醒目。这座岛的最北端距鲸湾(Bay of Whales)南侧只有5公里远,1934年伯德发现了这座岛,并以富兰克林·D·罗斯福(Franklin D Roosevelt)为其命名。

南极洲东部与南极点

最佳科研场所

» 阿蒙森–斯科特南极站（见143页）

» 沃斯托克站（见132页）

» 冰穹A和昆仑站（见135页）

最佳野生动植物

» 斯卡林莫诺里斯和莫里莫诺里斯（见123页）

» 迪蒙·迪维尔站（见130页）

为何去

南极洲东部拥有严酷的条件和壮观的风景，是一片极地高原，也是南极大陆温度最低的地区。冰封的海岸布满宏伟的冰架，间或出现无冰绿洲、丰富的海鸟和帝企鹅栖息地。

只有少量的研究站散落于难以到达的海岸沿线。这些地方游客鲜有到访，因此他们的到来通常会受到居民的热烈欢迎。

南极洲东部内陆是冰盖的核心，很少有游客到访。几座重要的研究站利用这里广袤的厚冰盖及其高海拔、干燥、冰冷等条件：这一切都十分适合天文学与物理学研究。

在这些南极站中包括了阿蒙森—斯科特南极站。为了到达那里，你需要飞越壮观的冰川、巨大的裂缝，以及地球上最贫瘠的雪原——这都将出现在你穿越极地高原前往强大的地理南极点的途中。

推荐阅读与网络资源

» 《南极》（1912年），罗尔德·阿蒙森。极地技师的伟大成就——到达90°S。

» 《斯科特的最后一次远征》（1913年），罗伯特·F·斯科特船长。第一手记录，在他去世后发表。

» 《暴风雪之乡》（1915年），道格拉斯·莫森爵士。这位探险家亲自记录了极地生存与发现之旅。

» 《与莫森前往南极》（1947年），查尔斯·F·拉瑟龙。狂风肆虐的丹尼森角上的生活。

» 美国南极计划（www.usap.gov）南极点网络摄像头。

» 阿蒙森—斯科特南极站（www.southpolestation.com）非官方的南极点信息与逸事。

» 《La marche de l'empereur》（帝企鹅日记）（2005年）由吕克·雅克（Luc Jacquet）执导。

南极洲东部
（EAST ANTARCTICA）

这片偏远的陆地全部位于东半球，美国南极历史学家爱德温·斯威夫特·鲍尔奇（Edwin Swift Balch）在1904年最早将南极大陆的这一部分称为"南极洲东部"。因为南极大陆被横贯南极的山脉一分为二，该地区又是两部分中较大的一个，因此又被称为"大南极大陆"（Greater Antarctica）。要到达这一极端与世隔绝的南极地带，需要进行漫长而艰苦的航行，因此，每年仅有一艘旅游船（偶尔两艘）到访。

海岸线庇护着美轮美奂的冰山和冰架，在此栖息的海鸟、企鹅，以及散布各处的科学/研究设施。比利时的伊丽莎白公主南极站是南极第一座零排放南极站，挪威的特罗尔站（Troll）是一座主要的航空运输枢纽。

在内陆，南极站零星散落在冰架上。俄罗斯的沃斯托克站出现过地球上记录的最低气温，这座南极站地下就是冰下湖——沃斯托克湖（Lake Vostok）。法国和意大利联合运营的康科迪亚站（Concordia）以极深和极寒的冰芯著称。而最新的南极站——中国新建的昆仑站（Kunlun Station），占据着南极的制高点——冰穹A。

以下景点从零度经线开始按东经经度增加的顺序列举，较靠近内陆的南极站列在后面。这些基地中大部分仅有科学家或运营国的宾客到访。

诺伊迈尔站
（Neumayer III Station）

诺伊迈尔站于2009年2月完工，是德国第三代南极站，坐落在200米厚的Ekström冰架（Ekström Ice Shelf）上。这座南极站耗资2600万欧元，是一座预制双层建筑，安装在68米长、24米宽的平台上，离雪面有6米，与一座地下的车库相连。这座建筑结合了研究、运营与住宿设施。液压桩使得诺伊迈尔站可以随着下方积雪增加而定期被抬高，因此这座基地预计可以使用25年。

诺伊迈尔站用一座30千瓦的风轮机来补充它的发电设施，并将最终建成一座完整的风力发电厂，满足基地大部分电力需求。

第一代的Georg von Neumayer站建于1981年，以1882至1883年第一次国际极地年的推广者之一命名。这座基地被飘雪掩埋之后，接替它的基地于1992年在10公里外建成。第二代基地建造在地表12米以下，但是最终还是因为冰盖移动而变得不可靠。

通常有9人在此越冬。1990年12月第一个全女性的南极越冬团体驻扎在Neumayer站。两位气象学家、两名地理学家、两名工程师、一名无线电操作员、一位厨师和一名医生（兼基地领导）在冰上度过了14个月，其中9个月是完全与世隔绝的。

萨纳站
（SANAE IV Station）

萨纳站（南非国家南极远征队，South African National Antarctic Expedition，简称SANAE）就像一只长长的红白千足虫一样，坐落在距海岸170公里的阿尔曼岭（Ahlmann Ridge）一处名为Vesleskarvet（挪威语中意为"小秃山"）的冰原岛峰之上——基地由此得到"Vesles"的昵称。基地周围的景观相对贫瘠，区域内只有少量地衣和螨虫，但是贼鸥和雪海燕在夏季定期到访这里。基地50米外就是一座深达210米的悬崖，天气晴朗时在这里可以欣赏到冰盖上周围冰原岛峰以及南侧阿尔曼岭的壮观景色。

第一座萨纳基地于1959年建立，之后第二座和第三座相继建立。第三座萨纳基地建在Fimbul冰架（Fimbul Ice Shelf）上，但经过几年时间已被深达14米的飘雪掩埋，被迫于1994年冬季关闭。因为积雪已将建筑毁损，它因此变得不安全了。

第四座萨纳站耗资6400万兰特，建造于1993至1997年间，是南极洲最现代化的基地之一——这座南极站甚至包括一座可停放两架直升机的飞机库、一间方便残障人士使用的浴室，以及大得足够整个越冬团队使用的桑拿房。基地包括三座相互连接的双层单元，总长为176米，建在岩层上3.5米高的桩柱上。

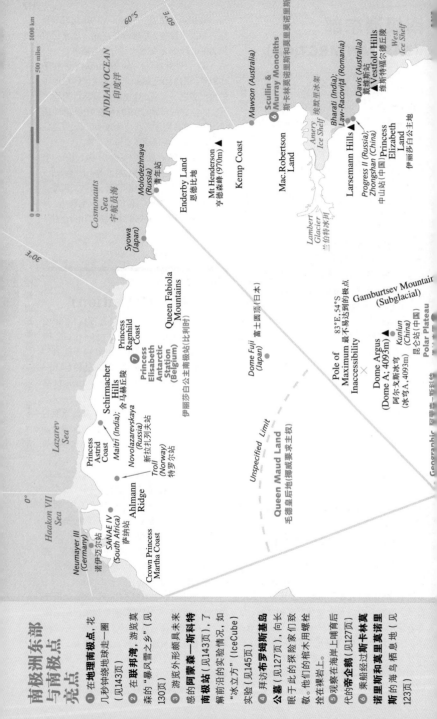

南极洲东部与南极点亮点

1 在地理南极点。花几秒钟绕地球走一圈（见143页）

2 在联邦湾，游览莫森的"暴风雪之乡"（见130页）

3 感受外形颇具未来感的阿蒙森—斯科特南极站（见143页），了解前沿的实验情况，如"冰立方"（IceCube）实验（见145页）

4 拜访布罗姆斯基岛公墓（见127页），向长眠于此的探险家们致敬。他们的棺木用螺栓栓在课桌上。

5 观察在海岸上哺育后代的帝企鹅（见127页）

6 乘船经过斯卡林莫诺里斯和莫里莫诺里斯（见123页）

7 诺瓦斯和莫里莫诺里斯的海鸟栖息地（见123页）

1000 km
500 miles

INDIA OCEAN 印度洋

60°S
60°E
30°E
0°

Haakon VII Sea

Neumayer III (Germany) 诺伊迈尔站
SANAE IV (South Africa) 萨纳站
Crown Princess Martha Coast
Princess Astrid Coast
Ahlmann Ridge
Maitri (India) 迈特里站
Novolazarevskaya (Russia) 新拉扎列夫站
Troll (Norway) 特罗尔站
Schirmacher Hills 含马赫丘陵
Princess Ragnhild Coast
Princess Elisabeth Antarctic Station (Belgium) 伊丽莎白公主南极站(比利时)
Queen Fabiola Mountains

Lazarev Sea

Dome Fuji (Japan) 富士圆顶(日本)

Unspecified Limit

Queen Maud Land 毛德皇后地(挪威要求主权)

Pole of Maximum Inaccessibility 南极最不易到达的极点 83°E, 54°S

Dome A (Dome A; 4093m) 阿尔戈斯冰穹
Kunlun (China) 昆仑站(中国)

Gamburtsev Mountain (Subglacial)

Polar Plateau

Geographic 阿根廷—斯科特

Cosmonauts Sea 宇航员海

Molodezhnaya (Russia) 青年站

Syowa (Japan)

Enderby Land 恩德比

Mt Henderson 亨德森峰(970m)

Kemp Coast

Lambert Glacier 兰伯特冰川

Mac. Robertson Land

Amery Ice Shelf 埃默里冰架

Larsemann Hills 拉斯曼丘陵
Progress II (Russia); Zhongshan (China) 中山站(中国)
Bharati (India); Law-Racoviţă (Romania)

Mawson (Australia)

Scullin & Murray Monoliths 斯卡林莫诺里斯和莫里莫诺里斯 **6**

Davis (Australia) 戴维斯站
Vestfold Hills 维斯特福尔德丘陵
Princess Elizabeth Land 伊丽莎白公主地

West Ice Shelf

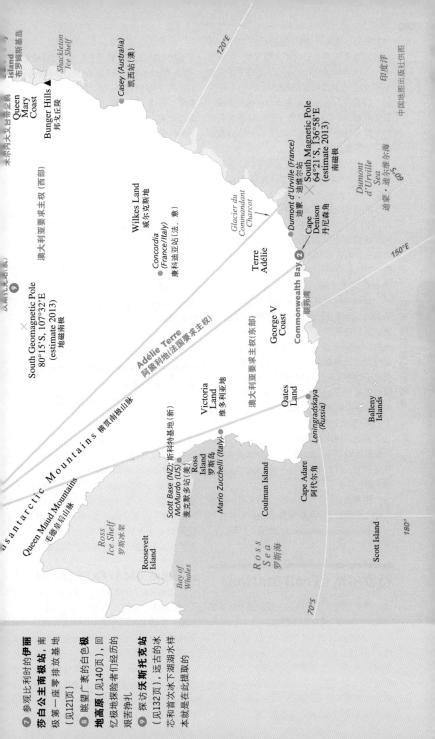

⑦ 参观比利时的**伊丽莎白公主南极站**，南极第一座零排放基地（见121页）

⑧ 眺望广袤的白色**极地高原**（见140页），回忆极地探险者们经历的艰苦挣扎

⑨ 探访**沃斯托克站**（见132页），远古的冰芯首次冰下湖湖水样本就是在此提取的

1997年第一支越冬团队进驻基地（其中包括在南极越冬的第一位南非女性安妮·罗斯博士——Dr Aithne Rowse），基地在冬季可容纳约10人，在夏季可容纳超过90人。

因为拥有一座虽小但十分卓越的医院，在必要时，萨纳站可作为一座外科手术设施为毛德皇后地（Queen Maud Land）的其他研究站提供服务。

在萨纳站正进行着广泛的研究，包括入侵生物学/生态学、地质学、地形学和大气科学。

萨纳站记录过高达208公里/小时的风速，但实际上风可能更猛烈。2006年的一次风暴就将一个风力计从其固定处刮落，气象学家估计风速达到了230公里/小时。2003年的一次风暴曾把一辆Ski-doo雪地摩托刮到了Vesles山的悬崖底下。

2001年针对萨纳站的颜色爆发了争论。基地的底部是蓝色的，为的是吸收太阳能、有助于保持建筑下方的无雪状态；而屋顶是橘色的，为的是从空中容易辨识。但由于这些颜色连同基地外围的白色，构成了种族隔离时代南非国旗的颜色，政治家们要求改变颜色。颜色是被浸染到玻璃纤维板中的，因此人们用环氧树脂航海涂料把基地的蓝色部分漆成了"警示性红色"。

萨纳站使用履带式汽车车队从冰架边缘的轮船运输补给。2000年一部分冰架崩解，基地损失了六个搁置在冰上的8.5吨容量的空燃料罐。

距基地1公里处是一条1200米长的平整雪地飞机跑道，大多数航班会途经新拉扎列夫站（Novolazarevskaya Station）。

特罗尔站（Troll Station）

挪威的特罗尔站是一座仅在夏季运营的设施，于1990年建在距毛德皇后地海岸250公里的两座山峰间的一片"低"地上。虽处"低"地，但该地海拔仍有1300米之高。2005年2月挪威王后（第一位到访南极的王后）为特罗尔站揭幕时，这还是一座全年运营的基地。特罗尔站的名字来自周围锯齿状的山脉，这些山脉很像传说中的巨魔（trolls）之家。

特罗尔站在冬季最多可容纳7人，在夏季可容纳40人在帐篷营地中居住。当挪威首相延斯·斯托尔滕贝格（Jens Stoltenberg）于2008年初带领40名官员、科学家和记者到访特罗尔站时，首相给南极人留下了深刻印象：他拒绝在基地内的床上休息，而是选择了室外的帐篷。

特罗尔站还被用作毛德皇后地航空网络项目（Dronning Maud Land Air Network Project，简称DROMLAN）的主要枢纽，该项目是一个合作交通协议，由在南极洲东部设有基地的11个国家签署。一条3公里长的蓝冰跑道位于特罗尔站西北7公里处，为往返于南极洲和南非的开普敦的远程飞机提供服务。DROMLAN的另一座主要枢纽位于特罗尔站东北350公里处的俄罗斯新拉扎列夫站，但那里的跑道在夏季中期会因为冰层融化暂停使用。旅客从开普敦经过六小时的飞行到达特罗尔站或新拉扎列夫站，然后再换乘小型飞机前往他们的最终目的地。

舍马赫丘陵（Schirmacher Hills）

这一狭长地带有17公里长、3公里宽，大部分地区全年无冰雪覆盖，使其成为了一片"绿洲"。这里散布着多达180座湖泊和水塘，地形多为小山丘，海拔最高为228米。这些小山丘在1938至1939年间被一支纳粹的秘密南极远征队发现，当时德国向南极派遣这支远征队，目的是要在南极扩张领土。这一丘陵地带以远征队的水上飞机飞行员Richardheinrich Schirmacher命名，这里坐落着两座研究站。

迈特里站（MAITRI STATION）

迈特里站（印地语中意为友谊）是一座狭长U形棕褐色建筑，入口上方有一面巨型印度国旗。基地于1989年建成，建筑修建在可调节伸缩支架上，坐落于距海岸80公里的内陆地带，用来取代印度的第一座南极基地Dakshin Gangotri。第一座基地1982年1月建造之初用作庇护小屋。1984年另一座Gangotri基地在更深的内陆地带——舍马赫丘陵建成，第一支越冬团队也驻扎在那里。

Gangotri基地后来被冰雪逐渐掩埋，现在用作补给基地、转移营地和冰芯储存地。迈特里站在冬季和夏季分别可容纳25人和65人。

2008年一位以色列游客Ram Barkai在附近Dlinnoye（长）湖温度为1℃的湖水中游了1公里远，并声称创造了世界最南端游泳活动的纪录。

新拉扎列夫站（NOVOLAZAREVSKAYA STATION）

俄罗斯的新拉扎列夫站坐落于舍马赫丘陵绿洲的东南端、Stantsionnoye湖（Lake Stantsionnoye）的湖岸上。这座基地以1803至1806年间法比安·冯·别林斯高晋（Fabian von Bellingshausen）远征队的副指挥官米哈伊尔·彼特罗维奇·拉扎列夫（Mikhail Petrovich Lazarev）命名，他还是补给船*Mirnyy*号的船长。这座基地距Lazarev海（Lazarev Sea）海岸80公里，但距印度的迈特里站以东仅有4.5公里。

苏联/俄罗斯在该地区的活动可追溯到1958年Lazarev基地的建立。在基地运营的第一年（1961年），进行了一次传奇的"自手术"（见122页框内文字）。

1979年，现在的基地取代了旧基地，新基地内有一座猪圈，使用厨房的残羹剩饭来喂猪。基地的7座单层建筑建在地面以上1~2米高的钢支柱上，用木板路相互连接。一座木制俄罗斯东正教十字架标记着于1996年冬季逝世的无线电操作员之墓。

约25人在"Novo"站越冬，夏季可容纳60人。尽管Novo站的纬度很高（71°S），但气候有时却非常温和。在夏季，周围岩石的太阳辐射使基地变的十分温暖，足以让人进行裸体日光浴——20世纪60年代中期的科学家们甚至曾在这一不同寻常的南极活动中睡着了！

基地人员的另一种比较寻常的消遣活动是以基地人员热爱的俄罗斯澡堂（或称"banya"）为特色，澡堂可容纳多达六人进行100℃的蒸气浴，并用桦木树枝互相拍打，然后跑到室外，在雪地里打滚。

Novo站以南15公里处坐落着一条2780米长的冰盖跑道，用于雪上飞机和轮式飞机的起飞，跑道海拔为550米。这条跑道是毛德皇后地航空网络项目（DROMLAN）的主要枢纽，与特罗尔站相配合。

伊丽莎白公主南极站（Princess Elisabeth Antarctica Station）

2009年2月15日，比利时的伊丽莎白公主南极站（www.antarcticstation.org）启用，这是第一座零排放极地科研站。该基地完全不排放任何二氧化碳。基地的八角钢结构建造在深入永久冻土的桩柱上，位于Sør Rondane山（Sør Rondane Mountains）以北的Utsteinen Nunatak。

该基地使用太阳能（使用光伏和热太阳能板）和风能（9座风轮机），其能源完全自给自足。基地采用生态环保材料建造，所有的操作活动都致力于减少能耗和废物产出。生物反应器对所有废水进行五次的循环处理，用于淋浴和厕所，然后进行超净处理和排放。建筑本身的设计旨在最大限度提高能源效率。不可思议的是，在利用太阳辐射以及人员和基地常规电子设备产生的热量的基础上，基地无需额外供暖。电子系统本身采用"智

震颤！

静电在许多内陆南极站都是个问题。静电在萨纳站（SANAE IV）尤其严重，因为这里空气非常干燥，风也非常猛烈。在暴风雪期间，基地就像一个巨型电池，积聚着电量。把手放在距离窗户10厘米的地方就会引起一道迷你的"闪电"流，形成的电弧将连接到窗户和手。把日光灯管靠近窗户，会自动发光。基地成员不得不在暴风雪期间外出时，会强烈感受到这种放电作用，每次他们触摸一个接地物体都会持续感到震颤。这种静电干扰还会损坏MP3播放器、记忆棒和数码相机等电子设备。

能电网"（能源目标优选系统）运行，旨在将能源使用引导至最需要的地方。

比利时人设计的这座基地预期寿命为25年，夏季可容纳25至40人，进行冰河学、气候学、地质学、天文学等领域的研究。

昭和站和富士圆顶（Syowa Station & Dome Fuji）

约50座颜色鲜艳的建筑结构构成了日本的昭和站。这座基地建于1956至1957年，除了1962至1965年间关闭了4年外，一直都在使用中。这座基地被称为日本南极研究远征的"母亲站"，坐落在距海岸4公里以外的东翁古尔岛（East Ongul Island）的北半岛。

昭和站的主建筑建于1992年，是座四层结构，屋顶是为穹顶天窗。昭和站冬季可容纳31人，基地的厕所冲洗使用碗碟清洁和淋浴中的水，从而减少水消耗。

和大部分历史悠久的南极站一样，多年来昭和站的规模也扩大了许多，从1957年使用面积为184平方米的三座建筑扩大到2001年总面积为5931平方米的48座建筑（以及其他室外设施）。

南极洲最早发出的实况电视传输信号就是在1979年1月28日至2月3日，从昭和站发送到东京的。

近年昭和站进行的部分研究活动为在苔藓床中进行的微气候研究。1996年日本科学家惊讶地发现在昭和站以南25公里处的一处岩石裂缝中，一株20厘米高的开花植物正在生长，引发了人们的担忧，即这一植物能够在此生存，暗示了背后的全球气候变暖问题。这一担忧在2004年引发了更多关注，当时基地的一名研究生在岩石的狭窄缝隙中发现了一株生长中的稻谷。

大量雪海燕在附近的雪鸟谷（Yukidori Valley）筑巢（受南极条约保护）。

昭和站以南约1000公里处坐落着海拔3810米的富士穹顶。日本于1995年在此启用一座小型夏季基地，开始从冰盖中钻取冰芯，在2007年钻探深度达到3035.22米，并提取了约有720 000年历史的冰样本。

青年站（Molodezhnaya Station）

这座名为青年站的基地曾经在夏季驻扎了多达400名居民。基地约有70座建筑，但现在已被废弃。基地建于1962年，坐落于Thala丘陵（Thala Hills）绿洲上，这是一片地势较低，湖泊水塘遍布的地区，周围环绕着Thala丘陵，距宇航员海（Cosmonauts Sea）仅500米。许多建筑都是使用"Arbolit"——一种特殊防火强化水泥建造的，这是在1960年米尔内天文台火灾发生后采取的一种预防措施。基地的名字来源于帮助建造基地的"molodezh"（年轻人）。

自行阑尾切除术

南极洲最著名的外科手术于1961年发生在新拉扎列夫站。内科医生列昂尼德·I·罗格佐夫（Leonid I Rogozov）成功地在一次耗时1小时45分钟的手术中切除了自己的阑尾。罗格佐夫在前一天首次注意到自己的急性阑尾炎症状，但是附近没有基地拥有飞机，而且恶劣的天气也会使飞机无法顺利飞行。第二天，他发烧加剧。"有必要立即进行手术以挽救病人的生命"，他后来在《苏联南极远征信息公告》中写道。"唯一的解决方法就是在我自己身上进行手术。"这位医生半靠在床上，将重心放在左髋，用奴佛卡因给自己的腹部进行麻醉，切开了一道12厘米长的切口。两名助手中的一名帮他拿着一面镜子——有时他完全靠感觉来手术——他把发生病变的阑尾切除，并把抗生素放入腹腔。"30至40分钟后，中度的虚弱感变得严重，眩晕增强，因此有时需要暂停休息，"他写道。不管怎样，他在午夜结束了这场手术。一周后，伤口痊愈了。

青年站是苏联（和后来的俄罗斯）的主要南极科研基地，1968年起也成为苏联的南极气象中心。1970至1984年，这里曾发射了几艘火箭进入上层大气以进行气象研究。这座基地在1999年因为俄罗斯的经济状况而关闭。

在基地附近有两座小型阿德利企鹅聚居地，基地以东约6公里处是一座孤独的公墓，公墓内棺材用钢制拱顶覆盖，上面再加盖岩石以免受强风侵袭。

莫森站
（Mawson Station）

标语上写着："这是家，这是莫森站"，而对于南极圈以南这座最古老的仍持续运营的基地里的70位居民来说，标语说得没错。

澳大利亚的莫森站建于1954年，坐落于马掌港（Horseshoe Harbour）的东南海岸。基地以道格拉斯·莫森（见165页）命名，到达基地通常要穿过冰山巷（Iceberg Alley），这是一条沿搁浅在水下堤岸的几座巨型平顶冰山蜿蜒的道路。马掌港是数千公里岸线内最佳的天然良港，两块延伸的陆地像双臂一样保护着这个90米深的锚地。基地高纬度的位置使其成为研究宇宙射线的最佳地点，这些研究在坚硬岩石中、距地表20米深的一座地下室中进行。

尽管莫森站可容纳70人，通常夏季只有不到25人住在这里，冬季只有约17人。这里以前是澳大利亚人喜爱的南极爱斯基摩狗最主要的家园，后来根据南极条约的环境保护协定要求，它们必须离开。

到访游客立即会注意到莫森站的天际线上的两个突出特征：冰原上醒目的970米高的冰岛峰顶——距莫森站东南10公里处的亨德森峰（Mt Henderson）峰顶，以及2003年安装的34米高的风轮机组。莫森站非常适合这一宏大的能源项目，因为这里风轮机枢纽所处高度的月均风速达到72公里/小时，疾风风速可达180公里/小时。风轮机设计为可承受260公里/小时的风速。风起时，风声比风轮机的声音还大，可产生600千瓦的电能，最多可满足基地80%的电力需要。

20世纪90年代莫森站进行了一项旨在实现现代化升级的大型施工项目。基地每一座建筑结构都进行了色彩编码，鲜艳的色彩在南极雪原上十分醒目。居住宿舍所在的大型建筑与凯西站的宿舍一样，都属于红色小屋（Red Shed）。

"老"莫森站留下的为数不多的几座建筑中有一座是小型木制的威德尔小屋（Weddell Hut），这是基地建造的第二座建筑。这座建筑也被称作"木匠的小屋"（the Carpenters' Hut），原来是建在赫德岛（Heard Island）上的。

基地的一座小型公墓内安放着分别在1963年、1972年和1974年去世的几个人的墓地。

当地传统包括一项澳大利亚国庆节赛舟会（1月26日），使用自制风力船比赛，这一赛事每年夏季在海冰断裂时举行。基地成员们乘坐充气船，将沉没、倾覆或偏离正确航向的船（大部分船都最终走向这一命运）重新收回。

斯卡林莫诺里斯与莫里莫诺里斯（Scullin & Murray Monoliths）

该地区的海岸线主要是未断裂的冰崖，高度在30至40米。冰崖中两座巨岩十分突兀，巨岩上聚集了南极洲东部最多的繁育期海鸟种群。因为这里的奇特的鸟类，斯卡林莫诺里斯与莫里莫诺里斯被列为南极特别保护区（Antarctic Specially Protected Area）。这里不允许人们登陆，船只必须与海岸保持至少50米的距离。

斯卡林莫诺里斯坐落于莫森站以东160公里处，栖息着南极洲最多的繁育期南极海燕（16万对）。约5万对阿德利企鹅在巨石的矮坡上筑巢。森莫在1931年2月发现了这一新月状巨石，以澳大利亚总理詹姆斯·H·斯卡林（James H Scullin）之名为其命名。几乎同时，一组挪威捕鲸者以捕鲸船长克拉里乌斯·米克尔森（Klarius Mikkelsen）之名为这一巨石命名。后经商讨妥协，420米高的斯卡林莫诺里斯最高点被命名为Mikkelsen峰（Mikkelsen Peak）。

人类的同伴——狗

昭和站建成后，在1958年2月，第一支越冬团队乘坐小型飞机离开，前往补给船"宗谷"号（Soya），这艘船在距昭和站100公里处因为厚重的海冰而无法继续靠近。因为基地新一批成员原本应该很快到达，所以基地的15只库页岛哈士奇狗被锁起来，只留下少量食物喂养它们，但是恶劣的天气使飞机无法搭载新成员返回基地。尽管"宗谷"号等待了数周时间，最终飞机还是无法将人员运送到岸上，此时冬季的脚步正逐渐逼近。

那些小狗被留在基地自生自灭。

当第二支团队在1959年1月返回时，人们发现两只狗——太郎和次郎（Taro and Jiro）还活着。因为该地区岸上并没有越冬的企鹅或海豹，所以人们不知道这两只狗是靠什么活下来的。即使它们以死去的同伴为食这一可能性也解释不通，因为其他7只狗被发现仍然锁着，毫发未损。

因为这一奇迹般的生还事件，太郎和次郎在日本声名远扬。第二年次郎在昭和站死去，太郎在1961年被带回日本，在那里又生活了9年，每周都有数千人来探访它。

这两只狗后来出现在日本发行的邮票上以永久纪念它们，并出现在藏原惟善拍摄的电影《南极物语》（在日本以外名为《Antarctica》）中—日本1983年最卖座的电影。2006年迪士尼也以相同题材拍摄了名为《零下八度》（Eight Below）的电影。

莫里莫诺里斯有时被描述为形似一块大面包，屹立于海面，形成70多度的角度，最高点达到243米。1931年2月，莫森的远征队到访斯卡林莫诺里斯的同一天，他们的小船因为狂暴的海浪而无法在莫里莫诺里斯登陆，因此只是简单地把一面旗帜和公告扔到了岸上，以此宣示英国对该地区的主权。莫森以南澳大利亚州的首席法官和阿德莱德大学的校长乔治·穆雷（George Murray）之名为该地命名。超过2万对阿德利企鹅占据着该地区的矮坡。

兰伯特冰川与埃默里冰架（Lambert Glacier & Amery Ice Shelf）

兰伯特冰川是世界上最大的冰川之一，最宽处达65公里，长达400公里。兰伯特冰川将南极冰盖8%的冰带入普里兹湾（Prydz Bay）。1957年，这座冰川以澳大利亚国家地图绘制主管布鲁斯·兰伯特（Bruce Lambert）命名，而原来它被称作贝克三冰川（Baker Three Glacier），这一名字的来源是1946至1947年间跳高行动（Operation Highjump）中发现这座冰川的摄影侦察机组

人员（见170页）。最终兰伯特冰川可能要被重新命名为一座冰舌，因为近年来人们发现这座冰川大部分长度都是漂浮着的，冰川并不会漂浮。

埃默里冰架是兰伯特冰川向海洋延伸的部分，也是许多美丽的绿玉色冰山之源（见框内文字）。

拉斯曼丘陵（Larsemann Hills）

拉斯曼丘陵是11座岩石密布的半岛，由挪威船长克拉里乌斯·米克尔森在1935年发现。这也是一片没有冰雪的绿洲，从Dålk冰川（Dålk Glacier）开始，延伸了15公里。米克尔森以年轻的小拉尔斯（Lars Jr）——远征队组织者拉尔斯·克里斯滕森（Lars Christensen）的儿子为丘陵命名。拉斯曼丘陵海拔最高达160米，内有约200座淡水湖和咸水湖，还有一些独一无二的植物种群。

基地

中国的中山站（Zhongshan Station）建于1989年，夏季可容纳约60人，冬季可容纳

22人。中山站的一间安静的房间里陈列着孙中山先生的半身像，中山站正是以他命名。中山站最有特色的是6个色彩丰富的大型油罐，其末端绘有颜色鲜艳的京剧脸谱。

附近是罗马尼亚的第一座南极基地——仅在夏季运营的Law-Racoviţă基地（Law-Racoviţă base），这座基地原为一座澳大利亚基地，在1986至1987年间建立，以菲利普·劳（Phillip Law）命名。该基地在2006年2月被移交给罗马尼亚，缀以"Racoviţă"这一名字是为了纪念第一位到访南极洲的罗马尼亚人——探险家Emil Racoviţă，他参加了1897至1898年间的*Belgica*号远征。

俄罗斯的Progress II基地（Progress II base）位于附近，这座基地在1989年启用，夏季可容纳77人，冬季可容纳22人。之前的Progress I基地也在附近，现在已被弃用。

2012年4月，印度启用巴拉蒂站（Bharati station），这座基地可容纳25人，坐落于Broknes半岛（Broknes Peninsula）附近的一座海岬上。

维斯特福尔德丘陵
（Vestfold Hills）

维斯特福尔德丘陵是一片400平方公里的无冰岩石绿洲。这些丘陵绵延25公里，海拔最高为159米，从空中观赏时尤其优美，光秃的岩石上镶着长长的黑色火山屏障。最早踏上南极洲的女性卡罗琳·米克尔森（Caroline Mikkelsen）于1935年2月20日和她的丈夫——挪威捕鲸支援船*Thorshavn*号船长克拉里乌斯·米克尔森一同登陆南极大陆。米克尔森夫妇以他们在挪威的家乡——挪威捕鲸业的中心为维斯特福尔德丘陵命名。

从生物学角度来说，维斯特福尔德丘陵是独一无二的，这里散落着许多不同寻常的湖泊，有些是淡水湖，有些是咸水湖。有些超盐性的咸水湖盐度是海水的13倍，冰点低至−17.5℃。夏季，湖面冰块就像是盖子一样捕捉太阳能，并被咸水湖的湖水吸收，底部水温可达到35℃。湖水中的生物非常地特别和稀有。深湖（Deep Lake）坐落在深谷中，表面

彩色冰山与条纹冰山

每过一段时间，南极洲游客——特别是前往南极洲东部的游客都会得到一次奇特的自然奇观馈赠，欣赏到绿色的冰山美景。科学家已经知道这些美丽的碧玉色或深绿色冰山之所以会呈现颜色，和海水会呈现颜色原因相同：它们含有腐化的海洋动植物的有机物质。含有的有机物质越多，冰山或海水的绿色就越重。

在非常特殊的条件下（主要在南极洲东部）海水深处的有机物质会在洋面漂浮着的冰架的底面上冻结。例如，在埃默里冰架（绿色冰山源头之一），冰架的底部约有450米深。在这一深度和压力条件下，海水缓慢地在冰架的底面凝结，形成"海洋冰"。有时海洋冰可积聚到几十米厚。

从冰架边缘崩解的冰山由两种冰组成，而这两种冰实际上是黏合在一起的：压紧的雪构成的冰川冰，来自大陆并向下移动形成了冰架，以及来自下方的海水所形成的海洋冰。在一些罕见的条件下，一座冰山会因为不均匀的融化而变得不稳定，然后倾覆，将其下方鲜绿色的海洋冰部分暴露在外面。海洋冰也是难以置信地晶莹，因为在其压力条件下，海洋冰形成过程中不存在空气气泡。

虽然绿色冰山十分壮观，但你也可以留心从深靛蓝色到翠绿色以及棕黄色的颜色各异的冰山，它们的颜色根据冰块中凝结的有机物数量不同而变化。

据估计来自南极洲东部的所有冰山中有10%是绿色的，但是它们却很少被人看见。一种更加罕见的现象是条纹冰山。当海水填满冰架底面的缝隙并凝结时才会形成这种冰山。此时的冰山气泡丰富、并呈乳蓝色，其间带有深蓝色或绿色条纹。

海拔在海平面以下51米，湖内只找到了两种生物物种：一种藻类和一种细菌。因为没有穴居生物破坏湖底的沉积物，这里采集的探芯样本拥有5000年的历史，创造了前所未有的纪录。

在海蚀平原（Marine Plain）曾发现有鲸鱼和海豚化石。该地区受到南极条约的保护。

戴维斯站（DABIS STATION）

澳大利亚的戴维斯站以约翰·金·戴维斯船长（John King Davis）命名，他是沙克尔顿和莫森带领的远征队所使用船只的拥有者。戴维斯站拥有一系列色彩丰富的建筑，俯瞰着大海和众多的岛屿。戴维斯站于1957年启用，坐落于维斯特福尔德丘陵边缘，可容纳100人，但是通常夏季只有80人驻扎，20人在此越冬。

在启用后的最初几年，戴维斯站仅有很少的越冬人员驻扎：有时，只有四五个人留下来度过漫长的极地黑夜。1965年戴维斯站暂时关闭，以使澳大利亚政府集中精力建造凯西站。戴维斯站在1969年重启，一直运营至今。

与同属于澳大利亚的两座姐妹站——莫森站和凯西站相比，戴维斯站的气候较为温和，这是由于维斯特福尔德丘陵对基地的影响较为和缓，丘陵将基地与南极冰盖分隔开来。因此戴维斯站得到了一个昵称："南方的里维埃拉（南欧地中海沿岸的一座度假胜地）"。

基地蓝色气象建筑附近的岩石中坐落着一座南极洲独一无二的小型雕塑花园。这座花园由戴维斯站驻扎的艺术家斯蒂芬·伊斯托（Stephen Eastaugh）建造，他在2002年以一个谜样的雕像"南极雕刻的人"为灵感而建造了这座花园，这一作品是1977年在此越冬的水管工汉斯（Hans）用木头雕刻的。这一雕塑被称为"弗雷德头像"（Fred the Head），已有30年历史，仍在创作中，被南极天气的继续雕琢着，其艺术形式与大多数南极站所盛行的工业/科学美感形成对比。作为汉斯所作的神秘头像雕塑的同伴，伊斯托制作的4座小型木制和金属雕塑，也被放置在雕塑花园里。

米尔内天文台 (Mirnyy Observatory)

米尔内天文台是俄罗斯设在南极大陆的第一座基地，就位于南极圈上。基地于1956年启用。第一支越冬团队有92名成员，基地还有一座猪舍用来供应新鲜猪肉。

Mirnyy（意为"和平的"）来自米哈伊尔·彼特罗维奇·拉扎列夫（Mikhail Petrovich Lazarev）在别林斯高晋的远征中指挥的船名。米尔内天文台的游客到访次数寥寥

领土主张

南极洲东部包括一些挪威、澳大利亚和法国各自声称拥有主权的地区（但是不被南极条约承认）。

挪威声称拥有的土地大部分称为毛德皇后地（Queen Maud Land，也按照挪威语被称为 Dronning Maud Land），占据从 20°W 到 45°E 的地区，这些地方多数是由挪威捕鲸者最先进行探索发现的。尽管领土探索只是捕鲸者们的副业，他们的确发现了毛德皇后地的大部分海岸，并以挪威皇室成员为其中一些命名。

澳大利亚的领土主张澳洲南极洲领地（Australian Antarctic Territory，简称 AAT），从东经 45° 延伸至东经 160°，不包括法国声称拥有的阿黛丽地（Terre Adélie）的狭小地带。包括莫森、威尔金斯和菲利普·G·劳（Phillip G Law）在内的澳大利亚人对该地的大部分地区进行了探索，地点多以发现者或其赞助人的名字命名。

法国声称拥有主权的阿黛丽地范围从 136°E 延伸至 142°E，整体位于澳大利亚领土主张内部。这一地区的海岸以其法国名称为特征。

无几。

米尔内天文台的200米长的主要街道曾经有过一个官方名称Ulitsa Lenina（列宁街）。1960年8月3日早晨，一场火灾借助时速高达200公里/小时的狂风造成了8人死亡，并摧毁了基地的气象建筑。原有基地在1970至1971年间被取代，现在已被2米厚的冰雪覆盖。在米尔内天文台前方坐落着35米高的Komsomolskaya山（Komsomolskaya Hill），以共产主义青年团命名，在山下，多数时间遭冰封的海洋前方，是一座25米高的冰崖，名为普拉夫达海岸（Pravda Shore）。

大型Kharkovchanka轨道雪地车被用来穿越内陆前往距海岸1400公里的沃斯托克站，车辆在使用的间隙停放在这里。它们的轨道足有一米宽，车上铺位可容纳8人，500马力的引擎可拉动45吨的重量。

附近的岛屿

一座大型帝企鹅聚居地坐落在哈斯韦尔群岛（Haswell Islands）之间，距海岸不远。1997年，就在这一帝企鹅栖息地，瑞士野生动物摄影师布鲁诺·森德（Bruno Zehnder）在一次雪茫中迷路而冻死于此。

森德与1960年火灾中去世的人们以及过去多年在米尔内天文台去世的其他几十人一起永眠于小岛布罗姆斯基岛（Buromskiy Island）上的一座庄严的公墓中。布罗姆斯基岛原来名为Godley岛（Godley Island），后来以水文工作者Nicolay Buromskiy命名，而他也安葬于此。1957年2月3日，从Lena号船上卸货时，一座冰架倒塌，他和海军工程学生EK Zykov一同丧生。一座高大的木制俄罗斯东正教十字架竖立在岛上的峰顶，上面的铜牌上写着："所有来到这里的人们，请你们低头鞠躬。他们不顾生命，与南极严峻的自然抗争。"棺材和纪念碑标记着俄罗斯人、捷克人、德国人、奥地利人、乌克兰人和瑞士人的墓地，他们是苏联和俄罗斯南极远征队的队员。由于这里没有土壤，棺材和纪念碑都用螺栓拴在了裸岩上。岛上有许多阿德利企鹅筑巢，使访问这座公墓变得十分不易。

邦戈丘陵（Bunger Hills）

1946至1947年间面积达952平方公里的邦戈丘陵被发现，当消息公之于众时，引发了一阵轰动。因为邦戈丘陵是一片无冰岩区，新闻标题用"南极香格里拉"（Antarctic Shangri-la）来吸引人们的眼球。这是南极洲东部海岸上最大的无冰绿洲，以美国海军飞行员大卫·邦戈（David Bunger）命名，1947年他在执行跳高行动（见170页）的一次航拍摄影任务时，将水上飞机降落在此地的一片没有结冰的湖上。邦戈丘陵散落着许多融水塘，整个丘陵地区被145米深、面积为14平方公里的Algae湖（Algae Lake）一分为二，此湖每年有10个月的冰封期。丘陵海拔最高为180米，四周都环绕着120米高的冰墙。

凯西站（Casey Station）

澳大利亚的凯西站坐落在风景优美的风车群岛（Windmill Islands）上，这座群岛包括50多座岛屿，栖息着丰富的海鸟。凯西站是用来取代美国的威尔克斯站（Wilkes Station）的，威尔克斯站位于海湾对面北3公里处，1959年被转交给了澳大利亚。威尔克斯站是在1957年为国际地球物理年而建，以海军上尉查尔斯·威尔克斯（Charles Wilkes）命名。

原来的凯西站建于1969年，是南极设计领域的重大创新。为了避免重蹈威尔克斯站被雪掩埋的覆辙，基地建造在桩柱上，使雪可以从下方吹过。基地还在向风侧建造了一条波纹钢隧道，将所有建筑连接起来，这一隧道是单独建造的，作为一种消防安全措施。吹向隧道的狂风发出如此大的声音，以至于逐渐习惯于这种巨响（昵称"隧道巨鼠"——"tunnel rats"）的凯西站居民有时在难得的无风平静时期难以入眠。凯西站最初被命名为"Repstat"——替代站，但是后来以澳大利亚当时的总督理查德·凯西（Richard Casey）之名为基地重新命名，他是20世纪50年代至60年代澳大利亚初期南极计划的坚定支持者。

原来的凯西站在20世纪80年代末被取

它们来自外太空　拉尔夫·P·哈维博士（DR RALPH P HARVEY）

1969年一个特别的夜晚，世界见证了人类第一次登上月球的奇迹，这永远地改变了我们观察自己星球的视角。当时我是个8岁的观众，满脑子幻想着未来去探索星球、驾驶航天器和对抗凶恶的外星人。

6个月后的一个凉爽夏日，另一件几乎同样重大的事发生了，这次的见证者只有几名日本冰河学家。他们在南极洲东部的法碧拉皇后山脉（Queen Fabiola Mountains）附近找到了9件样本，这是发现的第一座南极陨石集群。当时他们并不知道这一发现在开启太阳系探索之门的历程中，与阿波罗的登月有同等的重要性。当初的发现已经发展为超过45 000件样本（截至2008年初）——我们现在掌握的唯一而且持续的宏观外太空物体之源。当阿波罗的登月计划在三年后结束时，对南极陨石的搜寻仍在继续发展。我后来的确投身到探索其他星球的事业中——我来到了地球上最像外星球的地方之一，搜寻着来自外太空的岩石。

为什么是南极？

南极洲成为世界上寻找陨石的最佳地点，主要有两个原因。第一，如果你想要找到从空中落下的物体，那就铺开一张巨大的白布，看看上面会落下什么。你在南极洲东部冰盖上找到的任何一种岩石基本上都是落在那里的。第二，一种更加细致而动态的机制会将陨石都聚集在南极洲。陨石是随机落在冰盖上的，然后被掩埋并随冰盖向着南极海岸移动。这些埋在冰盖中的陨石大多都随着冰盖崩解的冰山而沉入南大洋中。但是在某些地方，特别是冰盖试图挤过横贯南极山脉的地方，冰移动的非常慢，甚至会停滞。如果这种情形发生，冰就会暴露在高原的狂风中，大量的冰发生升华，或直接从固体变成蒸汽。升华活动剧烈时，冰盖厚度的损耗速度可达到每天几厘米，将大面积的深蓝色古老冰川冰呈现在表面。这些冰面上四处散落着陨石，因为无法蒸发而被留在冰面上。如果我们确实幸运，就能发现某个特别的地方，在那里，这一过程已进行了数十万年甚至更久，使陨石不断堆积，一块足球场大小的面积里会有几百块的陨石。

南极陨石搜寻计划（Antarctic Search for Meteorites，简称ANSMET，http://geology.cwru.edu/~ansmet）是坚持时间最久的南极陨石发现计划，1976年以来，该计划每年一次的远征行动已发现了超过2万件样本。其他国家，特别是日本、意大利和中国，现在正在支持南极陨石的主动搜寻活动，而其他一些国家（比利时、德国）则加入了国际极地年的活动。

为什么是陨石？

为什么要在各地，甚至是南极这种地方搜寻陨石？陨石是一种稀有的科学样本，在南极洲以外，每年只能发现少量陨石。除了一些月球样本，陨石是我们唯一拥有的构成太阳系的外太空物质样品。有些陨石代表了太阳系形成之初的原始建造石块，这些材料自45.6亿年前形成起就根本没有过变化。其他一些陨石则代表了小型小行星的碎片，它们因某些因素而破碎，成为小行星内部深处的样本。还有一些陨石是中型小行星的样本，这些小行星正在经历着活跃的

代，当时腐蚀作用对基地的金属支架形成威胁。现在站点建在1公里以外，于1988年完工。基地夏季可容纳88人，冬季可容纳19人。旧的凯西站在1991至1993年间被拆除并运回澳大利亚，如今仅存的遗迹只有在岩石中钻的洞，

旧基地的支架曾经竖立于此。

一般在凯西码头（Casey wharf）登陆，这一码头与基地通过一条1.5公里长的道路相连。游客通常会参观红色小屋（Red Shed），这里有厨房、餐厅、休闲区和宿舍

外太空地质演变。有非常少量的陨石是月球和火星的碎片，它们因为一些巨大的影响力而脱落，碎片进入撞击地球的轨迹。这种陨石中就包括了当前著名的 ALH84001 陨石，这是一块火星样本，美国国家航空航天局的一些研究人员认为在这一陨石内部可能存在火星远古生物活动的痕迹。

就像所有的南极样本一样，陨石收集只能用于科研目的，陨石受到南极条约保护。

陨石猎人的生活

陨石猎人的生活有优美风景，有一些寒冷，有一点孤独。我们在蓝冰区附近露营，驻守在高海拔极地高原的边缘，有时周围除了冰雪几乎看不到任何其他东西。这些区域中有许多在地图上是没有名字的，我们就给它们取了一些丰富多彩的非正式名称，例如 Footrot Flats（腐蹄平地）和 Mare Meteoriticus（月表阴暗处的陨星）。我们住在双墙的斯科特式帐篷里，在低至 – 40℃的气温和持续数周、速度高达 60 公里／小时的狂风中，依靠全天候的日光照射来保暖。大多数志愿者愿意忍受这些恶劣条件，付出这些代价的就是能够幸运地成为第一个看到天外陨石的人。

在冰盖内陆深处，我们乘坐雪上摩托穿过冰面缓慢行进，搜寻最小的微粒。在靠近横贯南极山脉的地点，冰碛石或是狂风会把一些地球岩石裹挟进来，所以我们就步行甚至是爬行，在我们称之为"meteorongs"（"错误的陨石"）和"leaveorite"（leave 'er right there——"就留在那里"）的样本中分辨出真正的陨石。

珍宝

我们搜寻到的猎物很少像博物馆里陈列的陨石那样迷人或漂亮。发现的样本平均约为 10 克重，比高尔夫球还要小。这其中有未风化的样本，还包裹在它们穿过大气燃烧时形成的黑色光泽熔壳里；还有崩解的锈灰色碎片，几乎无法把它们从道路的石砾中区分出来。当然，对于陨石猎人来说，所有陨石都是美丽的。

但是陨石样本数量太多，人们无法为每一件都取一个富有感情色彩的名字，因此它们都得到了一个诸如 EET96538 的普通名字。通常一个夏季我们可以发现几百到一千件样本，每一件都要进行迅速、整洁而高效地包装，使用无菌钳以避免污染（以及防止手指冻伤）。

这些样本都会以冷冻状态被运到位于得克萨斯州休斯敦的约翰逊航天中心（Johnson Space Cente，简称 JSC），进行初步鉴定和收藏管理。科学家敲下少量碎片，寻找某些有助于确定陨石的种类的矿物或材质，并写份初步描述。JSC 实验室每年发行两份《南极陨石通讯》（Antarctic Meteorite newsletter），详细介绍近期发现的样本，并向全球范围内感兴趣的研究者提供样本。通过这一方式分享这些"珍宝"使南极陨石搜寻项目的远征活动成为科学合作的一种独特范例，充分代表了众多的南极事业中展现出的国际精神。

拉尔夫·P·哈维博士作为南极陨石搜寻项目的主要研究者，在南极度过了 25 个科考季。

区，以及一座医院和医疗套间。早期基地及被其取代的威尔克斯站留下的物品就在这里展示。

凯西站的一项悠久传统是周六晚上的烛光晚餐，此时远征者们将盛装出席精致的晚宴。基地的酒吧Splinters有台球桌和飞镖靶，并供应自酿啤酒。

1994年年末在彼得森浅滩（Petersen Bank）外搁浅的冰山迷宫中发现了一座大型帝企鹅聚居地。尽管基地已运营超过40年，

南极洲东部与南极点　邦戈丘陵

在进行基地补给时，还曾有直升机飞越这里，但是由于彼得森浅滩如此之大，企鹅们此前从未被人发现过。

2007年12月9日一架远程飞机空客A319从荷巴特起飞，在凯西站东南70公里处的4公里长的威尔金斯冰上跑道（Wilkins Ice Runway）降落，澳大利亚就此实现了一项长期以来的目标。这一耗资4630万澳元的空中连接线路与澳大利亚船只"南极光"号（*Aurora Australis*）互补，可将人员与物资迅速运至南极洲。随着冰川移动，跑道每年向西南方向移动约12米。

迪蒙·迪维尔站（Dumont d'Urville Station）

法国迪蒙·迪维尔站被通俗地称为"Dud'U"（"嘟—嘟"），坐落于海燕岛（Petrel Island）一个风景优美的地点，俯瞰Géologie群岛（Géologie Archipelago）。基地以迪蒙·迪维尔（Dumont d'Urville）命名，基地还在地上竖立了一座他的半身像。

长长的蜿蜒木板路连接着登陆码头和基地。迪蒙·迪维尔站建于1956年，用来取代Port Martín站（Port Martín Station）。Port Martín站位于迪蒙·迪维尔站以东60公里，在1952年的一次火灾中被摧毁（无人受伤），当时Port Martín站仅启用了两年。

基地原来的住宿建筑现在作为一座小型博物馆受到保护。建筑经过修复，内有真正的无线电设备和1953年首批在此越冬的8个人的画像，当时这里还只是一座名为Marret基地（Base Marret）的小型野外基地。

迪蒙·迪维尔站可容纳36名越冬者，夏季可容纳120人，基地还栖息着许多阿德利企鹅，它们在基地各处、建筑下方和周围筑巢。附近有一座帝企鹅聚居地，吕克·雅克（Luc Jacquet）在2005年拍摄的一部大热电影《帝企鹅日记》（*La marche de l'empereur*）就是以这里的帝企鹅为拍摄对象。一支两人电影摄制组在基地生活了一年时间。

南极洲的最高风速——327公里/小时，就是1972年7月在这里记录的，但是这并不是世界纪录。美国新罕布什尔州的华盛顿峰（Mt Washington）在1934年记录了372公里/小时的风速。

基地前方是飞机跑道，放置着废弃设备和车辆，建有一座控制塔和一间飞机库。1983年这里因为计划建造一条1100米长的碎石跑道而吸引了全世界的目光。人们在狮岛（Lion Island）和附近两座小岛进行爆破，以削平岛屿，并提供岛屿间的填海材料。绿色和平组织拍摄到被岩石碎片杀死的企鹅照片。1993年初，跑道完工，总耗资1.1亿法郎，但在1994年1月，附近的星盘号冰川（Astrolabe Glacier）崩解，引发巨大海浪，摧毁了一座建筑。1996年政府决定弃用这条跑道。

联邦湾与丹尼森角（Commonwealth Bay & Cape Denison）

1912至1914年间，道格拉斯·莫森带领的澳大利亚南极远征队（见165页）在联邦湾（莫森以澳大利亚联邦——the Common wealth of Australia为其命名）扎营。附近的丹尼森角以远征队的主要支持者之一休·丹尼森（Hugh Denison）命名。

莫森是参加沙克尔顿的*Nimrod*号远征的一位老手，他想要探索阿代尔角以西的新领域。莫森在丹尼森角建立基地，但却没有意识到狂暴的重力风使该地成为地球上风力最大的地点之一。*Nimrod*号远征的另一位老手弗兰克·怀尔德带领的8人在丹尼森角以西2400公里的沙克尔顿冰架（Shackleton Ice Shelf）登陆。

联邦湾狂风速度偶尔会达到320公里/小时以上，1912至1913年间，*Aurora*号远征队顶着狂风对乔治王五世地（King George V Land）以及附近的阿黛丽地（Terre Adélie）进行了系统的探索。他们在一次雪橇旅行中第一次发现了南极陨石。远征队在麦夸里岛建立了一座有5名人员的站点，1912年9月25日，他们使用这座站点的无线中继器首次实现了在南极洲和其他大陆之间的无线电通讯。

尽管远征队取得了这些卓越成就并进行

了广泛的研究，但这次远征更多地被人们所铭记还是因为莫森在一次狗拉雪橇死亡之旅中的严酷经历。英国水手贝尔格雷夫·尼宁斯（Belgrave Ninnis）和瑞士登山家与滑雪冠军泽维尔·梅尔兹（Xavier Mertz）与莫森一同在1912年11月10日离开丹尼森角，向东进行探险。12月14日，在穿越了两座裂缝遍布的冰川（后来分别以梅尔兹和尼宁斯命名）后，他们已从基地出发行进了500公里。当天下午，尼宁斯坠入一条一望无底的裂缝中，与狗队、团队的大部分食物、全部狗粮和帐篷一同消失。"简直是难以置信，"莫森后来写道，"尽管如此，我们还希望转过身能看见他站在那里。"

他们立即开始了艰难的返程。莫森和梅尔兹克服饥饿、寒冷、疲劳，还有可能因被迫食用狗的肝脏而引起的维生素A中毒等困难，挣扎着前进。1月7日梅尔兹去世，当时他们距离基地还有160公里。莫森用随身小刀把剩下的雪橇锯成两半以减轻负载。至此他的身体已经接近崩溃：脱皮、脚趾甲脱落，甚至他厚厚的脚底也已经蜕落。他最终抵达丹尼森角，但此时*Aurora*号已开走几小时了。

6个人留下来等待失踪的团队。尽管他们用无线电与船只联络，险恶的大海还是阻止*Aurora*号靠近丹尼森角。他们被迫在此越过第二个冬天，直到1914年2月末才回到澳大利亚的家。

1995年1月至1996年1月，澳大利亚的唐·麦金太尔和玛吉·麦金太尔（Don and Margie McIntyre）在丹尼森角越冬，成为莫森之后首先完成这一壮举的人。他们住在自己建造的3.6米长、2.4米宽的小屋内，小屋目前已被拆除。

因为狂暴的重力风，莫森把这里称为"暴风雪之乡"，现在这种狂风仍然常常使人无法登陆，也使得莫森小屋的保护工作比罗斯岛上历史建筑的保护工作要困难得多。2007年这里建造了一间小型实验室以帮助保护这一历史景点的物品。在主小屋（Main Hut）和船港（Boat Harbor）之间的地区，各种用具（建筑材料、家用设备和科学设备、食物、包装物、衣物和其他历史物品）散落在地上，游客禁止进入该区域。每次仅允许不超过20人登陆。

◎ 景点

主小屋（Main Hut）　　　　　　　历史小屋

莫森原计划建造两座独立的小屋，一座容纳12人，另一座容纳6人。但是后来决定将这两座小屋连在一起，合并成一片住宿区和一间工作室。较大的建筑约为53平方米，三面环走廊，走廊上放置储备、食物和生物学设备。莫森的房间、一间暗室、厨台和炉子环绕着一张中央餐桌。睡铺沿四周放置。较大的建筑北侧的门通往面积为30平方米的工作室。

屋内照明设备包括乙炔灯和天窗。冬季堆雪使小屋保持在4℃到10℃的低温状态。

整个综合建筑的入口是位于西走廊的一条"冰冷的门廊"，大门向北，为的是避免狂暴的南风侵袭。西侧走廊还包括一座肉窖、冬季专用的屋顶出入口和一间公共厕所。狗被圈养在东侧走廊上。

磁强记录仪屋与绝对磁小屋（Magnetograph House & Magnetic Absolute Hut）　历史小屋

丹尼森角的位置临近南磁极（South Magnetic Pole），使其成为观察地球磁场的理想地点。磁强记录仪屋和绝对磁小屋坐落于主小屋的东北侧，地球磁场观测工作在这里进行。磁强记录仪屋向风面建造了一座用来保护建筑的石墙，使这里成为丹尼森角保护得最好的一座建筑。

中转小屋（Transit Hut）　　　　　历史小屋

这座小屋位于主小屋东侧，在对丹尼森角进行精确定位的测星活动时，这里用作庇护小屋。

纪念十字架（Memorial Cross）　　　地标

为了纪念泽维尔·梅尔兹和贝尔格雷夫·尼宁斯，这座纪念十字架于1913年11月竖立，位于主小屋西北侧Azimuth山（Azimuth Hill）山顶。

列宁格勒站（Leningrads-kaya Station）

列宁格勒站坐落于304米高的Leningradsky冰原岛峰上，在一座220米高的海崖的后方，于1971年启用。但是，因为厚重的海冰，对这座基地进行补给常常十分困难。甚至是破冰船有时也会被困数月，因此基地在1991年关闭。直到2002年2月才有第一批游客乘直升机到达此地。生锈的机器、老旧的发动机、空荡荡的燃料桶和其他物品散落在基地周围这片岩石遍布的地区，为其增添了一种废物堆积场的氛围。

爆炸物警告

莫森的远征队留下的爆炸物就位于主小屋西南约50米处（或内陆）。要保持距离。

康科迪亚站与查理冰穹（冰穹C）[Concordia Station & Dome Charlie (Dome C)]

康科迪亚（意为和谐）站的名称恰如其分地表现了其身份——这座科考站为法国与意大利合作建立。1993年两国达成协议，要耗资3100万欧元、建造一座新的永久南极科研基地。1998至1999年基地开工建设，并于2005年启用，12位男性和一位女性在此越冬。

康科迪亚站位于冰穹C——正式名称为查理冰穹，这座巨型冰穹地处在威尔克斯地（Wilkes Land）广袤的雪地高原上。和许多内陆基地一样，这里出现过让人惊讶的低温记录，经常是低至-80℃以下。康科迪亚站的补给是通过定期航班和每年三次的卡车补给，卡车从迪蒙·迪维尔站出发、往返需要20天，穿越2400公里。

康科迪亚站包括两座白色圆筒形双子建筑，每一座都是36面外墙的三层建筑。这两座电镀钢铁框架建筑由10米长的封闭走道相连，内有1500平方米的生活空间。第三座建筑中设有一座废水处理厂、发电厂和其他车间。康科迪亚站的每一座圆筒形建筑都可定期用6个液压起重器抬高，以防止冰雪堆积。基地活动以建筑区分："吵闹"的建筑内设厨房、餐厅和车间；"安静"的建筑内有实验室、卧室、图书馆、医院和健身房。康科迪亚站有一座大规模的"夏季帐篷营地"，可用作额外的住宿设施。

康科迪亚站内驻扎着一支国际团队，有16名成员：9位科学家，5位技术人员，一位厨师和一名医生，每年长达一个月的换班过渡期间人员数量将翻番。许多人认为这里是南极洲菜肴最好的基地，周日这里还供应上好葡萄酒和有七道菜的午餐。

至今人类提取的最深冰芯来自冰穹C 3190米深的地下，冰芯至少有74万年历史，甚至可能达到94万年（了解关于冰芯的更多信息，参见215页）。

康科迪亚湖（Lake Concordia）有50公里长、30公里宽，坐落于冰穹C以北100公里处，4150米厚的冰层以下。康科迪亚湖是南极第二大冰下湖，仅次于沃斯托克湖。

沃斯托克站（Vostok Station）

令人惊叹的俄罗斯沃斯托克站坐落于地磁南极（South Geomagnetic Pole）（地磁学家定义的四个极点之一；见146页）附近，是名副其实的边疆前哨。沃斯托克站以别林斯高晋的两艘船之一*Vostok*（东方）号命建于名，1957年，位于3.7公里厚的冰层上。基地所在地见证了地球上最低的温度纪录：-89.2℃，1983年7月21日测得。沃斯托克站记录的最高温度为2002年记录的-12.3℃。最早的越冬团体把基地称为"寒冷之极"（the Pole of Cold），这一昵称一直沿用至今。

沃斯托克站在夏季驻扎着30人，冬季可容纳18人。没有游客（除了1989至1990年间一支国际远征队的成员）到访过沃斯托克站。

沃斯托克站最醒目的地标为一座10米高的钻探塔，用略带红色的金属片包裹。来自多个国家的冰芯研究者整个夏季期间都在此工作，1998年他们提取到了当时历史上最深的冰芯，达到了3623米的深度。这些冰芯含有关过去42万年地球气候的信息，对于了解气候趋势有着不可估量的价值。

作为钻探计划的一项成果，沃斯托克站还保存着世界上最重要的宝库：Vostok冰芯库（Vostok Ice Core Vaults）。其中两座冰芯库位于雪地表面，3座位于雪地之下；它们都保持着零下55℃的恒温。库里共有数百个3米长、直径10厘米的冰芯，都是20世纪90年代以来从冰盖中小心翼翼地提取出来的。这些冰芯的外表随年代不同而变化，保存在厚重的纸板筒内，沿冰芯库的墙壁摆放。在"年轻"的冰芯中（不到5万年），空气气泡使冰体呈现白色。历史最久（位置也最深）的冰芯则呈现稀少的透明外表，如同纯净的水晶般晶莹。

沃斯托克站的大部分原始建筑几乎都完全被积雪覆盖；有些掩埋在10米深的积雪之下。即使如此，有些仍然可以进入，包括一座收藏有1000部16毫米电影的储藏室。

沃斯托克站于1962至1963年一度因财政原因关闭，之后基本持续运营。1957至1995年期间，沃斯托克站通过一支牵引拖车队进行补给，这支远征车队从位于海岸上的米尔内天文台出发，历时一个月行进1400公里到达沃斯托克站。现在美国使用大力神飞机为该基地提供补给，以此交换部分冰芯。

冰下湖 马丁·J·西格特(MARTIN J SIEGERT)

冰下湖位于大型冰盖底部，仍呈液态（与南极洲的冰冻湖形成对照）。这种湖的形成原因是地球内部的地热加热作用，上方冰盖的保温作用，以及上方冰块对湖水形成的巨大压力（估计在300至400个标准大气压力之间，使冰块融点降至−3℃左右）。融水在凹陷处积累，形成湖泊。

20世纪60年代末和70年代，英国冰川学家使用探冰雷达发现了冰下湖。现已确认的有超过150座冰下湖，大部分长度都在3至5公里。在冰穹C，发现的冰下湖数量如此之多，以至于该地点被称为南极洲的"湖区"。

水如何在冰下流动这一问题引起了科学家的强烈兴趣，他们研究上方冰层的流动，以及气候变化时冰下湖会发生哪些变化。结果，当2006年卫星对冰层表面的观测发现，"湖区"内一座湖泊的海拔高度发生了突然的下降，而约250公里以外的另外至少两座湖泊海拔高度几乎在同一时间出现上升，这使科学家们受到启发。计算表明这是由于湖水发生的一次"爆发"，湖水以和伦敦泰晤士河相当的速度流动了14个月左右。因此，我们现在相信，许多冰下湖都是相连的，它们之间定期会进行排水。

探索冰下湖

为了找出湖中的生物，必须使用无菌设备以避免湖水不受污染——以及确保实验没有发生偏倚。但说得容易做得难，因为现在用于穿透冰盖向下钻探的技术需使用各种会形成污染的物质，例如用来保持钻孔不因冰冻而封闭的煤油。

美国国家航空航天局也有兴趣解决这一问题，因为他们计划对木星的卫星之一——木卫二进行探索，而这一计划中也存在类似的技术障碍。木卫二数公里厚的冰壳覆盖着一片液态海洋，某些科学家怀疑其中可能蕴藏生物。

2011至2012年间，沃斯托克湖成为人们最早钻探的冰下湖。

来自英美两国的一支团队（www.ellsworth.org.uk）将于2012至2013年间在南极洲西部的埃尔斯沃思湖（Lake Ellsworth）使用新的钻探／探测技术。对这座冰下湖的钻探将涉及热水钻探以及插入一个带有采样工具的机器探针。机器探针将通过动力线与地面相连；各个方面的设计都旨在保持湖水和样本不受污染。参见 http://salegos-scar.montana.edu。

马丁·J·西格特是爱丁堡大学的地球科学教授

沃斯托克站的越冬者："Vostochniki"

在沃斯托克站越冬的人们被称作"沃斯托克人（Vostochniki）"，受到南极洲各地人们的尊敬，因为他们不仅能够忍受沃斯托克站的极端寒冷，还能在这座清苦的基地经受物质享受的匮乏。在南极词典里，沃斯托克就是缺衣少食的代名词。根据英国广播公司的说法，在这里，"生存比科学更重要"。

刚来沃斯托克站的人会呼吸困难，因为尽管基地海拔 3488 米，这里的大气低压还是让人觉得仿佛是在海拔 5000 米高的地方。沃斯托克站的空气中氧气含量只有海平面的60%。因为位于高海拔，沃斯托克站的气温比南极点还要低。

在沃斯托克站，连煮东西都十分困难。因为海拔高，水在 86℃ 就会煮沸，而不是100℃。因此要花 3 小时来煮熟土豆，14 小时来煮熟豆类。而饼干在这里极度干燥的空气中永远也不会变味。

英勇壮举

沃斯托克人坚忍克己，近乎英雄事迹。在 1992 年的补给物运输期间，有个人仅靠局部麻醉就经受了一次紧急的阑尾切除术。

1982 年 4 月，灾难来袭。一场火灾摧毁了基地的发电站，一人遇难，幸存者也厄运连连。没有了电，20 名幸存者只能在极夜的黑暗中苦撑。两周的时间里，他们拼命工作，试图恢复任何的电力或照明，他们最终从雪中挖出了一台旧的柴油发电机并发动起来，从而恢复了电力。从 4 月到 11 月，这些人一起挤在一间小屋内，在那 8 个月的漫长冬季里，他们唯一的热源来自蜡烛一样的取暖用品，这是他们把石棉纤维拧成蜡烛芯并浸入柴油中制成的。

沃斯托克人拒绝向外部求援，因为他们明白营救尝试会给他人带来危险。最为令人起敬的是，他们仍坚持工作。他们不仅仅满足于生存，还继续进行夜空测量，气象数据记录，冰芯钻探等常规基地工作。

沃斯托克湖（LAKE VOSTOK）

巧合的是，基地所在地的下方就是巨大的沃斯托克冰下湖南端，这座湖泊也因此得名。直到20世纪60年代末和70年代初，穿透冰层的回声探测才揭示了基地下方这片湖泊的存在。沃斯托克湖和安大略湖大小相当，规模远超世界上的其他冰下湖，事实上，它是世界上最大的10个湖泊之一。它有50公里宽，月牙形的湖面从沃斯托克站向北延伸出240公里。

沃斯托克湖还很深，这一发现在20世纪90年代初引起了科学界和媒体的强烈兴趣。湖深还未被精确计算过，但是数据表明湖的南端深度约为510米。湖中的水量约有几千立方公里。

2012年1月，已对此湖钻探了20多年的一支俄罗斯团队终于触及湖面，冰芯钻探深度达到3769.3米。他们让湖水在钻孔中冻结并

将在2012至2013年的夏季期间返回以钻取更多的样本。这是人类首次在冰下湖上打开缺口。

沃斯托克湖可能有2000万年的历史，有些科学家认为这座湖的凹槽在冰盖覆盖南极洲之前就已形成。这或许限制了热液活动的可能性，有利于湖中任何一种可能的有机物的生存。湖水是从冰盖下方融化的，可能有约一百万年的历史，这有效标明了湖泊接触大气的最后时间。

没有人认为沃斯托克湖中存在鱼类或其他大型生物，但是生物学家的确相信会找到一些独一无二的微生物。一种生物要在沃斯托克湖中生存，必须要承受永久的黑暗，350个标准大气压的压力，以及零度以下的低温。这意味着这种生物形式必须使用化学物质来为生物过程提供动力。这些有机体在与外界完全隔绝的情况下可能已经发展了一百万年

的时间，因此有科学家强烈表示沃斯托克湖绝对不能受到污染。这意味着沃斯托克湖的取样方法将面临技术挑战（见133页框内文字）。

另一种假设是，冰盖历史的完整记录可从湖底上覆盖的沉积层中获得（可能有几十米厚，甚至可能厚达几百米）。

阿尔戈斯冰穹（冰穹A）[Dome Argus (Dome A)]

冰穹A海拔4093米，是南极高原制高点。冰穹A的正式名称为"阿尔戈斯冰穹"，这是以希腊神话中的造船师命名的。

冰穹A各方向距海岸都超过1000公里。它位于南极洲东部相对广阔而平坦的高原上，这里有世界上最强烈的逆温条件。辐射冷却造成的冰表层的热损失需用上覆的近地表大气中的热量来替换。因此，冰穹A的表面空气变得极端寒冷。冰穹A异常平静的空气条件对这一寒冷也起了重要作用，因为强烈的逆温现象会在弱风环境下形成。冰穹A海拔比沃斯托克站（3448米）高出很多，气象学家认为在不久的将来它就会打破沃斯托克站创下的全球上记录过的最低气温。

高原观测站与昆仑站（PLATO & KUNLUN STATION）

2005年1月一支中国团队第一次到访冰穹A，并在那里安装了一座自动气象站。2008年初，一支由6台拖车组成的车队从中国的中山站出发，历经三周、跋涉1300公里来到冰穹A，建立起高原观测站（Plateau Observatory，简称PLATO）。这一自动设施的设计旨在利用这个被科学家认为是地球上天文学观测的最佳地点。冰穹A的高海拔、极低湿度和接近无风的状态意味着PLATO的望远镜阵列（来自澳大利亚、中国、美国和英国）的运作条件堪比机载或轨道望远镜的运作条件。PLATO夏季由太阳能板提供动力，冬季由6座小型柴油发动机提供动力。它通过铱星卫星传送数据。2012年中国安装了南极洲最大的全自动无人值守光学望远镜AST3-1（见216页

了解更多细节）。

2009年中国启用第三座南极居住点——昆仑站，就位于冰穹A。天文研究是该基地的主要关注点，但是冰穹A下方的冰层有3130米厚，底部可能有120万年历史，所以中国计划在此钻取冰芯。由于冰穹A的极度低温、到达和维护基地的难度，目前昆仑站只在夏季运营，可容纳25人。未来十年，基地可能会增加设施，以使基地在冬季也继续运营。

南极点（SOUTH POLE）

在这里，美国科学研究基地的居民被称为"Polies"，他们喜欢夸耀说南纬90°是"有态度的纬度"。确实，这是一个接近传说的地点，一个极端的地点（高海拔、极度寒冷和极低的湿度），在这里，令人眩目的太阳一直悬挂在地平线上，长达数月，然后太阳沉入地平线以下，又是一连数月的暗无天日，只有黑暗伴随着人们。

"Polies"把南极点简称为"极点"（Pole），就在几十年前，南极点仅允许参与美国政府计划的科学家和后勤人员进入。除此之外，仅有其他国家政府资助的少数从海岸穿越高原的远征队，及滑雪或乘狗拉雪橇穿越南极大陆、资金雄厚的私人远征队曾进入这里。而现在"普通"游客也能踏上这一旅程，只不过费用很高，而且大多数游客停留都不超过几小时。

历史
斯科特的发现号远征

1901至1904年罗伯特·斯科特船长的"发现"号远征（见159页）是第一支确定以到达南极点为目标的远征队，他们本来有可能实现这一目标。带领大型支持团队在罗斯岛建立基地后，斯科特和另外两名英国人爱德华·威尔森和欧内斯特·沙克尔顿一同出发，希望此次出行能成为到达南极点的最后冲刺。

虽然一开始他们很乐观，先遣团队也为他们准备了大量的食物储备，但三人组还是很快就受困于南极典型的残酷现实条件中。他们从未尝试过滑雪或驾驶狗拉雪橇，经验

最远的南方

以下描述了人们对南极不懈的探索过程，促成了 1911 年 12 月罗尔德·阿蒙森到达南极点，以及在此之后达成的里程碑式的成就。

1603 加布里埃尔·德·卡斯蒂利亚（西班牙），乘坐 *Nuestra Señora de la Merced* 号，可能到达了 64°S 德雷克海峡以南的南大洋。后来，曾有几艘船报告遇恶劣天气在合恩角附近被刮到 60°S 以南。

1773 詹姆士·库克（英国），乘坐英舰决心号和探险号穿越恩德比地（Enderby Land）附近的南极圈（66°33′S），后来向南最远到达玛丽·伯德地附近的南纬 71°10′S，时间是在 1774 年 12 月 30 日。

1842 詹姆斯·克拉克·罗斯（英国）乘坐英舰 *Erebus* 号和 *Terror* 号，在 2 月 23 日到达罗斯海的 78°10′S 处。

1900 休·埃文斯（英国）和来自南十字号的其他三人乘雪橇在 2 月 23 日到达罗斯冰架的 78°50′S 处。这是首次陆路的南极大陆穿越。

1902 罗伯特·斯科特（英国）和其他两人乘雪橇在 12 月 30 日到达南纬 82°17′S，接近比尔德莫尔冰川脚下。

1909 欧内斯特·沙克尔顿（英国）和其他 3 人乘雪橇沿比尔德莫尔冰川向上，在 1 月 9 日到达 88°23′S。

1911 罗尔德·阿蒙森（挪威）和其他 4 人乘狗拉雪橇在 12 月 14 日到达 90°S。

1912 罗伯特·斯科特和其他 4 人拉着雪橇在 1 月 17 日到达 90°S。

1929 理查德·伯德（美国）和机组成员声称在 11 月 29 日飞越了南极点，但是他们的导航受到了质疑。1947 年 2 月 15 日，伯德确定飞越了南极点。

1956 1 月 13 日约翰·托伯特（John Torbert）（美国）和其他 6 人乘飞机经过南极点并穿越南极洲（从罗斯岛到威德尔海往返回，途中没有着陆）。10 月 31 日，康拉德·希恩（Conrad Shinn）（美国）带领一架飞机的机组人员在南极点着陆并建立基地。

1958 因攀登珠穆朗玛峰而闻名的新西兰人埃蒙德·希拉里（Edmund Hillary）带领的三辆经过改装、装备了橡胶履带的 Ferguson 农场拖拉机，在 1958 年 1 月 4 日成为最先从陆路到达南极点的机动车辆。希拉里的团队为英国探险家维维安·福克斯（Vivian Fuchs）带领的最先成功穿越南极大陆的联邦横跨南极远征队放置了补给物资。福克斯和他的团队乘机动车和狗拉雪橇于 1 月 20 日到达南极点，并继续穿越南极洲（从威德尔海到罗斯海）。

私人远征

许多私人远征队也实现了许多"第一次"——有些堪称壮举！并且有许多远征队都穿越了南极点。南极内陆的穿越现在已经不足为奇，因为到达南极的私人航空运输已经成为常规线路。

探险旅游是充满争议的话题。美国政府对私人远征的官方态度是，拒绝为他们提供任何支持，不过远征队不会再遭遇从前的冷遇——曾经基地成员甚至被命令不要和这些到访"客人"说话。阿蒙森到达南极点的百年纪念见证了许多途经此地的私人远征队。

缺失导致了糟糕的结果。他们完全是靠着意志力在12月30日到达了82°16′30″S，然后折返（距离南极点仍有725公里）。事实上，只有斯科特和威尔森到达了那里，沙克尔顿被命

令留在营地照看狗群。斯科特可能并非是故意忽视沙克尔顿，但是沙克尔顿确实受到了伤害。

这次返程十分艰难。剩下的狗群几乎没

Explorers' Routes to the South Pole
南极探险者之路

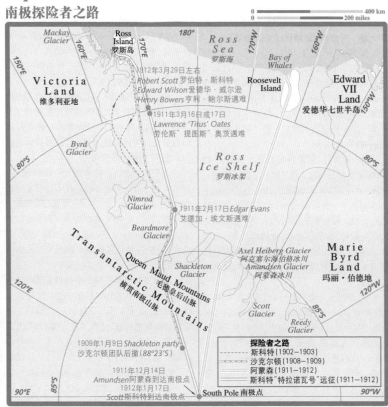

0 ——— 400 km
0 ——— 200 miles

Mackay Glacier

Ross Island 罗斯岛

180°

170°E 170°W

160°E

R o s s S e a 罗斯海

Bay of Whales

160°W

150°W

Roosevelt Island

Edward VII Land 爱德华七世半岛

150°E

V i c t o r i a L a n d 维多利亚地

1912年3月29日左右
Robert Scott 罗伯特·斯科特
Edward Wilson 爱德华·威尔逊
Henry Bowers 亨利·鲍尔斯遇难

1911年3月16日或17日
Lawrence 'Titus' Oates
"劳伦斯"提图斯"奥茨遇难"

Byrd Glacier

R o s s I c e S h e l f 罗斯冰架

80°S   80°S

Nimrod Glacier

1911年2月17日 *Edgar Evans*
艾德加·埃文斯遇难

Beardmore Glacier

M a r i e B y r d L a n d 玛丽·伯德地

T r a n s a n t a r c t i c   M o u n t a i n s
Queen Maud Mountains 毛德皇后山脉
横贯南极山脉

Shackleton Glacier

Axel Heiberg Glacier 阿克塞尔海伯格冰川
Amundsen Glacier 阿蒙森冰川

120°E

Scott Glacier

120°W

85°S

Reedy Glacier

85°S

1909年1月9日 *Shackleton party*
沙克尔顿团队后撤 (88°23′S)

探险者之路
- - - - - 斯科特 (1902–1903)
━━━━━ 沙克尔顿 (1908–1909)
━━━━━ 阿蒙森 (1911–1912)
━━━━━ 斯科特"特拉诺瓦号"远征 (1911–1912)

1911年12月14日 *Amundsen* 阿蒙森到达南极点
1912年1月17日 *Scott* 斯科特到达南极点

90°E   **South Pole 南极点**   90°W

南极洲东部与南极点 阿尔戈斯冰穹（冰穹 A）

什么用处，很快就落在了雪橇后面，三个人只好自己拉雪橇。至少曾有一次，有一只狗是放在雪橇上被拉动着。虚弱无力的狗被射杀，喂给其他狗吃。三人也精疲力尽。沙克尔顿患上了严重的坏血病（有记载称他不得不在雪橇上被人拉着走，这种说法是不实的）。

沙克尔顿的猎人号远征

沙克尔顿在1908年再次进行尝试。他的"尼姆罗德"号远征队曾经死里逃生，而"与死神擦肩而过"也日益成为南极点探险过程中的新兴模式。沙克尔顿和艾瑞克·马歇尔（Eric Marshall）、詹姆森·亚当斯（Jameson Adams）和富兰克·怀尔德（Frank Wild）经过比尔德莫尔冰川（Beardmore Glacier）（以远征队的赞助人命名），第一个登上南极高原

（他宣称该地区为爱德华七世所有，并以其命名）。

在1909年1月9日，四人组经过长途跋涉来到距南极点不到180公里处，但因为严重食品短缺而被迫返回。这是沙克尔顿一生中做过的最艰难的决定。他后来对自己的妻子艾米莉说道："我认为好死不如赖活。"四人返回位于罗斯岛的基地，身体状况非常差，所有补给物资都消耗殆尽。

他们还是达成了一系列的壮举，改写了斯科特向南到达的最远纪录——589公里，发现了近800公里长的山脉，并向任何试图在他们之后前往南极点的人们展示了前行的道路。他们还在比尔德莫尔冰川顶的Buckley峰（Mt Buckley）发现了煤矿和化石。

人们普遍认为，在总结之前的尝试经验

后，下一次的南极点远征将很有可能到达南极点。

罗尔德·阿蒙森 (ROALD AMUNDSEN)

罗尔德·阿蒙森（见163页）是一名极地技师。他的方法虽慢，但有条不紊，并被证明是有效的。他带着富余的食物、额外的燃料和所有必要设备的备件。团队使用滑雪板，并用狗来拉重物从而节省人力。他甚至很实际地计算了多少精疲力竭的狗可被杀死用作其他狗的食物。

1911年10月，阿蒙森和奥拉夫·比阿兰德（Olav Bjaaland）、赫尔默·汉森（Helmer Hanssen）、斯维尔·哈塞尔（Sverre Hassel）以及奥斯卡·维斯廷（Oscar Wisting）带着四台雪橇，乘滑雪板出发，每台雪橇由13只格陵兰狗拉动。作为挪威人，他们都是训练有素的滑雪者，在北极度过的岁月里，阿蒙森已经培养了娴熟的雪橇狗控制技巧。这对他们十分有用。

5人攀登（并命名了）阿克塞尔海伯格冰川（Axel Heiberg Glacier）到达极地高原，并在1911年12月14日到达极点。他们在一间深绿色帐篷里露营了3天，露营地被他们称Polheim。他们进行天气观测，并精确计算所在位置。阿蒙森宣称极地高原为挪威所有，并将其命名为哈肯七世地（King Haakon VII Land），还写了封信给斯科特，留在帐篷里，然后，他们凯旋而归了。

与一个月后斯科特的令人绝望、与饥饿抗争的远征相比，挪威人离开90°S后返回海岸基地的返程似乎更像是一次令人振奋的滑雪远行。"1月25日，上午4点"阿蒙森在他的日记中简要地记录，"我们又回到了舒适的小屋，带着两台雪橇和11只狗；人和动物都健康而精神充沛。"

阿蒙森的极点营地仍然埋在年复一年的积雪中，现在应该在雪下12米了。1993年一组挪威人来到极点，希望能发现帐篷、挪威国旗和雪橇用以在1994年的利勒哈默尔冬奥会中展出。但其中一名成员跌落40米深的冰裂缝中去世，他们因此放弃计划。阿蒙森留在鲸湾（Bay of Whales）罗斯冰架上营地的小屋很早以前就随着崩解的冰架碎片漂到海里了。

斯科特的特拉诺瓦号远征

斯科特重新计划、精心准备，并获得雄厚的财政支持。1910年他乘坐*Terra Nova*号向着南方启航时，自然相当自信（见164页）。不幸的是，和沙克尔顿一样，斯科特从之前失败的狗拉雪橇尝试中得出结论，他应该研究另一种拉雪橇的方法。

放置储备物品时，他尝试了摩托雪橇、用马或狗拉等多种方法，但最终还是选择了人力拖运。这意味着人步行或滑雪时还要拉动满载补给物资的沉重雪橇，这是最费体力的运动之一，因此极不合理。

为了前往南极点的这最后一段冲刺，斯科特从他之前的南极征程同伴中选择了爱德华·威尔森，并带上了劳伦斯·奥茨和爱德加·埃文斯。出发前夜又决定加上亨利·鲍尔斯（Henry Bowers）——这是个战略失误，因为食物、帐篷和滑雪板原本都是为四人小组准备的。

接着发生的事可能是南极最有名的故事之一。5人终于在1912年1月17日到达南极点，精疲力竭，这才发现阿蒙森35天前就到了。阿蒙森的深绿色帐篷，上面插着的挪威国旗，强调着这一令斯科特感到痛苦的事实。斯科特的团队给自己拍的一张令人沮丧的照片说明了一切：眼窝深陷，表情绝望，脸色暗淡。

他们回程的绝望之旅令人难以忘怀，路上几乎找不到什么物资储备，人们忍饥挨饿，意志力消亡，寒冷至极。神志不清的埃文斯在2月17日去世。一个月后，就在劳伦斯·提图斯·奥茨船长32岁生日前，他的脚严重冻伤，拖累了队伍的进度，他的身体状况如此之差，以至于他祈祷再也不要醒来。第二天早上，他非常失望地发现自己还活着，于是在一场暴风雪中走出帐篷，告诉同伴说："我要出去走

电影里的斯科特

纪录片《南纬90°：与斯科特到南极》（1933年）是"摄影师艺术家"赫伯特·庞廷（Herbert Ponting）给他逝去的同伴们的献礼，展示了关于野生动物和远征队日常活动的绝佳摄影艺术，全部由庞廷作旁白。

走，可能要花点时间。"他们再也没有见到他。

两天后，始于3月21日的又一场暴风雪来袭，将幸存者困住，而此时他们距离One Ton Depot（一吨仓库）——这处大型物资存储点只有18公里。他们在帐篷中被困了10天，物资逐渐耗尽，只剩下一盏噼啪作响的灯。借着这灯光，斯科特潦草地写下了他的不朽文字："这似乎有点遗憾，但我认为我写不了太多了……看在上帝的面上，请照顾我的人。"斯科特的最后一条记录定格在3月29日。不清楚谁是最后一个去世的。

一支搜索队在接下来的春季出发，在1912年11月12日发现了他们。在帐篷中随遗体遗留的个人物品中，人们发现了阿蒙森写给挪威君主的信，斯科特离开南极时随身带着这封信，这是阿蒙森信中要求的。因此，斯科特确认了阿蒙森·达南极点的成就。

尽管到达南极点落后于别人，斯科特的最后一次远征还是取得了许多重要科学成就。事实上，完成研究的使命本身也是他们不幸的原因之一：他们拖着的雪橇上装载了16公斤的地质样品（即岩石）。

搜寻队把帐篷埋在了雪冢下。因为冰盖向海洋移动的过程中积雪也在增加，斯科特、威尔森、鲍尔斯的遗体以及他们的帐篷将最终随着罗斯冰架的底部到达大海，因此人们见到他们遗体的可能性极小。

飞越南极点

1929年，美国人理查德·E·伯德（见168页）报告了与伯恩特·巴尔肯（Bernt Balchen）（首席飞行员）、哈罗德·琼（Harold June）（第二飞行员和无线电操作员）、阿什利·麦今莱（Ashley McKinley）（摄影勘测员）一同飞越南极点的经历。他们沿Liv冰川（Liv Glacier）飞行到达南极高原上空，但是由于寒冷和稀薄空气，飞机无法向上攀升，迫使他们丢弃了110公斤的紧急物资。巴尔肯是一名经验丰富的北极飞行员，他通过向着右侧高耸岩面的急转弯，利用上升气流将飞机拉至一个更高的位置。接下来飞往极地的4个小时更是扣人心弦，他们在1929年11月29日凌晨1点14分到达。伯德把用美国国旗包裹的一块岩石从他的福特三引擎飞机*Floyd Bennett*号

中扔出窗外，并返航回到位于小美利坚站（Little America）的营地。尽管伯德的飞行导航受到质疑，但1947年2月15日包括他在内的一行6人驾驶两架飞机，确实是到达了90°S上空。

但是，伯德的两次飞行都没有着陆，这意味着在阿蒙森和斯科特之后，长达44年的时间内都没有人涉足南极点。

一座南极站的诞生

1956年10月31日，一架美国雪橇式飞机在冰上着陆，成为第一架在南极点着陆的飞机。这架海军R4D飞机（DC-3飞机的军用版）由飞行员康拉德·格斯·希恩（Conrad Gus Shinn）驾驶，名为"顺其自然"（*Que Sera Sera*），同行的还有海军上将乔治·达范克（George Dufek）和其他五名美国海军人员，他们在该地区进行勘测，旨在建造一座永久科考基地。

美国海军在第二个月开始动工，第一座南极基地在1957年2月完工。由科学家保罗·赛普尔（Paul Siple）和海军上尉约翰·塔克（John Tuck）联合领导的一支18人的团队（还有一只名为Bravo的爱斯基摩狗）在南极度过了第一个冬季，从而证明在南极冬季存活是可能的，并测到了-74.5℃的低温，这是世界上记录过的最低温度。他们还在南极点研究了天气、大气和地震学。该基地一直营至今。

尽管南极点不属于任何人所有，南极公约也拒绝七国的领地主张，但美国的阿蒙森—斯科特南极站横跨所有经度，一个不漏地占据了所有的时区——同时还占据了七国中的六国所声称拥有的领地。

最早的女性

1969年，第一次有女性加入美国南极计划，并于当年11月11日乘坐美国海军飞机到达了南极点。为了避免事后有人声称自己第一个走出飞机的情况，这六位女性手挽手一起走出了飞机的后舱门。她们在基地停留了几小时，然后飞回了麦克默多站。两年后，1971年12月，第一次有女性真正地在南极点度过了一"晚"。她是露易丝·哈钦森（Louise Hutchinson）、《芝加哥论坛报》的记者，因为天气

延误了她离开的航班，所以不得不在此停留了一晚。两年后，两名美国女性，南·斯科特（Nan Scott）和唐纳·马奇莫尔（Donna Muchmore）成为最早在南极工作的女性。1979年，基地有了一名女性内科医生米歇尔·艾琳·雷尼（Michele Eileen Raney），成为第一位在90°S越冬的女性。1995年1月6日，挪威人丽芙·阿内森（Liv Arnesen）用了50天，独自从南极大陆边缘滑雪到达南极点，成为第一位完成这一壮举的女性。2012年，费莉西蒂·阿斯顿（Felicity Aston）成为第一位独自滑雪穿越整个南极大陆的女性。

最早的游客

最早的游客在1968年到达南极，当时一架康维尔包机在11月22日至12月3日飞越了南极和北极。南极之旅从克莱斯特彻奇出发，在麦克默多海峡着陆，然后低空飞越南极点，并继续前往阿根廷。第一架游客飞机于1988年1月11日在南极点着陆，当时由南极航空公司运营的两架DHC-6双水獭飞机搭载15名付费乘客到达南极点——每人费用25 000或35 000美元。7名游客乘坐的飞机比另一架早15分钟着陆，他们为此支付了更高的费用。

地形

与位于北冰洋中央的北极不同，南极点位于一大片难以想象的白雪覆盖的极地高原（Polar Plateau）之上。这里仅生活着一种藻类和一种细菌，可能都是从别的地方被风吹来的。只有少量几种其他动物到访过南极点：爱斯基摩犬、实验用的仓鼠，以及贼鸥（它们可能是特意飞越南极大陆的）。其他小动物（全部是无脊椎动物）也偶然来到这里，它们存在于蔬菜板条箱里，但即使是人类，也需要耗费大量的时间、金钱和精力才能在此生存。

南极点本身处于地球上最与世隔绝的地带，周围数千平方公里内一成不变。极目四望，所见都是绵延不绝的地平线。距离最近的冰上突出物为Howe峰（Mt Howe），是290公里以外的一座冰原岛峰，那里栖息着一些细菌和酵母菌。最近的定居点是中国的昆仑站（位于冰穹A上），在1070公里以外。

天气

极地高原的气温在-82℃至-14℃之间。平均气温为-49.4℃。冬季寒风温度可低至-110℃。

这里的海拔为2835米，但是因为低温和极地位置，使得平均气压类似于海拔3230米的地方，因此在这里容易引发高原反应。

这里的平均风速仅为20公里/小时，与海岸上320公里/小时的重力风相比，可谓相当温和。极端寒冷和极低的湿度（3%）共同造就了这一世界上最干燥的荒原。

这里很少下雪，飘雪是已经降落的雪被风吹向四处的结果。最普遍的降水形式是冰晶，也被称为"钻石沙"。这些物质通常从晴朗的天空中落下，有时会在太阳和月亮周围形成幻日、日柱和其他折射现象。

太阳的周期

因为南极位于地球的自转轴上，太阳和月亮不是每天都经过头顶。相反，太阳只是每天绕着地平线绕圈。基地居民在每个月运周期中只有一半时间能看到月亮，月亮和太阳一样绕着地平线移动。在南半球夏至日（12月21日），太阳处于最高点，约在地平线以上23°角。在南半球冬至日（6月21日），太阳位于地平线以下最远的位置。

壮观的日落持续数周，接着在3月22日左右，太阳落至地平线以下——尽管极端的大气折射有时会使日落多持续一两天，且偶尔会让太阳短暂升起。黄昏持续6~7周，然后黑暗到来。只有南极光、月亮和星星会把夜空点亮（见101页框内文字）。在6个月的极夜中，有两周可以看到月亮，然后月亮消失两周，又重新升起，如此循环往复。因为月亮呈现出如此大量的银灰色光芒，有些越冬者不禁把这一月光照耀的时期当作是"白天"。越冬者团队还可欣赏到在3月或4月初地平线上的绿色的闪光。

七周的黄昏后就是9月22日前后的日出，越冬的人们在这一天进行欢庆。在一整年时间里，极地居民有可能会患上一种名为"蓝眼"的特殊极地病，表现为持续一段时间的迷失方向、失眠，原因是缺乏定期的光明-黑暗的循环变化。

适应南极点

南极点处在 2835 米的海拔上，但是低气压使人觉得就像是在 3350 米的海拔高度。不要说做重活，即便四处走走都可能让人疲惫不堪。在这缺氧的大气中，每个人刚到的几天都在"大喘气"。

乘飞机到这里的许多游客都会在到达的时候出现**高原反应**。气促、昏昏欲睡、头疼欲裂和睡眠不好都是症状之一。最初的 24 小时通常是状态最差的时候，但是对于只到访几小时的游客来说，这一点好像意义不大。

有些人建议在前往南极点的飞机上服下三四片阿司匹林以缓解头疼。有些人认为银杏或乙酰唑胺也是有用的。

这里的湿度仅有 3%，**脱水**是一种持续性的威胁。基地居民建议持续饮水，停止饮酒，减少咖啡因摄入。由于这里极度干燥，宿醉的后果将变得十分严重。

为了防止**鼻出血**，可在你的鼻腔内涂满凡士林。如果你的指尖在干燥中裂口，无法愈合，那就用强力胶水来修复。

南极站的生活

在南极点生活是十分困难的。但是基地居民们身着肮脏的 Carhartts（一个以卓越的耐穿性而在南极十分流行的美国服装品牌）衣服，以勇敢迎接逆境为荣，而且看起来确实把挑战性的南极点的工作做得有滋有味。

极端低温限制了人们待在室外的时间，极地冬季的黑暗甚至是低温都可能是有害的。（但即使是在最冷最黑暗的日子里，基地成员也定期外出。每隔 2 米就有一根顶端插着小旗的竹竿，标记出通往外部建筑的道路。）

在夏季（日出后一个月至日落前一个月这段时间是正式的夏季，也就是 10 月末至次年 2 月中），淋浴只能使用两分钟的流动水，每周只能淋浴两次。有一位基地居民对此并不介意："当你淋浴后，就像是洗掉了一层的油，向上帝发誓，我身体干净的时候比脏的时候感觉更冷。"

在干燥的大气中，火是无所不在的隐患，可以将木制建筑变成易燃的火绒盒子。

阿蒙森–斯科特站使用新西兰时间（比格林尼治时间早 13 小时），因为南极和麦克默多站的补给航班从克莱斯特彻奇起飞，使用新西兰时间可简化物流运输。

与世隔绝和感官剥夺

与世隔绝的状态是折磨人的。从 2 月中到 10 月末，这里没有定期航班，因此越冬团队（通常约 50 名越冬者）实际上与外界隔绝。

在极地越冬某些程度上与宇航员的经历类似，只不过人们可以有多一点空间进行走动。住宿空间可能没有起到积极作用，因为作为越冬者的私人空间的卧室比监狱隔间的平均面积还小。

一位研究过南极越冬者并帮助挑选越冬者的心理学家这样总结这种与世隔绝的状态："平时我们感到厌烦时作出的反应——不论是离开、关门，还是出去寻找其他人——在这里都行不通。"

在多云并且没有月亮的冬季夜晚，感官剥夺尤其严重，就像一位越冬者所描述的："环境如此黑暗，是真正的伸手不见五指。我还不如闭着眼睛走路。我的眼睛要花至少三分钟来适应，才能看见附近建筑非常模糊的轮廓。"

有些基地成员战胜这种感官剥夺的方式是寻找某些杂志广告中的香水样品条。这与到处弥漫的 JP-8（飞机燃料）的气味形成对比，并带给人愉悦。这种燃料用于熔炉和机械，在低温中的效能比其他燃料好。

通讯

电子邮件和网络有助于打破这种与世隔绝的状态（当处在卫星覆盖范围之内时，每天有约 12 小时的时间可以上网）。互联网电话技术可实现高质量通话，基地还有铱星电话。基地成员还可使用高频无线电，经麦克默多站凑合着打电话回家。

南极点天气信息

来自 1957 至 2011 年间的南极气象研究中心记录。

平均积雪（降雪和飘雪）	每年 27.4 厘米
最高气温	− 12.3℃（2011 年 12 月 25 日）
最低气温	− 82.8℃（1982 年 6 月 23 日）
年均气温	− 49.4℃
最高气压	719.0 毫巴（1996 年 8 月 25 日）
最低气压	641.7 毫巴（1985 年 7 月 25 日）
平均气压	681.2 毫巴
平均风速	14.8 公里／小时
最高风速	93.2 公里／小时（2011 年 9 月 27 日）

食物和水

尽管冷冻、干燥、罐头食品是家常便饭，极地居民仍然胃口很好。烹饪是个挑战：因为存在火灾风险，所有的炉子都是用电的，比专业煤气灶要花更长的时间来煮熟东西。大多数食品都是储藏在室外，并都会冻结，因此肉类要在步入式冷柜中花上两周时间来解冻。

一位幽默的厨师试图开始一项新传统，将阿蒙森前往南极点的路上被迫射杀他的狗的那一天定为"狗节"，并在这一天午餐时供应热狗（以失败告终）。

漫长的黑暗冬季，巧克力是人们的最爱。有一种受欢迎的甜点名为"嗡嗡条"（buzz bars），其实并不是像人们猜测的那样；它们其实是布朗尼蛋糕，里面包着烘焙过的覆盖着巧克力的意大利特浓咖啡豆。"泥泞"（Slushies）这道甜点是用非常新鲜的雪加入可乐或酒制作成的。冰淇淋也颇受青睐，但是因为在室外储藏，需用微波炉加热才能食用。

虽然有以上这些美食，南极其实是减肥的绝佳地点。即使一日三餐加上丰富的小食，许多人都会在逗留期间减轻体重（在15周的夏季工作期间减掉20公斤并不罕见！），原因是巨大的热量消耗。许多极地居民，特别是在室外工作的人，可以每天摄入5000至6000卡路里而不会增重。经常可以看到人一顿饭就吃掉四或五块牛排。

为了减少对食物的抱怨，主厨们安装了一台"牢骚者警报器"，这是一个铜色的铃铛，悬挂于上菜线上方，当有人用不妥的评语痛斥食物的时候，由厨房员工鸣响铃铛。

有趣的是，基地用水取自一口井，从前使用低效的清洁雪融化系统，需耗费大量的能源和时间。这口井有120多米深，用发电厂的废热来进行热水"钻探"。在积雪层以下，雪层是不可渗透的，因此加热可以使冰融化，但水不会渗入周围的冰层。结果就产生了一大池子的水，再用泵抽上来以供使用。当然，水也很冷，因为井很深。这么做还有个不同寻常的附加优点：过滤水已产出成百上千的微小陨石，可用于科学研究。

还有，虽然外面有数千立方公里的冰，厨房仍然有台用于饮料的制冰机！

娱乐

尽管新基地的体育馆内有一座小型篮球场（规模是专业篮球场的1/3），这里的娱乐活动还是有些受限。富有创造性的极地居民们还发明了一些即兴活动，例如排球袋——用豆子袋替代排球的另一种排球运动。无线电飞镖，是与南极大陆附近的其他冬季基地对抗进行的（分数通过无线电来传输），这一项目十分受欢迎，但是高度依赖于人们的诚信——有一座基地(经常获胜)后来被发现连一个飞镖圆靶都没有!"冰穹雪橇"曾在冰穹的后方进行。图书馆内有超过6000部录像和书籍。在平安夜,4.4公里的"环游世界竞赛"让人们在−23℃的温度中绕着南极点比赛,参赛者可以跑步、步行、滑雪,甚至驾驶雪上摩托。

另一项受欢迎的地点是水栽温室。正如一位越冬经验丰富的人所说:"光线、温度、植物和湿度使这里成为逃离南极日常生活常态现实的最佳场所。"虽然花园的产量不多,产出的新鲜蔬菜也足够60名越冬者每周享用几次沙拉了,照料植物是一项受欢迎的消遣。

然后就是独一无二的会员制活动,名为300俱乐部(300 Club)。要参加这一活动,需等待气温降至−100℉(−73℃)以下。在93℃的桑拿中吹过蒸汽后,赤裸着身体(强烈建议穿鞋)跑出基地来到雪原上。有些人还更进一步,绕着仪式用南极点标志活动。尽管有些人声称瞬间结冰的汗水形成的白霜可产生保温作用,但是如果摔倒了,泛红的皮肤碰到冰块感觉就像岩石一样粗糙。加入俱乐部需要提供影像文件证明,但是由于发热的身体上冒着热气腾腾,大多数照片都是雾蒙蒙的。

◉ 景点

在南极点,你可能会先到仪式用南极点和地理南极点,拍下你的"英雄照片"。你还可能受邀进入基地参观餐厅,或者可以快速地在四周看看。基地商店销售纪念品,你可以在信或明信片上盖下基地的邮戳。

仪式用南极点 (Ceremonial South Pole)
地标

南极条约12个原签署国的鲜艳夺目的国旗环绕着这座"红白条纹"像理发店标志一样的柱子,柱子顶端是一个铬制地球仪,因此是个绝佳的拍照点。但仪式用南极点只是作展示之用。

地理南极点 (Geographic South Pole)
地标

地理南极点标志着地球自转轴的一端

(另一端为北极)。南极点冰层每年大约向西经43°方向(向着巴西)移动10米左右,这意味着标志本身每个夏季都要重新测量并移动一次。该标志为一个4米高的铁柱,顶部为一块圆牌,由前一年的越冬者团队设计;每一设计都是独一无二的。当这根铁柱竖立在所有时区交叉点后,在其周围快速地走一圈意味着你已经环游了世界。美国国旗树立在距离铁柱标志一米外,同样根据冰盖的移动来调整位置,每年移动一次。标语上写着:

> 地理南极点
> 罗尔德·阿蒙森,1911年12月14日,
> "我们就这样到达这里并得以把我们的旗帜竖立在地理南极"。
> 罗伯特·F·斯科特,1912年1月17日,
> "极点,是的,但是情形与人们期待的相去甚远"。
> 海拔:2835米

阿蒙森-斯科特南极站 (Amundsen-Scott South Pole Station)
基地

1975至2008年间,这座南极之家也被人亲切地称为"穹顶"或富有感情色彩的"穹顶,可爱的穹顶"。这座基地建于1971至1975年间,银灰色的铝制穹顶底部直径50米,高15米,包括三座结构,各有两层高,内设住宿、餐饮、实验室和休闲设施。尽管穹顶保护着这些建筑及其住户不受狂风侵袭,但对寒冷仍无能为力,穹顶没有加热。基地地面是压实的雪,顶部有一个开口用于排出水蒸气。随着时间流逝,基地渐渐被雪掩埋,部分设施已经不安全了。偶尔出现的电力限制和燃料泄漏威胁着基地安全,而飘雪也开始压垮穹顶。由于这一系列的问题,美国政府建造了一座新的雪上设施。

旧的穹顶综合设施经过多年拆除,最后一块碎片也于2010年被移除运回加利福尼亚州的怀尼米港,设施的顶部就陈列于当地新建的海军修建营博物馆(Seabee Museum)。

新建的基地耗资1.74亿美元,1997年开始施工,80名建筑工人(25%为女性)每周工作6天,每天9小时。夏季全天24小时日照,三班人员轮班上岗。工人们描述了当地不同寻常的施工危险之一——用手直接接触金属,

在南极越冬 凯瑟琳·L·赫斯

你喜爱冬季吗？我的意思是，真心喜爱冬季？那么在南极点度过冬季怎样？我在那里过冬期间，周围总共有 60 个人，包括科学家、商人和后勤人员。我们都不得不经历大量的身体、心理和牙科检查，以确保我们都能经受得了极地漫长冬季的考验。

2 月 14 日关站日，我们大部分人都见证了最后一架飞机侧了几次机翼，和基地告别。然后我们召开了第一次"全体人员大会"，审阅规则与应急操作步骤，然后进行传统的《怪形》（*The Thing*）电影放映（两个版本）活动。

在我们所称的"南极点"，太阳每年只升起、落下一次。尽管太阳在 3 月末落下，它的余光还在地平线残留几天，如果天气够好我们能在一天中的大多数时候看到绿光。黄昏将逗留数周，星星每天出现一点，直到真正的夜晚到来。黑暗持续四个月，南极光经常给夜空带来无穷魅力。

在这里时间的意义不大，因为日光不再昼夜循环。大多数后勤人员和施工工人保持着早上 7 点到下午 5 点的工作时间表。在冬季，厨师周日不工作；志愿者们替代他们来做饭，展示他们拿手菜。星期一我们一起进行清洁打扫。

越冬者每人有一间私人房间，设有互联网和电话设施。许多房间都有一扇窗户。有些冬季科研项目需要黑暗的环境，而基地窗户发出的光线会严重影响到数据。因此，在冬季，所有窗户都被遮住了。基地成员用艺术品、诗歌和旅行目的地或家庭成员的照片来装饰厨房纸板窗。

日落时，气温开始降至－50℃；冬季，平均气温为－60℃。在－62℃以下的气温中，使用车辆要极为小心以避免损坏。在这种温度中，越冬者其实可以听到自己的呼吸的凝结，看到呼气飘走。

无论有多冷，几名越冬者每天都坚持在室外工作。研究者在建筑之间往返，披星戴月地工作，监测天气、大气动力和天体物理研究。有些人在冷藏设施之间运送冷冻食物和补给品，大型设备的操作员清理着各种阻挡着风的物品后方的堆雪。

拍摄极光和星空等活动十分流行。我们的自办电影节也很受欢迎。南极国际电影节的冬季版是冬季国际电影节。参赛作品可以是教学作品、戏剧作品、简单的或是图像的。有些作品让基地成员们看到自己的身边事而笑到趴倒在地。

迄今最大的一次派对是隆冬派对，在 6 月的至日举办。这一天是季节的转折点，不过黑暗仍将持续两个月。我们盛装出席（或是穿着滑稽的服装），大快朵颐，然后进行盛大的舞会。我们还会通过高频广播联系其他的南极站，和他们交换附带集体照的电子邮件贺卡。每年厨房的员工都会试图超越前一年，制作梦幻的晚餐，提供我们从来都不知道的他们会在冬季制作的食物，有些物品是特意为这一重大庆典而保留的。

到了 8 月，即使是真正有创造力和意志坚定的人都很难专注于冬季的探险。日常的工作可能会变得重复而单调。

听到人们报告地平线上的第一缕哪怕十分微弱的曙光，总是让人兴奋的一件事。然而，在太阳完全升到地平线上之前，气温还将持续下降，9 月的气温通常为全年最低。开站活动在 9 月末和 10 月初开始，此时我们会为下一年团队的到来做准备。

凯瑟琳·L·赫斯是 2007 至 2008 年南极冬季基地经理，曾作为通讯协调员在基地度过了三个夏季（2004 至 2007 年），2002 至 2003 年作为高级气象学家在极地越冬。

能像滚烫的炉子一样把人灼伤。因为有额外的人员在此进行施工，驻扎总人员达到基地通常的冬季人口的近两倍。从麦克默多站起飞的数百架次航班运来必需的建筑材料，这些材料经过多年的计划、购买和运送，才到达麦克默多站。基地是分期建设的，第一批居民于2003年1月入驻，2008年1月基地正式揭幕。2011年10月开始了完全的夏季运营——在夏季，这座极地营地可容纳多达250人。

6039平方米的抬高基地长达128米，面朝盛行风，其航天风格设计有利于清除下方积雪。主入口有时被称为"阿尔法终点"（Destination Alpha），面向滑雪道。另一台阶入口位于基地后方，名为"祖鲁终点"（Destination Zulu）。两座独立的蓝灰色马蹄形模块通过灵活的走道相互连接，安在可抬升桩柱上，从而防止积雪危害。这些设施在夏季可容纳150人，冬季容纳50人。

其中一个模块内设宿舍、餐厅、酒吧、医院、洗衣房、商店、邮局和温室（正式名称为"食品种植舱"，增强了新设施的未来感太空站风格）。在另一个模块内是办公室、实验室、计算机、通讯设施、紧急发电厂、会议室、音乐练习室和健身房。舒适的阅读室和图书馆散布于两个模块各处。

新建的基地安装的是三层玻璃中空窗，"冷藏室"外安装200公斤的不锈钢门，还有增压室内空间用来阻止气流。在基地一端，一座四层铝制塔楼被亲切地称为"啤酒罐"，内有一座楼梯井、货梯和水电管道。光伏板利用夏季的24小时日光来发电。2009至2010年的夏季安装了一座风轮机，但是极地高原的风十分微弱，意味着基地需要一座大得多的风电场来满足其需要。

科学设施

_{实验室}

南极点大部分科学设施都不向游客开放，以免打扰到科学研究。其他实验室也是禁止外人进入的，因为他们的设备有可能受到污染或因无授权访客影响而需要重新校准。尽管如此，了解在基地进行的前沿科学研究仍是一件十分有趣的事情。

空气洁净研究区（Clean Air Sector）

南极最重要的科研对象之一为"臭"名远播的"臭氧空洞"——大气臭氧层的日渐稀薄（见179页）。大气研究气象台（Atmospheric Research Observatory, 简称ARO）位于基地迎风面的空气洁净研究区内，这里的科学家们研究地球上最纯净的空气，希望了解关于污染的信息，以及污染如何在全球传播。气象台的另一个团队使用激光雷达来研究极地平流层云的形成，而平流层云正是每年春季臭氧消耗的根源。

黑暗区（Dark Sector）

南极因为拥有高纬度和干燥稀薄的空气而成为世界天文学中心。地球旋转的离心力把两极的大气摊薄，极端的寒冷使空气中的水蒸气凝结。天文学仪器位于基地外约1公里处的"黑暗区"内，外来的光线、热量和电磁辐射都是禁止的，避免对实验的干扰。一座新的8米口径南极望远镜（South Pole Telescope, 简称SPT）造价1900万美元，是黑暗区实验室的一部分，该望远镜在2007年开启了名为"第一道光线"的里程碑式的时刻（当光线穿过望远镜所有部分时，望远镜开始正式运转）。SPT寻找宇宙微波背景辐射以探测似乎正在加速宇宙膨胀的"暗能量"。望远镜还搜寻原始引力波特征，并测试宇宙起源模型。

黑暗区实验室的另一部分为宇宙河外银化背景成像（Background Imaging of Cosmic Extragalactic Polarization, 简称BICEP）实验，其设计旨在以极高的精确度测量宇宙微波背景偏振，帮助解答关于宇宙起源的问题。

黑暗区还有一座设备为马丁·A·波梅兰茨天文台（Martin A Pomerantz Observatory, 简称MAPO），这是一座两层高的悬空结构，以一位美国南极天体物理学先驱命名。MAPO已为各种望远镜和探测仪提供支持，包括用来研究宇宙引力波背景偏振的角度度量干涉仪南极升级（SPUD）设备。

"冰立方"（IceCube）

令人惊叹的"冰立方"（IceCube）（www.icecube.wisc.edu）是一座造价2.71亿美元，规模以公里计的中微子观测仪，掩埋在冰层之下。2005至2010年间，人们使用热水钻头在

极点位置

除了地理南极和仪式用南极点，你还可能听说过其他三种南极点。

在南磁极（South Magnetic Pole）（每年向西北方向漂移 5 至 10 公里，到 2013 年，其位置预计将处于 64.354°S，东经 136.971°E，在联邦湾附近海岸外）指南针垂直向下指。游船经常经过这里。1909 年南磁极还在陆地上，当时道格拉斯·莫森、埃奇沃思·大卫（Edgeworth David）和阿利斯泰尔·麦凯（Alistair Mackay）最先到达这里。

在地磁南极（South Geomagnetic Pole）（预计其位置将位于 80°15'S，107°32'E），地球的电磁场如果处在地球中心的偶极磁体的延伸处，电磁场将增强。俄罗斯的沃斯托克站位于附近。

最不易到达的极点（Pole of Maximum Inaccessbility）（约位于 83°E，54°S，但是仍存争议）是距离南极海岸任一点都最远的点。1958 年一支苏联团队到达该点，至今雪地上仍竖立着一块牌匾和列宁半身像，作为这一点的标志。

南磁极和地磁南极的位置都是以澳大利亚地球科学组织（www.ga.gov.au）数据为准。

南极洲东部与南极点 阿尔戈斯冰穹（冰穹 A）

冰层中钻探了86个2450米深的洞。排成串的60个名为电子光学模块（DOM）、排球大小的设备被放置到地下。由5484个DOM组成的这一巨大的地下阵列用于寻找名为中微子的超高能量次原子颗粒。研究团队搜寻穿过地核的中微子（中微子可以做到这样），因此地球成为一座望远镜，冰盖成为探测仪。中微子与冰层中的原子互相作用——在这一深度，它们完全透明，异常黑暗——并形成蓝色微光，可以用DOM侦测到。通过这种方法研究中微子，人类对"暗物质"、星系能源、宇宙射线加速、超新星运行方式（星球大爆炸）以及中微子变质能力等方面的认识都能增强。世界各地超过36家机构和250位科学家都在使用这一数据。参见216页了解更多信息。

安静区（Quiet Sector）

噪音和其他地球震动活动在安静区都是禁止的，南极地球科学与地震遥测观测台（South Pole Remote Earth Sciences Seismological Observatory，简称SPRESSO）用于地震研究，距离基地8公里，自2003年开始运营。设备安装在地表以下300米，用于探测全球地震（以及地下核爆炸）。南极的地震活动如此之少，地震仪又如此灵敏，以至于地震仪可捕捉到比之前可探测的地震波要弱四倍的震动。SPRESSO人员可以轻易探测到极地施工队伍使用的拖拉机何时空转或何时熄火。

了解南极

今日南极

» 面积：1420万平方公里

» 最高海拔：4900米

» 最低海拔：海平面以下2540米（但是被冰雪覆盖）

» 最高温度：14.6℃

» 最低温度：−89.6℃

» 最古老的冰芯：底部有80万年历史

南极与气候变化

随着全球气候变化，南极洲的广袤冰盖逐渐融化。因此，尽管这里十分偏远，还是成为气候变化研究的前沿地带。

2011年10月，美国国家航空航天局（NASA）的科学家在南极洲西部的松岛冰川（Pine Island Glacier）中发现了一道裂缝，这将最终产生一座900平方公里的冰山。这些事件与其他复杂系统有着紧密联系（如海水的盐度和酸度），目前亟须对这些变化进行更好的监控与分析。

为对抗气候变化，南极的开发活动也采取了一些措施。例如由比利时的伊丽莎白公主南极站（Princess Elisabeth Antarctic Station）建立了第一座零排放的极地站，该考察站于2009年启用。其他一些站点是利用风轮机发电。

科学研究

南极科考取得了很多世界上最前沿的研究成果。新技术使人们可以对从前无法触及的南极领域进行研究：安装在动物身上的传感器从深海中收集数据，并发送给卫星；极地对地观测网络计划（Polar Earth Observing Network）的地震监测台阵于2012年建成，其感应器覆盖的范围超过南极洲1/3的面积。

南极洲独一无二的地理位置十分适合进行天文与物理学研究。深埋在南极冰面以下一立方公里处的"冰立方"中微子探测仪2012年的观测结

推荐阅读

» 《坚忍号：沙克尔顿的不可思议之旅》（Endurance: Shackleton's Incredible Voyage）阿尔弗雷德·兰辛（Alfred Lansing）著，引人入胜的幸存者故事。

» 《南极》（The South Pole）罗尔德·阿蒙森（Roald Amund-sen）著，南极的壮举。

» 《斯科特的最后一次远征》（Scott's Last Expedition）罗伯特·F.斯科特（Robert F Scott）著，第一手记录，在他去世后发表。

» 《世界最险恶之旅》（The Worst Journey in the World）埃普斯勒·薛瑞−格拉德（Apsley Cherry-Garrard）著，隆冬季节前往克罗泽角的人力拖运劳动。

» 《南方》（South）欧内斯特·沙克尔顿（Ernest Shackle-

大陆构造
(% 陆地)

冰冻

4.50

不冻

每100个在南极的人中

75 个是旅行者
14 个是雇佣人员或船员
11 个是科学家

今日南极

果推翻了人们长期以来对伽玛射线暴的认识。

南极条约与政治监管

2012年巴基斯坦加入《南极条约》，成为该条约体系的第50个成员国。条约签署国达成一致，南极洲应该是一片和平、自由、禁止一切军事活动的地区，该地区面向所有人开放，在人为影响最小的情况下促进科学考察中的国际合作。

尽管没有国家对南极洲的任何一部分拥有无可争辩的主权，但是仍有7个国家声称某些地区为其领土。虽然这些主张并未得到国际认可，而这些国家依旧试图加强他们的领土主张：例如，2007至2009年间，英国、智利和阿根廷都提出对南极洲大陆架的主权要求申请。

针对资源与野生动植物管理的争议偶尔也会出现。捕鲸活动仍然是一个争议不断的话题，日本利用捕鲸禁令中的漏洞以科研名义从事的捕鲸活动从未间断过。

与旅游相关的环境问题

目前旅游业是南极洲最大的产业。游客和船员的数量大大超过了科学家和后勤人员的总数。加上游客主要到访野生动植物集中的地区，这就给当地动植物带来了更大的风险。通过衣物和设施上附着的种子和孢子而意外引进的外来物种也成为了另一个大问题（见177页框内文字）。

游客数量
» 2011–2012: 26 519
» 2010–2011: 33 824
» 2009–2010: 36 875
» 2008–2009: 37 858
» 2007–2008: 46 091
» 2006–2007: 37 552

推荐音乐

ton）著，从领导的视角记录下的坚忍号（Endurance）远征。
» 《疯狂山脉》（At the Mountains of Madness）霍华德·菲利普斯·洛夫克拉夫特（HP Lovecraft）著，冰雪上的科幻小说。

» 《南极交响曲》（Antarctic Symphony）彼得·马克斯韦尔·戴维斯爵士（Sir Peter Maxwell Davies）的第八交响曲。
» 《南极交响曲》（Sinfonia Antartica）拉尔夫·沃恩·威廉

斯（Ralph Vaughan Williams）的第7交响曲。
» 《斯科特的音乐盒：来自特拉诺瓦号（Terra Nova）的音乐》（Scott's Music Box: Music from Terra Nova）远征中播放的歌曲。

今日南极

《南极条约》主要通过制定针对游客和热门游览地的各类准则来解决旅游问题。

2011年颁布重燃油（HFO）使用与运输禁令后，2011至2012年期间，大型游船数量有了明显减少。该禁令旨在降低漏油风险，是在长达六年的谈判后得出的最终结果，2007年"探索者"号（Explore）邮轮的沉没也促使了该禁令的产生。

截至2012年，所有邮轮运营商（但并非所有游艇）都已成为国际南极旅游组织行业协会（International Association of Antarctica Tour Operators，IAATO）的成员，该协会旨在推广环保的南极旅行。

推荐电影

» 《南方》（South）（1998年修复版；弗兰克·贺理（Frank Hurley）执导）

» 《冰冻星球》（Frozen Planet）（英国广播公司系列影片，2012年）

» 《三月企鹅》（La Marche de l'Empereur）（2005年）

» 《怪形》（The Thing）（1982年；2011年推出前传）

» 《在世界尽头相遇》（Encounters at the End of the World）（2007年；沃纳·赫尔佐格（Werner Herzog）执导）

» 《沙克尔顿的南极探险》（Shackleton's Antarctic Adventure）（2001年IMAX电影）

» 《南极的斯科特》（Scott of the Antarctic）（1948年）约翰·米尔斯（John Mills）主演。

历史

据推断，与其他任何一块大陆都不同，南极洲在被发现之前就已经存在很久了。从毕达哥拉斯（Pythagoras）开始，古希腊人就相信地球是圆的。亚里士多德（Aristotle）完善了这一学说，认为一个球体的对称形态要求地球的北部与南部保持平衡——如果没有这一平衡，头重脚轻的地球可能会颠倒过来。这一地球平衡说衍生了南方大陆现在所使用的名称："Antarktos"，意为"Arktos的对面"（Arktos——北方天空中的大熊星座）。在埃及，托勒密（Ptolemy）认同要保持地理的平衡，必会存在一片未知的南方大陆；公元150年，他绘制的一幅地图显示，有一大块大陆将非洲与亚洲连接起来。

15世纪至16世纪的探险家们，例如瓦斯科·达·伽马（Vasco da Gama）和斐迪南·麦哲伦（Ferdinand Magellan），以及18世纪的詹姆斯·库克（James Cook），沿着环绕南大洋的土地旅行，久而久之，环南极群岛被人们所发现。但是直到19世纪，在法比安·冯·别林斯高晋（Fabian von Bellingshausen）的环南极旅行以及捕杀海豹和鲸鱼的活动大范围开始后，人类才在1820年第一次揭开南极大陆的真面目，并在随后的1821年第一次登陆南极海岸。捕杀海豹和鲸鱼的竞争日益激烈——最终促使人们去探索这片新大陆并绘制地图。19世纪90年代到20世纪20年代，是南极洲探险家英雄辈出的时代，其中就包括罗尔德·阿蒙森（Roald Amundsen）和罗伯特·斯科特（Robert Scott）分别进行的首次和第二次征服南极点所收获的卓绝成就，极大地增强了人类进行地理和科学探险的决心。

"antarctica"（南极洲）一词原来在拉丁文中，用作形容词，但是"Antarctica"这一正式名称可追溯到一个人。爱丁堡绘图家约翰·G·巴塞洛缪（John G Bartholomew，1860–1920）最先将这一词汇用于标记"未曾探索的南极大陆"的地图，他在1890年的一本地图集中发表了这幅地图。

大事年表

1519年	1531年
葡萄牙探险家斐迪南·麦哲伦（Fernão de Magalhães，或Ferdinand Magellan）在1519至1522年间领导了第一次环球航行，发现并命名了火地岛（Tierra del Fuego）以及以他的名字命名的麦哲伦海峡。	法国制图师欧龙斯·费恩（Oronce Finé）最先使用"南方大陆"（Terra Australis）一词，他在最早的地图之一中使用这个词作为标注来体现南方广袤的极地。

推荐阅读：《南极洲：人类征服冰封大陆的非凡历史》（Antarctica: The Extraordinary History of Man's Conquest of the Frozen Continent）（1990），《读者文摘》（Reader's Digest）编辑部著；《南极洲：完整故事》（Antarctica: The Complete Story）（2001），大卫·麦戈尼格尔（David McGonigal）与琳恩·伍德沃思（Lynn Woodworth）合著；以及人物传记《最后的探险家：休伯特·威尔金斯——极地探险时代的英雄》（The Last Explorer: Hubert Wilkins, Hero of the Great Age of Polar Exploration），西蒙·纳什（Simon Nasht）著。

历史

探险家——海洋与陆地

1954年，澳大利亚在南极大陆建立了第一座永久科研站，在国际地球物理年（Internaitonal Geophysical Year）（1957~1958）期间，就有12个国家在南极运营着46个考察基地。这一急剧扩展的活动促使了《南极条约》的生成，并于1959年得以签署，最重要的是，南极大陆从此受到保护，用于进行环保、和平的科学与探索。在随后的几年里，尽管出现了一些领土争端，《南极条约》仍然成为主要的约束力量。在过去几十年间，随着南极在气候变化中的主要作用日渐突显，以及独一无二的科学观测机会在南极不断涌现，南极科考也是突飞猛进，硕果累累。

探险家——海洋与陆地

各探险家南极成就一览表，见136页。

海豹捕猎者

在1780至1892年间的海豹捕猎时代，超过1100艘海豹捕猎船曾到访南极地区（包括环南极群岛和南极半岛），而曾到达这里的探险船只有区区25艘。这些海豹捕猎者来自英国、开普殖民地（现为南非的一部分）、法国、塔斯马尼亚和新南威尔士（现在的澳大利亚的一部分）、新西兰和美国。大多数活动都是为了谋取利益，而并非为了探索新发现。不过也有少数公司在南极探险上投入了大量资金，这其中就包括著名的伦敦恩得比兄弟公司（Enderby Brothers）。

几乎1/3的环南极群岛都是由海豹捕猎者发现的。但是这些捕猎者认为这些发现是专属于他们的，因此不对外公开这些信息（然而还是有一些喝醉的水手曾对外炫耀过这些新发现的海豹捕猎地）。

海豹捕猎意味着一种极端艰苦的生活。船只通常把成群的工人留在有希望获得好收成的海滩上，工人们在岸上一待就是好几个月，而船只则继续搜寻其他海豹捕猎地。帐篷、简陋的小屋，或是岩石间的小山洞都是海豹捕猎者们的栖息地，然而这些设施都难以遮风挡雨。野蛮的海豹捕杀工作本身也给海豹捕猎者留下了难以抹去的记忆。

别林斯高晋站（Bellingshausen）

1819年，受沙皇亚历山大一世（Czar Alexander I）派遣，沙俄海军上

1578年	1603年	1773年
弗朗西斯·德雷克（Francis Drake）乘坐"鹈鹕"号（Pelican）[这一名称后来改成了"金鹿"号（Golden Hind）]进行他的第二次环球航行，发现了将火地岛和南极洲分隔开的德雷克海峡（Drake Passage）。	西班牙人加布里埃尔·德·卡斯蒂利亚（Gabriel de Castilla）率领一支由三艘船组成的舰队破浪前行，到达德雷克海峡以南约为64° S的地方。西班牙设在迪塞普申岛上的基地后来以他的名字命名。	英国约克郡人詹姆斯·库克船长在第二次大型探索航行中三次穿越南极圈，到达71° 10′ S——但却从未目睹过南极洲。

校法比安·冯·别林斯高晋（1778~1852）前往南大洋航行。这个波罗的海德国人还曾参加过1803至1806年的俄罗斯首次环球航行。别林斯高晋带领他的旗舰*Vostok*（东方）号，一艘崭新的铜制船体的轻型护卫舰，和一艘较老旧的慢速运输船*Mirnyy*（和平）号，于1820年1月26日穿越南极圈，第二天他即成为看到南极大陆的第一人。尽管那天大雪纷飞，别林斯高晋还是在69° 21′S, 2° 14′W的位置发现了"一片遍布山丘的冰原"。然而他当时并没有意识到这一发现的重大意义，仅仅是在航海日志中记录下了天气与位置，然后继续前行。

这两艘船继续向东航行，到达69° 25′S，这一纬度超越了以往人们所到的最南纬度。他们六次穿过南极圈，环绕南极大陆航行，最终推进到69° 53′S，在那里他们发现了当时已知最南端的陆地——彼得一世岛（Peter I Øy）。他们还发现了第二块无冰陆地，别林斯高晋以沙皇的名字将其命名为亚历山大海岸（Alexander Coast）。现在人们知道这是一座岛屿，与南极半岛通过一座冰架相连。

帕尔默（Palmer）

美国海豹捕猎者纳塔尼尔·布朗·帕尔默（Nathaniel Brown Palmer）（1799~1877）是一位造船厂主的儿子，14岁时他离开了他的家乡康涅狄格州的斯托宁顿（Stonington）来到海上生活。1820年他第二次前往南设得兰群岛进行海豹捕猎航行，他指挥单桅纵帆船"英雄"号（*Hero*），带领其他海豹捕猎者组成的一小支船队向南航行。当他到达南设得兰群岛时，为的是寻找更加安全的锚地，他超过其他人，继续向南推进。他在欺骗岛的喷火山口内停靠，几乎可以肯定他是第一个这么做的人。11月16日，他看见了东南方的Trinity岛，也许他看见了南极半岛。第二天帕默就起航前往勘探，但由于厚重的浮冰，帕默还是放弃了尝试登陆这一轻率之举。

1821年1月，为搜寻海豹栖息地，帕默乘"英雄"号沿着南极半岛西侧向南航行，最远到达玛格丽特湾。

一年后，帕默指挥单桅纵帆船"詹姆斯门罗"号（*James Monroe*）与率领*Dove*号的英国船长乔治·鲍威尔（George Powell）一同在南设得兰群岛搜寻海豹。因为没有找到海豹，他们向东航行，1821年12月6日，他们发现了一片新的群岛中的一座大岛，这片群岛现在名为南奥克尼群岛（South Orkney）。

别林斯高晋为船员提供了一种独特的卫生措施，在船上建造了一座桑拿房：在甲板上的帐篷里放入加热的炮弹，用来为沐浴和清洗提供有益健康的蒸汽。

1775年	1786年	1819年
库克发现了南三明治群岛（South Sandwich Islands）南端的8座岛屿，以英国第一海军大臣、第四代三明治伯爵（Earl of Sandwich）的头衔为其命名。	在第一波英国海豹捕猎者中，读过库克对南极海狗的描述的托马斯·德拉诺（Thomas Delano）是到达南乔治亚岛的第一人。	英国商人威廉·史密斯船长（Captain William Smith）发现了南设得兰群岛。同年晚些时候，他在乔治王岛（King George）登陆，声称群岛为英国君主所有。

最早的南极登陆　罗伯特·黑德兰（*ROBERT HEADLAND*）

有证据表明，1820 年至 1821 年的夏季，在南设得兰群岛工作的三位海豹捕猎高手分别在南极半岛登陆——因此成为最早来到南极大陆的人类。他们分别是：约翰·戴维斯（John Davis），他乘坐来自美国楠塔基特（Nantucket）的"塞西莉亚"号（*Cecilia*）于 1821 年 2 月 7 日登陆；约翰·麦克法兰（John McFarlane）和约瑟夫·亚瑟（Joseph Usher）都来自伦敦，但在智利瓦尔帕莱索（Valparaiso）工作，他们分别乘坐"龙"号（*Dragon*）和"卡拉凯特"号（*Caraquette*），登陆时间不明。因为他们并没有发现海豹，相关人士对这几次航行也就没有什么兴趣，所以人们对这几次的登陆细节知道得很少。

19 世纪剩余的时间里，人们所知道的海豹捕猎者的南极大陆登陆活动仅有两次，一次是在南极半岛，另一次是在阿代尔角附近。尽管可能还有其他的登陆活动，但是因为没有发现海豹，所以这些登陆也就没有被记载。

罗伯特·黑德兰是斯科特极地研究所（Scott Polar Research Institute）的一名高级主管。

威德尔（Weddell）

苏格兰人詹姆斯·威德尔（1787~1834）是一位家具商的儿子，并且是英国皇家海军的一名军官。1819 年他回归商海，指挥双桅帆船"简"号（*Jane*）前往刚被发现的南设得兰群岛进行海豹捕猎远征。尽管这次航行并未获得经济收益，但他还是独自发现了南奥克尼群岛，就在纳塔尼尔·帕尔默和乔治·鲍威尔刚刚发现这些群岛以后。

在威德尔接下来的远航中，他带领"简"号和破冰船"比尤弗伊"号（*Beaufoy*）于 1823 年 1 月下旬到达南奥克尼群岛的东端。在 Saddle 岛，威德尔上岸收集了一种新品种的海豹的 6 张皮——这种海豹如今被称为"威德尔海豹"。但是到了 2 月初，威德尔已放弃寻找可进行捕猎的大规模海豹种群，因此他改道向南，进入一片常年覆盖着坚冰、无法通过的海域，冰面一直向北延伸至 60°S。

持续的风暴使船员们全身浸湿，但在 2 月 16 日，当他们穿越 70°S 时，天气转好，于是他们开始向南顺利进发。威德尔对这一绝佳的环境条件印象深刻，他写道："海面上一块冰也看不到。"

2 月 20 日，他们到达了令人难以置信的 74°15′S，开创了新的向南航行纪录，比库克所及之处还要远 344 公里。但是冬季正在逼近，所以尽管南方

1819年	1820年	1821年
南极最严重的一起海难发生在南设得兰群岛的利文斯顿岛（Livingston Island）附近，当时一艘配备了 74 杆枪的西班牙军舰——"圣特尔莫"号（*San Telmo*），与 650 名军官、士兵和水手一同消失。	1月27日，法比安·冯·别林斯高晋成为最早看到南极大陆的人。在南纬69° 21′S，西经2° 14′W，透过纷纷扬扬的大雪，他见到了布满小山丘的一片冰原。	11名船员乘坐海豹捕猎船"梅尔维尔勋爵"号（*Lord Melville*），成为人类已知最早在南极越冬的人（并非自愿），当时他们被留在了南设得兰群岛的乔治王岛上。

仍有开阔的水域，威德尔还是下令返航。他们鸣枪庆祝，并以乔治王四世（King George IV）为这片海域命名（为了纪念威德尔，这片海域的名称在20世纪改为威德尔海）。

威尔克斯（Wilkes）

当美国人查尔斯·威尔克斯（Charles Wilkes）上尉（1798~1877）在1838年接受命令领导美国探索远征队时，他并不知道这次远征将会面临怎样的艰难困苦。

起初，挑选出来的6艘船并不适合极地探索：战舰"温森斯"号（*Vincennes*），"孔雀"号（*Peacock*）和"海豚"号（*Porpoise*）上装备了炮门，会使汹涌的海浪进入船内；"海湾"号（*Sea Gull*）和"飞鱼"号（*Flying Fish*）是纽约市淘汰了的领港船；而行动缓慢的军需船"救济"号（*Relief*）只能为这支水土不服的船队充充数。

船队历经千辛万苦，还被拆散以后（大风吹走了帆船，小船受到冰块碾压，船员们不是受伤就是冻伤，"海湾"号连同船员在智利海域全部失踪），终于幸存的三艘船于1840年1月16日集结。就在迪蒙·迪维尔发现新大陆的前三天，他们就在154°30'E附近发现了新陆地，并在三天后派遣一艘登陆以进行确认。船队再次拆分，"温森斯"号向西继续航行并进行地图绘制，最后到达如今的沙克尔顿冰架（Shackleton Ice Shelf），当时威尔克斯将该地区命名为终点地（Termination Land）。威尔克斯沿着南极海岸航行了近2000公里，回到悉尼后便宣布发现了新的南极大陆。

迪蒙·迪维尔（Dumont d'Urville）

法国人儒勒·塞巴斯蒂安·塞萨尔·迪蒙·迪维尔（1790~1842）于1837年率领"星盘"号（*Astrolabe*）和*Zélée*号启程时，已是一名参加过两次环球旅行的经验丰富的航海家。尽管迪蒙·迪维尔希望到达南磁极（South Magnetic Pole），但路易斯·菲力普国王（King Louis Philippe）命令他只在威德尔海中向南行进到尽量远的地方。

但是当季威德尔海的冰面向北延伸得很远，令他沮丧的是，他甚至无法穿过海冰向南到达和威德尔当初所到之处一样远的地方。2月底，他发现

威德尔的水手们艰难的工作之所以变得不那么难以忍受，原因可能是每天定量分配给他们的朗姆酒：每人满满三杯。远征队折返的那天，他们并不高兴，因为他们没有发现任何海豹，这次航行没有实现盈利，他们仅是因为当天额外的朗姆酒配额而略微开心了一些。

历史 探险家——海洋与陆地

1821年	1821年	1821年
美国海豹捕猎者约翰·戴维斯乘坐*Cecilia*号，在南极半岛登陆，成为有纪录的最早踏上南极大陆的人。	美国人纳塔尼尔·布朗·帕尔默乘坐单桅帆船"詹姆斯门罗"号（*James Monroe*），与乘坐*Dove*号的英国人乔治·鲍威尔共同发现了南奥克尼群岛。鲍威尔登陆群岛，并声称群岛为英国君主所有。	法比安·冯·别林斯高晋发现了彼得一世岛，这是南极圈以南最早被发现的陆地，因此成为当时已知最南端的陆地。

纳桑尼尔·霍桑（Nathaniel Hawthorne）曾申请威尔克斯的远征队中的历史学家一职，但未能成功，他后来完成了小说《红字》（The Scarlet Letter）。可能他是幸运的，因为根据极地历史学家劳伦斯·柯万（Laurence Kirwan）在《白色道路》（The White Road, 1959）中所说，这次远征是"在南极海域航行的远征中准备最不足、最具争议、可能也是最令人沮丧的一次。"

历史
探险家 —
海洋与陆地

（或再次发现，因为海豹捕猎者可能已经在那里登陆过）了路易斯·菲力普地（Louis Philippe Land）和位于南极半岛北端的茹安维尔岛（Joinville Island）。当时，坏血病正在他的船上蔓延。

迪蒙·迪维尔的船队在太平洋进行了长达一年的民族学探索，期间23人死于痢疾和发热。之后他带领船员继续向南行进，在1840年1月19日，他们确信看见了陆地（第二天得到证实）。因为有大量的冰崖，他们无法登陆上岸，于是向西航行并在附近海域的一群小岛上登陆。他们劈下花岗岩碎片作为发现新大陆的证据，宣布新发现的大陆为法国所有，并以迪蒙·迪维尔的爱妻阿德利（Adélie）之名为其命名。

1840年11月，迪蒙·迪维尔和他的船员回到法国，受到热烈欢迎，并获得15 000法郎的奖金（共同分享）。一年多后，迪蒙·迪维尔与其妻儿在一次火车脱轨事故中去世。

罗斯（Ross）

苏格兰人詹姆斯·克拉克·罗斯（1800~1862）被认为是当时最勇敢的人之一，他在11岁时就加入了英国皇家海军。1818至1836年间，他在北极度过了8个冬季和15个夏季，1831年，在他叔叔约翰·罗斯（John Ross）领导的远航中担任副指挥，他定位了北磁极。1839年，他带领一支国家远征队前往南方探索，并定位了南磁极。

罗斯带领埃里伯斯号（Erebus）和特罗尔号（Terror）从荷巴特（Hobart）出发向南航行（这两艘三桅帆船进行了加固以用于冰上航行），穿过浮冰群，于1841年1月9日来到了开阔海域，成为最先到达"维多利亚冰障"（the Victoria Barrier, 现在被称为罗斯冰架）的人。第二天，罗斯看到了陆地，这是他们意料之外的新发现。两天后他们的一艘船在占领岛（Possession Island）登陆上岸，并宣称该领土为维多利亚女王所有。

罗斯继续搜寻南磁极，发现了High岛（现在的罗斯岛），并以他的两艘船的船名埃里伯斯（Erebus）和特罗尔（Terror）为岛上的两座山命名。然而，在罗斯前行的航线上，满是令人畏惧的冰架。这些冰架耸立于海面，高达60米。他们的船沿着冰架航行了450公里，水手们都战战兢兢。1841年1月22日，经过计算，他已经超越了威德尔向南航行的最远纪录，罗斯随即返回荷巴特。

罗斯于1841年11月再次向南航行，目的是到达维多利亚冰障的最东

1823年	1831年	1839年
苏格兰人詹姆斯·威德尔穿过如今以他命名的海域（曾经以乔治四世命名），到达创纪录的74° 15′ S——比库克所及之处向南又推进了344公里。	乘双桅帆船"图拉"号（Tula）的英国人约翰·比斯科（John Biscoe）在乘坐单桅帆船"莱弗利"号（Lively）的乔治·艾弗瑞（George Avery）的陪同下，第一次在印度洋海域见到了南极洲。	英国捕鲸船长约翰·巴雷尼（John Balleny）乘坐"伊莉莎斯科特"号（Eliza Scott），与乘坐"塞布丽娜"号（Sabrina）的托马斯·弗里曼（Thomas Freeman）一同发现了一群冰雪覆盖的岛屿。弗里曼在返航途中失踪。

端，并在次年2月23日创造了向南最远的新纪录——78° 10′S，但是冬季的到来迫使他们返航。

在威德尔海度过了令人失望的第三季后，时隔近四年半，远征队在1843年9月2日回到了英格兰。同年晚些时候罗斯结了婚，他的新娘安妮（Anne）的父亲提出了一个条件：他必须结束他的探险生涯。罗斯遵守了这一誓言，但出现了一次例外。1847至1848年他为搜寻约翰·富兰克林（John Franklin）再次返回南极。富兰克林于1845年在搜寻西北航道之旅中失踪。

布尔（Bull）

1893年，挪威人亨利克·约翰·布尔（1844~1930）说服富有的爆炸性捕鲸炮投资人斯文·弗因（Svend Foyn）为一项远征计划提供支持，以探索罗斯海的捕鲸业潜力。布尔使用经过整修的捕鲸蒸汽船"南极"号（*Antarctic*）[后被诺登许尔德（Nordenskjöld）使用]航行，然而远征队遭遇了诸多不幸，看到的鲸鱼也屈指可数。在Îles Kerguelen岛进行的海豹捕猎活动获得的3000英镑利润，随着"南极"号在坎贝尔岛（Campbell Island）搁浅而消耗殆尽。

1895年1月24日，一组船员登陆阿代尔角，并声称这是南极大陆的第一次登陆（尽管这其实只是多个有争议的"第一次登陆"之一，见153页）。他们收集了企鹅、岩石标本、海草和地衣。布尔继续进行海豹和鲸鱼捕猎活动，在他62岁时，在Îles Crozet岛遭遇船只失事，被困长达两个月。

德·热尔拉什（De Gerlache）

比利时人艾德里安·维克多·约瑟夫·德·热尔拉什·德·戈梅里（Adrien Victor Joseph de Gerlache de Gomery）（1866~1934）是比利时皇家海军（Royal Belgian Navy）中的一名上尉，他说服布鲁塞尔地理协会（Brussels Geographical Society）为一次南极科学远征提供财政支持。他乘坐一艘被重新命名为"比利时"号（*Belgica*）的三桅帆船，在1897年带领一组国际船员离开安特卫普（Antwerp），船员中包括了一名挪威人，他主动提出加入远征，担任大副且不收取报酬：他就是罗尔德·阿蒙森。

2月初，远征队在南极半岛西侧发现了一条海峡并为其绘图，这条海峡

历史 探险家——海洋与陆地

1820年，迪蒙·迪维尔还是地中海东部的一艘测量船上年轻的海军少尉，他在米洛斯岛（Island of Milos）上看见了一座刚挖掘出来的美丽脱俗的雕像，他还给这座雕像画了一张素描，这座雕像正是米洛的维纳斯、断臂维纳斯（*Venus de Milo*）。他帮助法国得到了这座雕像，因此被授予法国荣誉军团勋章（Légion d'Honneur）并晋升为上尉。

1840年	1841年	1892年
法国人儒勒·塞巴斯蒂安·塞萨尔·迪蒙·迪维尔发现了一条南极海岸和一个企鹅种群，并以他的妻子阿德利为两者命名。	詹姆斯·克拉克·罗斯到达了后来以他命名的海域，然后发现了巨大的冰障（如今被称为罗斯冰架），这一冰障阻挡着他向南前进的道路。	挪威人卡尔·安通·拉尔森（Carl Anton Larsen）对南极半岛北部的两处海岸进行探索，发现了奥斯卡二世地（Oscar II Land），并最先在南极使用了滑雪板。

海上撞击

1842 年 3 月 13 日，罗斯带领的"埃里伯斯"号和"特罗尔"号在黑暗中航行，被风吹至一群冰山之中。为了躲避与冰山的撞击，两艘船都必须不断地奋力转舵，避让冰山。但是突然一个巨浪打来，船被陡然抬高，"特罗尔"号在"埃里伯斯"号上方落下，撞掉了"埃里伯斯"号的船首斜桁、前桅的中桅、下桁、帆桁和撑杆。尽管"埃里伯斯"号的整个船身都被铜制保护层包裹着，但其中一个锚还是被从右侧甩出。当两艘船分开时，"埃里伯斯"号离巨大的冰山仅有 8 米，幸好最终还是设法贴着冰山安全滑过，"特罗尔"号也同样幸免于难。

罗斯的远征队在荷巴特停留时，招待他们的是范迪门斯地（Van Diemen's Land）（塔斯马尼亚）的总督约翰·富兰克林，他自己也是一名经验丰富的北极探险家。他后来再次前往北极海域航行——同样乘坐"埃里伯斯"号和"特罗尔"号——他在北极失踪，并引发了历史上最大规模的北极搜救工作。

现以德·热尔拉什命名，同时他们还发现了海峡西侧的几座岛——布拉班特岛（Brabant）、烈日岛（Liège）、昂韦尔岛和温克岛（Wiencke）。他们沿着海峡东侧航行，为南极半岛的丹科海岸（Danco Coast）绘制地图，这个海岸就是以这次远征中去世的地磁学家命名。

"比利时"号在1898年2月15日穿过南极圈。到3月1日，他们已经深入浮冰群，到达71°31′S。从第二天开始，他们便被困于冰中长达377天之久。这是他们所有人第一次在南极圈以南越冬，远征队经历了巨大的艰苦困境：隆冬黑暗中人们容易变得神志不清，维生素C的缺乏使他们随时面临着患坏血病的危险。

1899年1月，为了自救，他们试图在一片开放水域和船身之间手工开凿出一条600米的水道。他们不分昼夜地工作了一个月。当这条水道距船只不到30米的时候，一阵大风把浮冰群吹得更加紧密，不到一个小时就把好不容易才凿开的水道又给封住了。两周后，冰面稍微裂开一些，他们乘着蒸汽船进入冰隙，只能被迫再等待一个月，然后才得以来到开放海域。

博克格雷温克（Borchgrevink）

卡森·艾格博格·博克格雷温克（Carsten Egeberg Borchgrevink）（1864~1934）的父亲是挪威人，母亲是英国人，1894年他和布尔一同乘坐"南极"号远航。他们在阿代尔角的成功登陆，使博克格雷温克相信在南极陆地上越冬是可能的，因此他决定组织自己的远征队，并成为第一支在南极大陆过冬的探险队—— 也就是1898至1890年的英国南极远征队

1895年	1897年	1898年
亨利克·约翰·布尔在1893年乘坐经过改装的捕鲸蒸汽船"南极"号从挪威起航，在阿代尔角登陆，这是南极半岛地区以外进行的第一次登陆。	挪威人罗尔德·阿蒙森签约受雇于艾德里安·维克多·约瑟夫·德·热尔拉什·德·戈梅里的比利时南极远征队并担任大副且不收取任何报酬。	约瑟夫·德·热尔拉什的"比利时"号被冻结在浮冰中。远征队被困377天，成为最早在南极圈以南越冬的人。

（British Antarctic Expedition）。

博克格雷温克的"南十字"号（*Southern Cross*）是从挪威海豹捕猎船改造而来的，1899年2月17日抵达阿代尔角。尽管途中一人遇难，勇敢的远征队最终还是成功地完成了目标（见98页）。

诺登许尔德（Nordenskjöld）

瑞典地质学家尼尔斯·奥托·古斯塔夫·诺登许尔德（1869~1928）曾经领导过育空河（Yukon）和火地岛（Tierra del Fuego）的远征。1900年，他受命领导瑞典南极远征队（Swedish South Polar Expedition），成为在南极半岛地区越冬的第一人。

在诺登许尔德的领导下，具有丰富经验的南极探险家、挪威人卡尔·拉尔森（Carl Larsen）担任了原海豹捕猎船"南极"号的船长，这艘坚固的船正是亨利克·布尔曾经使用过的。1902年1月底，他们在南极半岛西侧探索到了很多重要的地理发现，随后返回南极半岛北端。在那里，他们在南极半岛和周边的茹安维尔岛之间的海峡航行，并以他们的船名为海峡命名。

然后远征队试图向南穿越浮冰进入威德尔海，但是恶名远播的威德尔海冰山阻止了他们。于是在1902年2月，诺登许尔德和另外五人在雪山岛（Snow Hill Island）上的一座小屋内建立起一座冬季基地，而"南极"号则前往福克兰群岛越冬。直到1903年11月，诺登许尔德和他的队员们才最终和拉尔森及"南极"号的船员重聚。想了解他们更多的苦难冒险经历，见92页。

尽管人们记住的是诺登许尔德的远征队在几乎无法战胜的绝境中生存下来的经历，但他们依然完成了到当时为止最重要的南极研究工作——包括植物学、地质学、冰河学和水文地理学等领域。

斯科特（Scott）
——发现号（Discovery）远征

就在诺登许尔德的队员们挣扎着在南极生存下来的时候，英国探险家罗伯特·福尔肯·斯科特船长（1868~1912）正在罗斯岛上的一座基地工作。斯科特是一啤酒酿造商的儿子，属于中上层阶级，他在13岁加入皇家海军的训练船"大不列颠"号（*Britannia*）成为一名军校学生。他在普

德·热尔拉什的远征中，第一次在南极使用了摄影技术。船上的医生弗雷德里克·库克（Frederick Cook）记录道："蒸汽船迅速前进，眼前掠过的是这个新世界的一幕幕美景，摄影机的快门声就像证券报价机的敲打声一样频繁和连续。"

"南十字"号在1900年1月28日返航时，博克格雷温克的团队证明了一个重要的事实：如果使用木制小屋作为探险基地，人类是可以在冬季的南极大陆上存活下来的。他们还制作了精良的罗斯海地区地图，后来证明这些地图对以后的探险家们来说有着不可估量的价值。

1899~1900年	1902年		1904年
博克格雷温克的南十字号远征队是最早在南极大陆上越冬的人。整片大陆上只有远征队10人（陪伴他们的是南极最早的90只雪橇狗）。	罗伯特·F·斯科特的"发现"号远征是最早的以到达南极点为唯一目标的远征活动，但是斯科特的三人团体，包括欧内斯特·沙克尔顿和爱德华·威尔森在内，只到达了82°16′30″S。		挪威人卡尔·安通·拉尔森在南乔治亚岛最好的港口的海岸上建立了格吕特维肯捕鲸站，位于这个岛受保护的北海岸上。南极捕鲸时代从此拉开序幕。

» 浮冰中的"特拉诺瓦号"（*Terra Nova*）

ARCHIVE PICS / ALAMY©

通士兵中脱颖而出，在1900年6月被晋升为中校。一个月后他被任命为英国国家南极远征队（British National Antarctic Expedition）的领队，1901年8月6日，这支获得大量财政支持的队伍乘坐发现号从英格兰起航。"发现"号是一艘特别建造的木制蒸汽三桅帆船。

1902年1月3日，"发现"号越过南极圈，6天后在阿代尔角短暂停留。在穿越罗斯海时，斯科特沿着罗斯冰架航行，在冰架的东侧边缘发现了爱德华七世地（King Edward VII Land）。

到1902年2月中旬，斯科特的队员已在罗斯岛上的哈特海岬（Hut Point）建立起冬季营地。尽管已经在陆地上建立了一座小屋（见108页），但被冻结在海冰中的"发现"号仍被用作了住宿设施。

在一次雪橇旅行中，面对猛烈的暴风雪，年轻的水手乔治·文斯（George Vince）在悬崖上滑落遇难。但冬季还是静悄悄地流逝，团队的住宿环境也因另一个南极新事物而热闹起来：电灯（用风车供电）。由远征队成员欧内斯特·沙克尔顿担任编辑，他们出版了南极的第一本杂志——月刊《南极时报》（South Polar Times），还出版了一期较为通俗的刊物《暴风雪》（Blizzard），这本刊物扉页上是一个拿着瓶子的人物图片，标题写着"暴风雪算什么，我一切安好"。

1902年11月2日，在"发现"号船员的欢呼声中，斯科特和沙克尔顿、科学官员爱德华·威尔森（Edward A Wilson）博士，带着19只狗和5辆补给雪橇一同出发前往南极点。然而，他们没有滑雪和驾驶狗拉雪橇的经验，导致这首次的南极点征服之旅无功而返（见135页了解更多信息）。

第二年夏季，在斯科特带领一支雪橇队进军维多利亚地南部以后，救援船"早晨"号（Morning）和"特拉诺瓦"号（Terra Nova）到达。如果"发现"号在6周内还无法解困，就将被抛弃。经过数周的凿冰和炸冰，大自然终于发了慈悲。1904年2月16日，在人们最后一次的努力下，"发现"号被解救了，终于踏上了漫漫回家路。

布鲁斯（Bruce）

苏格兰医生威廉·斯皮尔斯·布鲁斯（William Spiers Bruce）（1867~1921）领导了苏格兰国家南极远征队（Scottish National Antarctic Expedition），乘坐被重新命名为"苏格夏"号（Scotia）的挪威蒸汽海豹捕猎船前往南极。1902至1903年间，远征队向南推进到威德尔海，但是在

1902年2月4日，斯科特进行了第一次南极飞行，他乘坐一个名为"伊娃"号（Eva）的系留气球，在鲸湾升到240米的高度。携带摄影器材的远征队员欧内斯特·沙克尔顿随后也乘气球升空，成为南极洲第一位空中摄影师。

1908年	1909年	1909年
罗斯岛上的埃里伯斯火山有3794米高，是世界上最南端的活火山，欧内斯特·沙克尔顿的"猎人"号远征中的一个团队最先攀登了这座火山。	欧内斯特·沙克尔顿和他的同伴们——詹姆森·亚当斯（Jameson Adams），艾利克·马歇尔（Eric Marshall）和弗兰克·怀尔德——创纪录地到达了88°23′ S，距离南极仅有180公里。补给短缺迫使他们必须返回。	沙克尔顿的"猎人"号远征中的3人——TW·埃奇沃思·大卫、道格拉斯·莫森和阿利斯泰尔·麦基——步行近1600公里到达南磁极，这是人类第一次到达南磁极。

椎伽尔斯基（Drygalski）：冰上的精巧装置

埃里希·达戈贝尔特·冯·椎伽尔斯基（Erich Dagobert von Drygalski）（1865~1949）是一位地理教授，曾率队进行了一次长达4年的格陵兰远征。1898年，他受命带领德国南极远征队（German South Polar Expedition）。椎伽尔斯基乘坐三桅帆船"高斯"号（Gauss），于1902年2月21日在90°E的地区见到了陆地，他将其命名为德皇威廉二世地（Kaiser Wilhelm II Land）。同一天，船只被浮冰围攻，很快就像椎伽尔斯基所说的，成为"恶劣天气的玩物"。

Gauss号困在向西漂流的浮冰中，人们渐渐习惯了这种白天进行科学工作，晚上打牌，听讲座，喝啤酒和听音乐的生活。雪花堆积在船上，温暖潮湿的室内空间产生了一种典型的德式温馨舒适的氛围（Gemütlichkeit）。远征队甚至还出版了一份船上报纸——《南极情报家》（Das Antarktische Intelligenzblatt）。

一支雪橇运输队行进80公里来到南极海岸，他们在路上发现了一座矮火山，并以他们的船名为火山命名为高斯山（Gaussberg）。1902年3月29日，椎伽尔斯基乘坐大型系留氢气球升到480米的高度，并使用电话向船上报告他的观察。

春去夏来，人们试图锯、钻，甚至炸开6米厚的坚冰，但都无法使船只恢复自由。椎伽尔斯基注意到船上烟囱的煤渣可使他们船下的冰层融化，因为深色的煤渣会吸收太阳的热量。他让手下用煤渣以及腐烂的垃圾在冰上铺设了一道轨迹，从"高斯"号延伸至开放水域，长达600米。

这一巧妙的方法奏效了。很快，一条2米深的水道就开辟了出来。然而直到两个月之后的1903年2月8日，水道的底部裂开，船才重获自由。

70°S，"苏格夏"号被困在了浮冰中。重获自由后，远征队向北行进，前往Laurie岛过冬，1903年4月1日，他们在那里建立起一座气象站，成为南极洲最古老的持续运营的基地（现在被称为奥尔卡达斯站Orcadas，见63页）。

1904年1月，布鲁斯穿过威德尔海到达74°S，在那里他发现了科茨地（Coats Land），以远征队的赞助人安德鲁·科茨和詹姆斯·科茨（Andrew and James Coats）为其命名。"苏格夏"号沿海岸航行了240公里，但是固定冰使船只一直保持在距海岸两三公里处，着实令人沮丧。

布鲁斯于1921年去世，他的骨灰被带到南方，并洒向南大洋。

1911年	1912年	1912~1913年
挪威人罗尔德·阿蒙森、奥拉夫·比阿兰德（Olav Bjaaland）、赫尔默·汉森（Helmer Hanssen）、斯维尔·哈塞尔（Sverre Hassel）以及奥斯卡·维斯廷（Oscar Wisting）于12月14日到达南极点并宣称极地高原为挪威所有。	罗伯特·F.斯科特、亨利·鲍尔斯（Henry Bowers）、爱德加·埃文斯（Edgar Evans）、劳伦斯（"提图斯"）·奥茨（Lawrence 'Tutus' Oates）和爱德华·威尔森乘雪橇于1月17日到达南极点。5人全部都在返回罗斯岛小屋的途中遇难。	这一个夏季，南极的6座陆地捕鲸站、21艘加工厂船和62艘捕鲸船共捕获并加工了10 760头鲸鱼。

沙考（Charcot）

　　法国医生让-巴蒂斯特·艾蒂安·奥格斯特·沙考（Jean-Baptiste Etienne August Charcot）（1867~1936）率领法国南极远征队（French Antarctic Expedition），沿南极半岛西海岸航行。1904年2月19日，他发现了位于温克岛上的洛克罗伊港（Lockroy）。远征队继续向前航行，并在Booth岛北海岸上的一个避风港越冬，沙考以他父亲之名将这座海港命名为沙考港。春季冰雪解冻后，远征队向北航行，在1903年1月15日遇到了麻烦，当时他们的纵帆船"法国"号（*Français*）撞上了一块岩石。尽管远征队试图把洞堵上，但他们还是被迫在阿根廷解散。沙考回了家，他的妻子珍妮（Jeanne）以沙考对她的遗弃为由与他离婚。

　　1908年，沙考率领法国政府远征队再次前往南极。他们搭乘新建造的*Pourquoi Pas?*（"为什么不呢？"）号，这艘船的船名竟然与沙考儿时给他的玩具船起的名字一样。远征队继续进行沙考在"法国"号远征期间在南极半岛西侧开始的考察工作。沙考发现并命名了法利埃海岸（Fallières Coast），这一海岸被阿德莱德岛环绕着，因而证明其他地形狭长，沙考还发现了玛格丽特湾（以他的第二任妻子梅格——Meg命名）。

　　这艘船配备电气照明和一间收藏了1500本书的藏书室。1909年的冬季期间，远征队被浮冰包围在彼得曼岛的一座海湾中时，这些配置发挥了巨大的作用。远征队建立了一座海岸基地，在这栋小屋中进行气象、地震、地磁和潮汐研究。

　　26年后，沙考再次乘坐*Pourquoi Pas?*号向着险恶的海域远航，这次他选择了冰岛附近的海域，航行中大风卷走了船长和船，43名船员中仅有一人生还。

沙克尔顿（Shackleton）——"猎人"号（Nimrod）远征

　　欧内斯特·亨利·沙克尔顿（1874~1922）拥有英格兰与爱尔兰血统，在家里10个孩子中排行第二，父亲是一位医生，母亲是贵格会（Quaker）教徒。他这一生都坚守着家训: *Fortitudine vincimus*（不屈不挠，则战无不胜）。他正是一位不屈不挠的工作者，不仅富有人格魅力，而且拥有坚强的性格。在1902年斯科特带领的那次最南端的南极远征中，沙克尔顿承受了

苏格兰国家南极远征队取得了具有里程碑意义的重要成就: 他们最先在南极制作了简易电影。此外，摄影记录下了在遥远南方的第一次风笛吹奏；一只帝企鹅向后扬着头张开了嘴，一位穿着百褶裙的风笛手正在为它吹奏小夜曲。

1913年	1915~1916年	1928年
两名同伴死于雪橇之旅后，道格拉斯·莫森只能在位于丹尼森角的基地中艰难度日。莫森到达前几个小时，救援船"极光"号（*Aurora*）刚刚驶离这里。	欧内斯特·沙克尔顿的"坚忍"号被威德尔海浮冰压沉。远征队成员在冰盖上生存了5个月，然后乘坐3艘小船航行至南设得兰群岛的大象岛。	澳大利亚人乔治·休伯特·威尔金斯完成了南极的第一次动力装置飞行，他驾驶洛克希德Vega单翼飞机从迪塞普申岛的一条跑道起飞，只飞行了20分钟就因天气原因被迫中止。

沙克尔顿的其他"第一"

除了极地团队所到之处成为当时人类向南所及的最远端纪录，沙克尔顿的猎人号远征队还实现了以下"第一"：

登上埃里伯斯火山：1908年3月10日，TW. 埃奇沃斯·大卫（TW Edgeworth David）带领的6人团队经过5天的攀登，到达了这座火山的边缘。

到达南磁极：道格拉斯·莫森和阿利斯泰尔·麦基（Alistair Mackay）同样是在大卫的带领下，进行了近1600公里的跋涉，于1909年1月16日到达南磁极。

试验了南极第一辆汽车：这是一辆阿罗-约翰斯顿（Arrol-Johnston）汽车，试验证明在雪中这种车并不好用，但是可用于在冰上搬运货物。

在南极发行了第一本书（也是唯一 一本）：这本《南极光》（*Aurora Australis*）共发行了80册。

疾病带来的巨大痛苦。

回到苏格兰，沙克尔顿担任格拉斯哥（Glasgow）一家大型钢铁厂的公共关系人员。厂主威廉·比德莫尔（William Beardmore）对沙克尔顿青睐有加，并资助了他的下一次南极远征。英国南极远征队搭乘"猎人"号从新西兰启航，这艘船是一艘三桅海豹捕猎船，曾在北极使用了40年。当沙克尔顿在1908年1月到达罗斯冰架时，他在罗斯岛上的罗伊兹角建了一座小屋（见111页），之后继续前往南极。补给品的缺乏使团队受挫，沙克尔顿和他的队员被迫在距离目的地还有180公里的时候放弃了尝试。

阿蒙森（Amundsen）

挪威人罗尔德·恩格尔布莱格特·格拉乌宁·阿蒙森（Roald Engelbregt Gravning Amundsen）（1872~1928）是一位富有经验的探险家，他在1910年从克里斯蒂安亚（Christiana）（现在的奥斯陆（Oslo））启航前往南极，那时候只有他和少数几个人了解南极。阿蒙森以前曾和德·热尔拉什的"比利时"号远征队一起第一次在南极圈以南越冬（见157页）。1903~1906年，他曾参加探寻西北航道的第一支远航队，这正是几个世纪以来航海家们追寻的目标。他在北极度过了三个冬季，从当地因纽特人那里学到了关于极地衣物、旅行和训狗等方面的许多知识，后来的经历证明

沙考花掉了他获得的遗产，包括40万金法郎和弗拉戈纳尔（Fragonard）的一幅画《巴夏》（*Le Pacha*），用于建造三桅帆船法国号，并为其配备实验室设备。

1929年	1935年	1935年
理查德·伊夫林·伯德和三名同伴从远征队位于罗斯冰架鲸湾的基地"小美利坚"起飞，成为最早飞越南极的人。	美国人林肯·埃尔斯沃思和加拿大人赫伯特·霍利克-凯尼恩（Herbert Hollick-Kenyon）完成了第一次横跨南极洲的飞行。他们原本计划用14小时来完成3700公里的飞行，但却因为恶劣的天气而耗费了两周时间才完成。	挪威人卡罗琳·米克尔森（Caroline Mikkelsen）是踏足南极大陆的第一位女性，当时她和她的丈夫——捕鲸船长克拉里乌斯（Klarius）一同于2月20日登陆维斯特福尔德丘陵（Vestfold Hills）。

这些知识使他受益匪浅。

最初，阿蒙森对北极颇感兴趣，一直以来都梦想着到达北极点。但正当他计划一次北极远征之时，传来了美国人罗伯特·E. 皮尔里（Robert E Peary）宣称已在1909年4月6日到达北极的消息。于是，阿蒙森迅速并秘密地将他的雄心勃勃的计划调转了180度。

阿蒙森的"费拉姆"号（Fram）（意为"前进"），曾被挪威探险家弗里乔夫·南森（Fridtjof Nansen）用于一次不成功的北极探险，阿蒙森乘坐这艘船于1910年8月9日从挪威启航。"费拉姆"号装备一台柴油机，可实现迅速发动（与烧煤的蒸汽引擎截然不同），其船身呈圆形，可在浮冰的挤压中使船身上升（而不是像其他标准船身一样被夹在其中）。为了避免罗伯特·斯科特效仿他的计划，阿蒙森仅把他的计划透露给远征队中的3名成员，到达马德拉岛（Madeira）后才向其他人宣布这一消息，使人们意外不已。很快，他给身在墨尔本的斯科特发了封名垂千史的电报："谨告知您费拉姆号正前往南极——阿蒙森。"

阿蒙森在鲸湾（Bay of Whales）的冰架上建立起他的基地——佛朗涵基地（Framheim）（"费拉姆之家"）。9人在这座预制小木屋中度过了冬季。木屋外，15顶一模一样的帐篷作为贮藏棚和远征队的97只北格陵兰狗的狗舍。阿蒙森从佛朗涵基地出发，因为一开始就比斯科特近了100公里，所以他略占优势，但也面临着新的挑战，他得开辟出一条从罗斯冰架前往极地高原的新路线。

1911年12月14日，阿蒙森和他的队员成为最早到达南极点的探险者。深入了解他们的具体路线，见136页。

斯科特（Scott）——"特拉诺瓦"号（Terra Nova）远征

斯科特率领的英国南极远征队于1910年11月29日从新西兰出发，他们的新目标是到达南极点。他们在1911年1月乘坐"特拉诺瓦"号到达罗斯岛，这是一艘旧的苏格兰捕鲸船，是"发现"号远征结束时前往营救的两艘救援船之一。斯科特发现浮冰阻挡了他通往之前的"发现"号小屋的道路，因此他在埃文斯角重新建立了冬季营地（见109页），这里是以他的副指挥爱德华·拉特克利夫·加思·罗素（"泰迪"）·伊万斯（Edward Ratcliffe

阿蒙森的计划缜密细致：他为每一重要物品都准备了三至四件的后备，团队安放了10座标记明显的储备站，一直延伸至82°S，共储存了3 400公斤的储备物资与食物。

1946年	1947年	1954年
美国的跳高行动是历史上规模最大的南极远征行动，共向南极大陆派遣了4700人、33架飞机和13艘船。行动中沿近3/4的南极大陆海岸拍摄了大量的航空照片。	美国人伊迪丝（"杰基"）·罗尼（Edith 'Jackie' Ronne）和珍妮·达林顿（Jennie Darlington）加入龙尼南极研究远征队（Ronne Antarctic Expedition）前往斯托宁顿岛（Stonington Island），成为最早在南极越冬的女性。	菲利普·劳（Phillip Law）和澳大利亚国家南极研究远征队在南极洲东部建立了莫森站。这座基地以道格拉斯·莫森命名，是南极大陆上第一座永久科考站。

拍卖台上的极地手工制品

斯科特船长的后代在1999年拍卖了他最后一次远征中留下的手工制品。极地团队中的最后三人可能用来烹饪过最后一顿热饭的普里默斯油炉的一些部件，卖出了27 600英镑。随遗体发现的英国国旗，可能曾被基地团队随身携带并在南极点飘扬，后来卖出了25 300英镑。

2012年3月举行的百年纪念拍卖，斯科特写给埃德加·施派尔爵士（Sir Edgar Speyer）的告别信拍出了163 250英镑。

Garth Russell 'Teddy' Evans) 命名的。小屋一建成，斯科特就开始了雄心勃勃的运补之旅。他还引进一种用途广泛的南极创新举措：在埃文斯角和哈特海岬之间铺设了一条电话线。

随之而来的春季中，斯科特于10月24日派遣了一支队伍，乘坐两辆雪地车出发，8天后又派遣了人数较多的另一支队伍和10匹小马。各团队展开补给品接力，并设置了补给站。尽管斯科特的远征队最终在1月17日到达了南极点，但却悲剧地失败了——他们不仅没能首先到达南极点（胜利属于罗尔德·阿蒙森），而且斯科特和随行4人都在返程中丧生。了解更多信息，见135页。

留在大陆边际的人中就有声名狼藉的三人组，他们在隆冬时节长途跋涉前往克罗泽角（见114页），以及由维克多·坎贝尔（Victor Campbell）领导的另一组北方团体。这支队伍发现了奥茨地（Oates Land）[纪念劳伦斯（"泰特斯"）·奥茨（Lawrence Oates）] 并在罗斯海西海岸特拉诺瓦湾（Terra Nova Bay）的一个雪洞中度过了物资严重匮乏的一个冬季。

由地质学家格里菲斯·泰勒（Griffith Taylor）领导的六人团队探索了神秘如仙境般的干燥谷，这一地点是斯科特在"发现"号远征中发现的。

莫森（Mawson）

澳大利亚地质学家道格拉斯·莫森（1882~1958）被罗伯特·斯科特邀请参加"特拉诺瓦"号远征，但他拒绝了这一邀请，因为他更想自己率队出征。莫森是一位有着丰富经验的探险者，他曾参加过沙克尔顿"猎人"号远征，他想要探索的是阿代尔角以西的新疆域。

1956年	1957~1958年	1958年
美国海军飞行员康拉德（"格斯"）·希恩（Conrad 'Gus' Shinn）驾驶飞机"顺其自然"号（Que Sera Sera），搭载少将乔治·达弗克（George Dufek）等6人，他们是继斯科特之后最早到达南极的人。	由12个国家运营的46座南极站（包括位于南极点的一座）致力于为国际地球物理年作出贡献，这一模式效仿自1882至1883年间和1932至1933年间的国际极地年。	英国人维维安·福克斯率领的英联邦横跨南极远征队（简称为TAE）首次成功穿越南极大陆：从威德尔海岸到罗斯海。

» 维维安·福克斯博士（Dr Vivian Fuchs）

大洋洲南极远征队（Australiasian Antarctic Expedition）于1911年12月2日乘坐曾用于海豹捕猎的旧船"极光"号（*Aurora*）从荷巴特出发。船主是约翰·金·戴维斯船长（Captain John King Davis）（他也和莫森以及沙克尔顿一同参加了"猎人"号远征）。他们在1912年1月到达冰盖边缘，然后沿着海岸向西行进，前往一片新疆域，莫森将其命名为乔治王五世地（King George V Land），并声称英国拥有领地主权。莫森在联邦湾的丹尼森角建立基地，随后展开了开创性的科学探索和惊心动魄的探险之旅（了解更多信息，见130页）。

1929至1931年，莫森重返南极洲，带领英国、澳大利亚和新西兰南极研究远征队（British, Australian & New Zealand Antarctic Research Expedition, 简称BANZARE）进行了两次夏季航行。他们前往联邦湾以西，在那里他发现了麦克罗伯特森地（Mac.Robertson Land），并以远征赞助人麦克弗森·罗伯特森爵士（Sir MacPherson Robertson）为其命名。

费通起（Filchner）

随着阿蒙森征服南极，巴伐利亚陆军中尉威廉·费通起（Wilhelm Filchner）（1877~1957）开始着手处理另一个问题：威德尔海和罗斯海是否像一些地理学家所假设的那样，通过一条海峡相连。费通起打算从威德尔海出发，穿越南极大陆，从而解决这一难题。

1911年5月4日，第二德国南极远征队（Second German South Polar Expedition）乘坐德意志号（*Deutschland*）远航并在12月中到达威德尔海的浮冰处。他们在狭窄的航路中行进了10天，深入威德尔海的南海岸，到达威廉·布鲁斯发现的科茨地。费通起向西航行，到达一片新疆域，将其命名为"路德维希摄政王地"（Prinz Regent Luitpold Land）（即现在的路德维希海岸）。他还发现了一大片冰架，并以他的君主之名将其命名为"德皇威廉冰障"（Kaiser Wilhelm Barrier）（德皇威廉后来坚持以费通起之名为这座冰架重新命名）。费通起随后试图在冰架上建立一座越冬基地Stationseisberg，但是由于冰架崩解，一块巨大的冰体连带着远征队的几乎整座小屋沉入了大海，于是他的这些计划都不得不仓促中止。

南极的冬季逼近，船被困在浮冰中，漂流了9个月。在这些单调乏味的日子里，有一名船员把一整本字典从A到Z读了个遍。船漂流期间，船长理查德·瓦萨尔（Richard Vahsel）在1912年8月死于梅毒，如费通起后来所

1959年	1961年	1965年
《南极条约》旨在保护南极，维护和平，禁止核爆，保证科学自由，于12月1日由12国签署。1961年生效。	在一次持续了1小时45分钟的紧急手术后，俄罗斯Novolazarevskaya站的医生列昂尼德·I.罗戈佐夫（Leonid I Rogozov）仅使用了局部麻醉，成功摘除了他自己身上的阑尾。	南乔治亚岛最后的陆上捕鲸站格吕特维肯随着商业捕鲸的禁止而关闭。1904至1966年间，南乔治亚岛共计捕获175 250头鲸鱼。

记录，"船长被装在麻袋中，沉入海底。"

1912年11月26日，冰块瓦解，船解困，于是他们航行至南乔治亚岛（South Georgia），然后返回家乡。

沙克尔顿（Shackleton）——"坚忍"号（*Endurance*）远征

沙克尔顿率领的"猎人"号远征没能到达南极点，因此他又将目标锁定为穿越南极洲。皇家横跨南极洲远征队（Imperial Trans-Antarctic Expedition）计划乘坐"坚忍"号到达威德尔海岸，并建立一座基地，然后徒步经过南极点，横跨南极大陆。在比尔德摩尔冰川（Beardmore Glacier）上，南极穿越团队将与另一组从罗斯岛登陆的人（乘坐"极光"号从荷巴特出发）会面。

"坚忍"号于1914年8月8日从普利茅斯（Plymouth）启航，到访马德拉岛、布宜诺斯艾利斯（Buenos Aires）和南乔治亚岛，然后向威德尔海浮冰挺进。很快"坚忍"号就被浮冰挤在无比狭窄的航道中。

1915年1月19日，"坚忍"号被困。随后发生的事情不可思议，已成为一段传奇，其中大部分都被远征队的摄影师富兰克·贺理（Frank Hurley）记录在了胶片上。他们的船被冷酷的浮冰无情地碾压，最终于11月21日沉没。沙克尔顿和他的队员在浮冰上生存了5个月，然后才乘坐三艘小型开敞式救生艇划过冰冷的海水，到达大象岛。其实这座岛只不过是一块风蚀岩，沙克尔顿和其他5人被迫乘坐6.9米长的*James Caird*号（造船的木匠使用回收木材为这艘船装上了甲板）在开放海面上又航行了1300公里，以寻求南乔治亚捕鲸者的帮助。经过16天精疲力竭的海上航行，他们在南乔治亚岛登陆，完成了历史上最伟大的一次航海壮举。富兰克·沃斯利（Frank Worsley）仅使用一台航海定向仪帮助船只在浓密的云雾和15米高的巨浪中航行。

遗憾的是，他们在南乔治亚岛的登陆地点位于哈肯王湾，即荒凉、无人居住的西南海岸，而捕鲸站则位于岛上的东北侧（深入了解他们如何生存，见60页）。

当他们到达斯特洛姆内斯后，人们派了一艘船去营救留在哈肯王湾的三人。接下来的四个月，人们3次尝试营救困在大象岛上的22人但都以失败告终，沙克尔顿后来获得了"叶尔丘"号（Yelcho）的帮助，这是从智利政府

1966年	**1969年**	**1978年**
南极洲最高峰——5140米高的文森峰（Vinson Massif）位于埃尔斯沃思山脉的森蒂纳尔岭（Sentinel Range），尼古拉斯·克林奇（Nicholas Clinch）率领的一支美国私人远征队的4名成员是最早攀登文森峰的人。	由一架美国海军飞机搭载的四名女性成为最早到达南极的女性，她们在南极度过了几个小时，探访了南极站，然后飞回麦克默多站。	埃米利欧·马科斯·德·帕尔玛（Emilio Marcos de Palma）于1月7日在阿根廷的埃斯佩兰萨站（Esperanza Station）出生，成为在南极洲出生的第一人。在之后的5年间，这里还诞生了其他7个孩子。

1914年"坚忍"号准备好远航时，第一次世界大战爆发并开始蔓延至整个欧洲。英国在8月4日对德国宣战，沙克尔顿立即主动提出将"坚忍"号及其船员用于战事服务。温斯顿·丘吉尔（Winston Churchill）时任英国海军大臣，他发电报向沙克尔顿表达了他的谢意，但还是指示远征队执行原来的计划。

伯德的飞行是历史上资金最充裕的南极私人远征。他筹集到了近一百万美元，资助人还包括了查尔斯·林德伯格（Charles Lindbergh）（1000美元），《纽约时报》（New York Times）支付了6万美元以获得独家报道权。

借来的一艘蒸汽船，在1916年8月30日营救了所有人。"坚忍"号上的每个人最后都获救了。

与此同时，罗斯海团队也面临他们自己的困难。"极光"号原打算在罗斯岛上过冬，但是一场暴风雪把船吹离了锚地，10个人被困在了埃文斯角。他们仅用极少的补给品来维持整个艰苦的冬季。"极光"号本身也被浮冰所困长达10个月之久，最后在1916年3月14日重获自由。后来，沙克尔顿在新西兰见到了"极光"号，并于1917年1月10日解救了困在埃文斯角上的人。

沙克尔顿的最后一次南极之旅是探索号（Quest）远征。到达南乔治亚的古利德维肯后，他因心脏病突发于1922年1月5日在船上去世，并被安葬在古利德维肯。

南极飞行员

威尔金斯（Wilkins）

澳大利亚人乔治·休伯特·威尔金斯（1888~1958）是一名极地探险老手，参加过两次南极远征，一次是沙克尔顿的"探索"号远征，还有一次是1928年获得大量资助的远征（该远征与美国报业大亨威廉·蓝道夫·赫斯特（William Randolph Hearst）签署了一项获利高达25 000美元的新闻报道权合同），他还完成了南极的第一次动力装置飞行（见71页）。

威尔金斯于1929年夏季返回南极，以进行更多飞行和探索。他总共绘制了20万平方公里的新疆域地图。他后来还为林肯·埃尔斯沃思（Lincoln Ellsworth）提供飞行支持。

伯德（Byrd）

美国飞行员理查德·伊夫林·伯德（Richard Evelyn Byrd）（1888~1957）毕业于美国海军学院，在1926年声称他是最早飞越北极的人（不过这一声明受到了质疑）。1927年，在当时最重要的飞行比赛——横跨大西洋单人飞行比赛中，查尔斯·林德伯格（Charles Lindbergh）以微弱的优势击败了他。此后，理查德立马给自己制定了新的目标：成为飞越南极的第一人。

1979年	1982年	1983年
新西兰航空901航班的DC-10飞机飞至埃里伯斯火山时，遭遇南极历史上最严重的空难，机上257人全部遇难。	一场火灾摧毁了沃斯托克站的发电厂，并有一人丧生。在长达8个月的时间里，存活下来的人唯一的热源来自于把石棉纤维拧成蜡烛芯并浸入柴油而制成的取暖用品。	位于地南磁极附近的俄罗斯沃斯托克站记录了地球上的低温纪录：-89.6℃。沃斯托克站的高温纪录来自2002年，是宜人的-12.3℃。

伯德的美国南极远征队（United States Antarctic Expedition）基地——小美利坚站，于1929年1月在罗斯冰架的鲸湾上建成。

他们拥有三家飞机：一架大型铝制福特三引擎飞机——弗洛伊德·本内特（Floyd Bennett）；一架小型单引擎仙童飞机（*Fairchild*）"星条"号（*Stars and Stripes*）；一架单引擎Fokker Universal飞机"弗吉尼亚人"号（*The Virginian*）。在洛克菲勒山脉（Rockefeller Mountains，以伯德的赞助人之一命名）附近的一次暴风雪中，"弗吉尼亚人"号在无人驾驶的情况下被吹了800米之远，导致其损毁。随着冬季的到来，剩下两架飞机被放置于防雪棚中。

在随后的夏季，11月28日，在毛德皇后山脉（Queen Maud Mountains）工作的实地考察队向小美利坚站发送无线电，报告当地天气十分晴朗，于是弗洛伊德·本内特号起飞了，伯德和他的三人团队于11月29日凌晨飞越了南极。了解关于本次飞行的更多信息，见139页。

伯德回到美国，人们视他为国家英雄，用彩带游行来向他致敬，他还被晋升为海军少将，并荣获一枚金质奖章。后来，他又领导了4次南极远征，包括1933至1935年的第二次美国南极远征（简称为USAE）（在这次远征期间，他独自生活在一座小型气象站里，差点死于一氧化碳中毒）以及美国的大规模跳高行动(Operation Highjump)（见170页）。

埃尔斯沃思(Ellsworth)

美国人林肯·埃尔斯沃思（1880~1951）是富有的宾夕法尼亚煤矿业家族子弟，1925年开始对极地探险产生兴趣，那一年，他与罗尔德·阿蒙森第一次前往北极飞行。那次飞行以失败告终，但他最终于1926年到达了北极，只比伯德的（受到质疑的）北极飞行晚了3天。

1931年，埃尔斯沃思与乔治·休伯特·威尔金斯开始了一段长期而卓有成效的合作——目的是乘飞机穿越南极洲。埃尔斯沃思买了一架诺斯罗普·伽马（Northrop Gamma）单翼机，命名为"极地之星"（*Polar Star*），并且他选择伯德远征队的首席飞行员伯恩特·巴尔肯（Bernt Balchen）担任他的埃尔斯沃思南极远征队（Ellsworth Antarctic Expedition）的飞行员。终于，埃尔斯沃思在1935年11月进行的第三次飞行获得了成功（了解更多信息，见89页）。

历史

南极飞行员

1985年	1989年	1991年
哈雷站（Halley Station）的英国科学家最先测量到了南极平流层中的臭氧层损耗，这成为全世界媒体的头条新闻，并推动了关于禁止使用含氯氟碳化物的国际协议签署。	阿根廷海军补给船巴希亚·帕雷索号（*Bahía Paraíso*）号撞击美国帕默站3公里外一座淹没在水下的岩峰，645 000升燃料泄漏——这是迄今为止南极最严重的环境灾难。	《南极条约》附加的《环境保护议定书》被采用，将南极洲规定为自然保护区，禁止与矿产资源开发相关的任何活动，科学研究除外。

在第二次世界大战期间，一艘伪装成其他国家普通船只的德国辅助巡洋舰（Hilfskreuzer）（即一种武装商船），顺利完成了一次大胆的南极突袭，俘获了几乎整个挪威捕鲸舰队。整个过程没有发生流血冲突，也没有发射过一枚炮弹。

国际地球物理年期间，许多国家都在南极内陆使用拖车穿越大陆。维维安·福克斯（Vivian Fuchs）率领的英国联邦横跨南极远征队（British Commonwealth Trans-Antarctic Expedition）是最早从陆路穿越南极大陆的行动。

第二次世界大战与当代

第二次世界大战

　　第二次世界大战打乱了许多探险家的计划，不过在1938至1939年间，曾有一支由德国陆军元帅赫尔曼·戈林（Hermann Göring）派遣，并由阿尔弗雷德·瑞查（Alfred Ritscher）率领的秘密纳粹远征队。而戈林关注的是领土要求，以及保护德国日益增长的捕鲸舰队。远征队使用水上飞机在广袤的冰盖上飞行，并空投一些1.5米长的长镖，上面刻有纳粹的万字符，用来在这些地区上建立主权——然而，这些领土要求从未获得承认。

跳高行动与风车行动 (Operations Highjump & Windmill)

　　1946年，美国发动了跳高行动，这是历史上规模最大的南极远征行动。这次跳高行动的正式名称为"美国海军南极开发项目"（the US Navy Antarctic Developments Project），共向南极大陆派遣了4700人、33架飞机、13艘船和10辆履带式牵引机。并在南极第一次使用了直升机和破冰船。行动中将近3/4的南极大陆海岸拍摄了数万幅航空照片，不过由于缺少地面勘查，照片对绘制地图的作用有限。第二年又进行了一次规模较小的后续远征（因为这次远征大量使用直升机，后来被赋予一个昵称——风车行动），对跳高行动中发现的重要地貌进行了勘查。

澳大利亚国家南极研究远征（ANARE）

　　1954年2月，菲利普·劳（Phillip Law）和澳大利亚国家南极研究远征队（Australian National Antarctic Research Expeditions，简称ANARE）在南极洲东部建立了莫森站。这座南极站以道格拉斯·莫森命名，是南极大陆上建立的第一座永久科学站，也是在南极半岛外的唯一一座科考站。莫森站目前仍然是澳大利亚设在南极大陆的三座基地之一。

国际地球物理年

　　国际地球物理年（The International Geophysical Year，简称IGY；

1994年	1997年	1999年
根据《环境保护议定书》，最后的雪橇狗也离开了南极。在过去长达95年的时间里，这些小狗证明了它们是永不停歇的劳动者，极地冰原上出色的导航员和人类忠实的伙伴。	伯格·奥斯兰（Borge Ousland）完成了第一次独自穿越南极之旅，他从伯克纳岛（Berkner Island）出发进行了2845公里的滑雪，用时64天来到罗斯岛。因为使用滑翔伞，他曾在一天之内完成了226公里的滑雪。	巴西人阿玛尔·柯林克（Amyr Klink）乘坐15米长的"帕拉迪"号（Paratii），用时77天，完成了第一次的独自环绕南极航行，他在南极辐合带以南航行，全程环绕南极大陆。

1957年7月1日至1958年12月31日），宣称要为地球和大气科学寻求全球效益。来自世界各地的66个国家参加了这一活动，但是国际地球物理年留下的最大遗产位于南极。12个国家在南极大陆上建立了40多个基地，在亚南极群岛中建立了其他20座基地。在这些基地中，包括了美国在南极点建立的基地，这座基地是通过84次飞行，空投725吨建筑材料的大规模行动而建成的，以及位于地磁南极的苏联沃斯托克站（Soviet Vostok Station）。国际地球物理年推广的国际合作还促成了《南极条约》的制定。

《南极条约》（ The Antarctic Treaty）

继国际地球物理年之后，科学家和外交家将国际合作精神编成法典，这就是史无前例的《南极条约》。《南极条约》由参与国际地球物理年南极活动的12国于1959年共同签署，自1961年生效，开始对南极大陆的活动进行管理和制约。

《南极条约》（www.ats.aq）适用于60° S以南的地区。条约规定凡在南极洲活动的国家，在使用南极大陆的问题上必须进行协商。《南极条约》极其简短，但却显著有效，将南极洲打造成一个用于科学研究的和平宁静自然保护区。这里没有任何的军事行动，环境受到全面保护，科学研究是首要目标。

后继法规进一步将环境保护编制成法典。其中最重要的就是《关于环境保护的南极条约议定书》（The Protocol on Environmental Protection to the Antarctic Treaty），或称为《马德里议定书》（Madrid Protocol）；1991年），这份议定书及其附加协议为在南极冰原上进行的所有活动制定了环境保护原则，禁止采矿，并且在所有新项目实施之前都必须进行环境影响评估。

类似地，南极海洋生物资源保护委员会（Convention for the Conservation of Antarctic Marine Living Resources，简称CCAMLR；1980年）旨在保护南极周围海洋中栖息的物种，并对捕鱼活动进行管理。

《南极条约》的50个成员国（截至2012年1月）代表了世界80%的人口。任何在南极进行重要科学研究的国家都可成为一个"协商国"，即拥有完全表决权的成员国。他们每年开展会议，探讨科学合作、环境保护措施、旅游管理和历史景点保护等多样化议题——并在一致同意的基础上制定决策。

松岛冰川以每年超过3050米（每天8米）的速度流入阿蒙森海，被认为是南极移动速度最快的冰川。2011至2012年间美国国家航空航天局的科学家观测到的一道裂缝已开始形成一块900平方公里的冰山。

2000年	2005年	2007年
经测量为298公里长、37公里宽的有记载以来最大型的冰山B-15号从罗斯冰架上崩解。其面积与牙买加接近，是美国特拉华州的两倍多。	南极洲东部高原上的制高点冰穹A第一次迎来人类到访。一支中国团队在此安装了一座自动气象站。	南极洲的第一艘远征游船——"小红船"（Little Red Ship）"探索家"号（Explorer）——在撞上冰山后沉入布兰斯菲尔德海峡（Bransfield Strait）。船上所有人都平安获救。

已有7国（阿根廷、智利、英国、澳大利亚、法国、新西兰和挪威）对南极提出领土要求，但这些主张都不受国际认可。《南极条约》"冻结"了这些领土要求，但各国仍利用各种方法试图巩固其在南极大片区域的主权。这些方法包括插旗杆、挂牌匾和盖印记等，而阿根廷则派遣孕妇到南极冰原进行生产。最近，2007至2009年间，英国、智利和阿根廷对他们声称的主权地区附近的南极洋底提出了权益申请。

2007至2008年国际极地年迄今

2007至2008年国际极地年（International Polar Year, 简称IPY; www.ipy.org）和2007年3月至2009年3月间举行的国际地球物理年一样，是一项国际协作科学计划。期间开展了多个国际项目，推进了极地科学与合作。例如欧盟的克里塞特（Cryosat）卫星和美国国家航空航天局的GRACE卫星对冰盖的规模和密度进行测量，并且数据是免费分享的。

基于国际极地年的合作意识，2011年美国国家科学院（US National Academy of Sciences）的一个委员会提议建立一项国际化、跨领域的南极观测系统。该委员会预期，鉴于南极大陆（和地球）的快速变化，人们必须收集越来越多的数据，进行更加精确的预测。

随着全球气候变化的发现和南极所承担的重要作用（环境章节，见178页），南极已成为研究的焦点，关于冰盖和生态系统变化的消息也定期出现在国际媒体的视野中。在冰原上，新的生态环保科学基地正在开始运营，例如比利时的伊丽莎白公主南极站和德国的Neumayer III站（两座基地都在2009年启用），风轮机等设施也正安装于现有基地中（例如麦克默多站和斯科特基地），从而满足能源需求和抵消碳排放量。

随着南极旅游业的日益增长，游船事故也随之增长。2007年2月，"北角"号（Nordkapp）在迪塞普申岛（Deception Island）的Neptunes Bellows搁浅，船身划开一道25米长的裂缝。附近的姊妹船"诺德诺奇"号（Nordnorge）把280名乘客接送回家。同年11月，"探索者"号（Explorer）撞上冰山沉没，船上150位乘客等待营救。"探索者"号的沉没（船上装载燃料）提醒着人们在南极发生的事故所带来的环境风险，并促使各国最终联合支持推动制定一项在南极海域使用和运输重燃油的禁令（该禁令在2011年生效）。不管怎样，事故还是继续发生：2009年"克莱利亚"号（Clelia II）搁浅，接着在2010年，一波巨浪侵袭该船，导致其引擎失灵。

2007年	2008年	2008年	2009年
国际极地年在国际地球物理年的50年后拉开序幕。来自100多个国家的科学家们开始了广泛、协调的活动，旨在研究南极与北极。	美国新建的高地考察站位于南极点，服务于40人组成的"重要访客"，他们的户外演讲也因零下低温而被迫缩短。	卫星图片捕捉到位于南极半岛底部的威尔金斯冰架（Wilkins Ice Shelf）出现大量断裂——正如气候变化模型所预测。	2月15日，比利时的伊丽莎白公主南极站落成。这个基地使用环保的太阳能和风能，是极地上的第一座零排放基地。

2012年普兰修斯(*Plancius*)遭遇发动机故障,将乘客和船员困在南乔治亚岛附近。

2011至2012年的夏季,阿蒙森与斯科特到达南极点的百年纪念之际,公众注意力都聚焦在南极大陆上。数不胜数的国际展览和私人远征队来到南极,大量的媒体报道也随即接踵而来。

相比从前,通过旅游与科学(在互联网上得到了良好的宣传),南极的神秘色彩已渐渐淡去,对于世界上更多的人来说不再那么遥不可及。在发展技术和国际合作的同时注重环境保护,那么目前大部分的发现都能在将来广泛造福于人类。

2010年	2012年	2012年
中微子探测仪"冰立方"完成建设,使用埋在南极下方一立方公里的冰层中的5484个电子光学模块。"冰立方"用于搜寻外太空中的暗物质。	巴基斯坦正式加入《南极条约》,成为《南极条约》的第50个成员国。《南极条约》适用于60°S以南地区,内容简短却十分有效。	俄罗斯科学家在南极洲最大的冰下湖沃斯托克湖(Vostok)上凿开了一个洞。湖体已冰封长达2亿年,是最先被人们探索的冰下湖。

>

环境

　　南极是一片极致、纯净、安宁的陆地。"独一无二"是这里最为人称道的特色。人类目前在南极洲的主要活动限于旅游和科研，但这两项活动都伴随着各种环境问题。同时，南极洲也是许多世界性研究课题的宝贵试验基地，例如，全球变暖问题。

大陆

南极洲冰原含有世界90%的冰，占世界淡水资源的70%，如果融化，据推测，全球海洋水面会上升超过60米。

　　约两亿年前，南极洲同澳洲、非洲、南美、印度及新西兰同属于冈瓦纳古陆（Gondwana）。大概2000万年后，冈瓦纳开始了其缓慢的分裂进程，并渐渐形成了今天我们所知的各个板块。同时，这些大陆板块，次大陆及岛屿开始向现在的位置移动。在一亿年前左右，南极大陆到达了地球最南端。那时的南极覆盖着森林，居住着各种哺乳动物和恐龙。在印度、南美、澳洲和非洲发现的化石中，富含针叶、蕨类植物及爬行类动物，正是这一时期南极景观的有力证据。

　　在3400万年前至2400万年前之间，现在的德雷克海峡已经出现，于是这片大陆开始与世隔绝。随着二氧化碳水平降低，南极洲开始变得极度寒冷。

　　目前，这片大陆直径为4500公里，总面积约14 200 000平方公里（是美国面积的1.4倍）。这片远离喧嚣的世界上海拔最高的不毛之地的平均海拔为2250米，被视为荒漠地带。

　　南极洲被2900公里长的横贯南极山脉（Transantarctic Mountains）分为东部南极洲（有时被称为"大南极洲"）和西南极洲（或者被称为"小南极洲"），始于0°E方向。南极洲最高峰是文森峰（海拔5140米）。

　　东部南极洲岩群至少有30亿年历史，拥有地球上最古老的岩石。在恩德比地发现的一些极为古老的地球岩石，据推测已有30.84亿年的历史。西南极洲相对而言较为年轻一些，只有7亿年历史。

　　南极半岛将威德尔海和罗斯海两大海湾引入大陆，这两片海域均以顺时针方向运动，且均拥有各自的冰架（分别为罗尼冰架和罗斯冰架），是大南极洲冰原的延伸带。

　　9月份，是南极洲冬季末期，由于海冰结冻的缘故，大陆面积会翻番，从海岸线向外延伸1000公里之遥。因此目前仍未能完整精确地绘制出南极洲海岸线图。

简介

» 平均海拔,包括浮冰架: 1958米; 不包括冰架: 2194米。

» 最高点: 文森峰(5140米); 南极洲高原带最高点: 冰穹A(4093米); 南极半岛最高山: 杰克森山(Mt Jackson)(3184米)。

» 南极洲大陆冰架平均厚度: 1829米; 东部南极洲冰原平均后厚度: 2226米; 西南极洲冰原: 1306米。

» 冰原最大深度: 4776米(测量点: 近冰穹C点, S 69°56′, E 135°12′)。

» 冰原和冰架总体积: 28 000 000 立方公里。

» 南极洲海岸线总长度: 约45 317公里;冰架部分为18 877公里(占总长度的42%); 其中冰占 20 972公里(46%); 岩石占5468公里(12%)。因为海岸线是动态的,所以总长度也在不断变化。

» 最大的冰架: 罗斯冰架(487 000平方公里, 约为整个法国的面积)。它厚达数百米, 同其他冰架一样, 漂浮在海上。

» 南极洲无冰区: 44 890平方公里(约为南极大陆面积 0.4%, 比丹麦的面积稍大一些)。

» 最低岩床海拔: −2555米, 位于本特利冰下海沟(80°19′ S, 110°5′ W)。

南极洲冰原

　　卫星图像显示南极洲99.6%面积为冰所覆盖。南极洲冰原面积约为 13 300 000平方公里(是澳大利亚国家面积的1.7倍)。有些区域冰的厚度高达4775米, 所有冰的平均厚度为2700米, 其总体积达28 000 000立方公里。有些地方, 由于冰的巨大重量甚至导致其承载地面下陷近1600米。南极洲大陆架厚度为其他大陆的3倍之多。

　　南极洲如此之多的冰是由数百万年的积雪形成, 并且它还保持着一种动态平衡。相对而言, 其每年的积雪量是非常少的——因为南极洲是地球上的最干燥的荒漠地带。由于降雪堆积数年未融, 这就为冰河学家和气候学家提供了自然资料, 以研究环境和气候变化的历史。

　　当降雪积压成冰, 由于其自身重量形成的压力, 冰从内部至高点向南极洲海岸运动, 于是大冰块分裂出来形成冰山。

南大洋

　　南大洋以主要为东向的连续环流绕南极洲运动。这里的海水占据了世界上所有海水的10%, 而且是世界上物种最丰富的海洋。

　　南大洋与大西洋, 太平洋和印度洋相连, 并将南极洲大陆与暖流海域隔开。南极洲附近强劲的西风有助于形成南极绕极流。它是世界上最长的海流, 从海面延伸至海洋底部, 其向西平均流速为153 000 000立方米/每秒——比世界上所有河流总流速的100倍还高, 也比墨西哥湾流(Gulf Stream)流速高4倍。所有大洋的深海海水在这里向上翻涌。它也将极地水域及其生态系统同亚热带的分开来。

　　有关南极辐合带信息, 请见52页。

世界上最大的冰川是兰伯特冰川(Lambert Glacier), 在东部南极洲埃默里冰架上运动。

海洋权益

《联合国海洋法公约》中有关"专属经济区"的部分规定，国家对其水域资源（例如鱼类）和海底资源有专属使用权。声称南极洲领土要求的7个国家中已有3国申请在南极洲的此项权利。即便被授予此权益，这些国家仍须遵循南极洲环境保护条款，包括禁止采矿。各国也可采用环保级别更高的保护措施。

南大洋对空气和海洋之间的二氧化碳交换也起着重要作用。南大洋的冷水域能自动吸收大量的二氧化碳，受此启发，一些科学家们开始研究用海水直接吸收二氧化碳的可能性，并使之成为现实，以减少全球变暖所带来的冲击。

科学家们已经计划建立一个南大洋监控网络系统（包括对大气、陆地、冰、海洋和生态系统），即"南大洋观测系统"（Southern Ocean Systerm）。

环保问题

尽管与世隔绝，南极洲也和地球的上其他地方一样，所面临的同样的威胁与挑战与日俱增。而南极洲主要的环境问题是由那些从未曾造访过此地的人引起的。气候变化、臭氧耗竭、杀虫剂残留、垃圾倾倒及捕渔业都影响着南极洲的环境。另外，游客的影响也不容小觑。

海洋生物的开发

海豹捕猎者是第一批探索南极洲水域的人。到19世纪末为止，有数百万海豹遭到屠杀。从20世纪初开始，捕鲸成为一项主要产业，导致大量的鲸鱼物种惨遭捕杀几近灭绝。现在，尽管在南极洲及其周边海域已禁止商业捕鲸，但日本捕鲸船队钻了捕鲸禁令的空子，仍然谎称以科研为目的，每年捕杀1000头鲸鱼。尽管海豹捕猎活动不再可能出现，但1978年《南极海豹保护公约》（Convention on the Conservation of Antarctic Seals）还是对商业捕猎海豹的行为进行了管理和约束。

《南极洋生物资源保护公约》（简称为CCAMLR; www.ccamlr.org）于1980年对商业捕渔行为进行管理，以确保人们将南极大洋生物资源作为一个独立的生态系统去对待。该公约中的条例明确指出了受保护的种类，设定了捕捞限额，划分了捕捞区域，确定了禁渔时节，规定了捕捞方式，并建立了捕捞监督制度。该条约适用于南极辐合带以南的地区，这片区域比《南极条约》所管辖的区域还要大得多。但是非法捕鱼一直是一个难以解决的问题（见第200页）。

矿产开发

《环境保护议定书》（Protocol on Environmental Protection）禁止在南极洲进行任何采矿活动。在南极洲已发现铁矿石、煤矿及其他矿种，但矿产的数量和质量尚未可知。从理论上说，南极洲大陆架下面应该存在石油和天然气，但尚未发现满足一定商业规模的油气地域。目前，对任何

当海水经空气冷却，并由于凝结成冰而盐度增加时，这便形成了南极底层水。它会沉入海底是因为其密度大于周边海水。然后便向北运动，同暖流水域混合，而影响世界的热平衡。2012年，研究表明这种现象消失，原因不明。

对海豹脂肪及奶水的取样研究显示，杀虫剂及其他有机毒性物质正缓慢但稳定地增长。这些物质来自北半球的工农业生产，向南漂流到了这里。

矿物开采都将会对环境造成严重污染，引用某位科学家的话便是"相当于在月亮上采矿"。

然而，目前禁止采矿的政策颇具争议，得来实属不易，因此2041年解禁标准的出台就变得不那么迫切了。如果没有其他行动产生，采矿禁令将继续执行。

更多《环境保护议定书》的内容，见以下章节——科研对环境的影响。

科研对环境的影响

南极洲及其周边岛群上居住的人类多是科学家或科考基地的后勤人员。虽然现代的科考站都具有环保意识，但也有例外的时候。早些时候，科考基地并未意识到环保问题，燃烧垃圾、倾倒成桶的废油，还在如企鹅栖息地之类的敏感地带建立基地和飞机跑道。1961年，美国麦克默多站甚至建立了一个核反应堆，该反应堆于1972年关闭，连同101桶放射性土壤一起被运回美国。

20世纪80年代，第一批独立旅游者乘船进入南极洲，发现这些破坏并进行投诉后，情况才开始好转。20世纪80年代末和90年代，如绿色和平组织等非政府组织（简称NGOs），撰写报告，并在探险时带上独立记者。

现在许多政府都设有环境管理官员，安排了废物管理计划，并对所有南极洲工作人员进行环保意识培训。某些情况下，他们还会对这些人员的活动所产生的环境影响进行审核。

环境 环保问题

南极洲外来者

世界范围内，许多非本土物种（也称为"外来物种"或"外来者"）入侵并从根本上影响了每一个生态系统。这种入侵造成的后果是本土物种和生态系统的消失。亚南极群岛上本土生物多样性就遭到外来入侵植物和脊椎动物的严重影响，这些外来物种包括老鼠，巨型家鼠、野猫和野草（更多信息见www.issg.org/database）。

南极洲大陆虽暂时躲过生物种类入侵带来的毁灭威胁，但在《南极条约》地区已出现了陆栖无脊椎动物、植物及某种海洋甲壳类生物等非本土生物。随着南极访客的增多，外来物种成功存活及繁衍的可能性大大增强，这些跟随政府项目或出于旅游、捕鱼等目的进入南极的访客，给外来物种的进入提供了契机，它们附在设备、容器、服装或者船体进入南极洲。南极和北极联系的增多意味着许多生物体来自相似的气候环境。而交通的日益便捷也使生物体可以更快更完整地到达南极，提高了它们的存活概率。

长期来看，气候变化使外来生物更容易适应南极的环境，这也意味着外来物种入侵的威胁增加。

世界自然保护联盟（International Union for Conservation of Nature，简称IUCN）自1998年起就在《南极条约》会议上最先提出这个问题，还有国际极地年（简称IPY）2007~2008年度的国际项目也对此表示关切。一项研究估测在2007~2008年夏季期间，7万粒种子随南极访客进入南极洲。约1/5的游客和2/5的科学家无意中携带了种子，其中半数种子来自极寒地带，这使它们更易在南极地区存活和生长。

预防

从世界上其他地方获得的经验表明，阻止非本土物种的进入才是最佳解决方案，因为一旦它们落地生根，消除这些外来入侵物种的难度和成本都难以想象。《南极条约》成员国（及负责的旅行公司）执行的预防方案包括在进入南极洲之前，清洁靴子，工具和服饰并查看维可牢（Velcro）刺粘褡裢，清理所有种子、土壤或其他微生物来源。

设有科学基地的国家政府受到国际压力，开始开展较为环保的科研活动，并意识到进行科学研究的同时也必须保护环境。一个纯净的南极洲会更具有科研价值，而被污染了的南极洲则恰恰相反。

20世纪80年代，众多的科考站被拆除，这种国际态度的大转变在1991年签订《环境保护议定书》时达到顶峰。该议定书也被称为《马德里议定书》，于1998年生效，将南极洲定为"用于进行和平科研的自然保护区"。它为所有的南极洲科研活动制定了环保原则，禁止采矿；并要求在开展所有科研活动之前进行环境影响评估。议定书附录针对南极洲的动植物保护、垃圾处理、海洋污染，保护区的管理及环境问题的责任归属等事项制定了具体条款。

旅游业对环境的影响

由于到访南极的游客数量远远多于科学家们及其后勤人员，许多管理条例因此得以建立以缓和旅游业对环境造成的影响。

人类活动对南极的影响当中，最典型的例子便是在苔藓床上的脚印，一旦踏上，甚至十年后还清晰可见。而对一些"隐形"的野生生物的影响并没有这么明显，比如说生长在岩石里面的藻类或者雪下的植物群体。

动物也会受到影响，即便它们的行为活动并没有明显地表现出来。德国研究者就发现当人类靠近孵化期的阿德利企鹅时，哪怕30米开外，企鹅的心跳也会显著加快，尽管它们并不会做出任何明显的回应举动。

《南极条约环境保护议定书》通过南极站点盘点项目研究旅游业带来的环境影响，该项目从1994年开始驻南极工作，由海洋组织（Oceanites, Inc, www.oceanites.org）进行管理。海洋组织也是南极洲唯一由公众支持开展科研项目的非政府组织。

2011年8月，国际海洋组织（International Maritime Organization）颁布一项禁令，禁止使用并携带重燃油（HFO），目的是为了减少载客量超过500人以上的邮轮的航行次数，从12次（2010年11月）降至5次（2011年12月）。同时，载客量超过500人的邮轮不得登岸。

酒店或者硬石面飞行滑道等为旅游业所建的陆地基础设施，因无法预计其带来的环境影响，而遭到非政府环保机构的一致反对。

保护区

南极条约体系将南极洲设为南极特别保护区（Antarctic Specially Protected Areas，简称ASPAs），目的是为了保护其独特的生态系统，自然特性及那些正在进行研究或计划将要研究的区域。

没有特殊许可，任何人不得进入南极特别保护区。许多特别保护区并未标记，但是旅游团领队会告诉你哪些地方属于特别保护区。

气候变化&南极洲

世界气候由诸多因素所影响，包括太阳所发出的能量总和，温室气体总和及大气气溶胶总和，以及地球地貌的性质——这些因素都决定着太阳能的吸收和反射量。南极洲已被证实是许多气候变化的主要原因，其本身也易受到这些后果的侵害。

臭氧层破坏

1985年春季，在南极大陆上空发现臭氧"破洞"。过去的11年中，有7年的2月和3月，在北纬地区都出现了严重的臭氧减少情况。平流层臭氧减少是因为各种人工化学成分比如含氯氟烃（CFCs）和卤代烷产生大量的氯气。

阳光（所以春季容易出现破洞）和低温是氯气释放的必要条件，进而它会消耗臭氧，破坏臭氧层。

臭氧层破坏十分严重，因为破洞使得在春季和夏季初期，直接照射在南极洲及南大洋上的中波紫外线（UV-B）辐射水平大大提高了，而且此期

南极洲游客指南

2011年，条约成员国制定了新的指南，适用于冰上的所有区域，如下所示。有关详细全面的信息请登录网站www.ats.aq，或者咨询你的旅游公司。有关野生生物的条款，请见第185页，野生动物章节。

保护区

» 清楚特别保护区的位置，注意进入保护区的限制要求，以及在保护区内或其附近的活动要求。

» 不得移动、移除或者损坏历史遗迹及手工艺品。

» 进入保护区前，清理干净靴子和服饰上的雪和砂砾。

环境

» 不得在陆地或海上丢弃垃圾。禁止开放式焚烧。

» 不得干扰或污染湖水或溪流。

» 不得采集纪念物品，或者收集生物或地理样本，包括岩石、骨头、蛋、化石或建筑物的部件或者内在物品。

科研

» 不得妨碍科学研究，不得干扰科学设施或设备。

» 参观南极科研和后勤管理设备前，必须先取得许可，在到达前24~72小时前确认行程安排，严格遵循此类参观活动的行为规范。

安全

» 做好措施预防南极洲恶劣多变的天气。确保你的服装和所使用的设备符合南极洲要求。

» 清楚自己的能力及南极洲环境存在的危险。制订活动计划时应时刻保持安全意识。

» 注意并遵从领队人员的建议及要求，不要掉队。

» 没有合适的设备以及丰富的经验，不要走上冰川或雪原，可能会有跌入掩盖着的冰裂缝中的危险。

» 不要随便进入紧急避难室（除非有紧急情况）。如果你使用了某个避难室中的设备或食物，一旦危机度过，请及时通知最近的科研站或者国家机构。

» 禁止吸烟，禁止明火，对干燥的南极洲而言，这相当危险。

间正是生物活动高峰期。增加的阳光紫外线威胁着浮游生物, 而它恰恰是整个南极海洋生态系统的基础, 是所有生物(从鱼到海鸟、企鹅、海豹乃至鲸鱼)赖以为生的条件。研究者发现, 在臭氧破洞出现期间, 海洋初级生产力下降6%~12%。

另外, 南极动物和植被会遭到中波紫外线的直接损伤, 而短波紫外线(UV-C)的出现, 对生物的损害更严重。还没有人知道南极生物究竟能承受多高程度的紫外线压力。

臭氧破洞及其严重性的发现使得《蒙特利尔破坏臭氧层物质管理议定书》(Montreal Protocol on Substances that Deplet the Ozone Layer)得以商定(于1989年生效), 蒙特利尔协定是一项国际条约, 旨在消除破坏臭氧层物质的产生。结果是, 南极平流层中损耗臭氧的气体浓度于2000年左右达到顶峰, 而现在正在下降。

气温变暖

二氧化碳和其他温室气体通过收集大气中的热量来维持地球表面的温度, 在"正常"情况下是使我们的星球适于居住。但是, 自工业革命以后, 大气中温室气体如二氧化碳(CO_2)、甲烷(CH_4)和一氧化二氮(N_2O)浓度大量增加。这主要是因为人类的活动, 如矿物燃料的燃烧, 土地利用方式的改变及农业生产。现在大气中二氧化碳含量高于过去65万年中的任何时期。自1960年开始的连续测量中发现, 过去10年中大气中二氧化碳含量的增长速度在不断加快。于是, 全球温度(海平面)上升。

全球影响

政府间气候变化专门委员会(The Intergovernmental Panel on Climate Change , 简称IPCC。www.ipcc.ch)于1988年, 由世界气象组织(World Meteorogical Organization)和联合国环境规划署(UN Environment Programme)联合建立。IPCC评估因人类活动而导致的气候变化及其影响的科学信息, 并提供对应的处理或缓解措施。其最新报告发布于2007年。

有很多观察研究是针对空气和海洋温度的上升。自1850年记录以来, 从2001年到2011年的12年中, 有11年被列为前12位最温暖的年份; 2005年和2010年是记录上最热的两年。从1906年至2005年, 全球温度上升了0.74℃。区域温度的变化也同样引起了关注, 包括北极和南极大幅度的温度变化(例如南极半岛升温2.8℃, 是世界上温度升高最多的地方)。

对全球范围而言, 海平面每年上升约3.5毫米。不同地区海平面上升幅度也不一样, 这主要受地球自转、海洋盆地形状和海洋环流等因素影响。比如说, 西部南极冰的减少, 将导致美国海岸线附近海平面上涨高于平均值的15%。

气候变化带来的影响在很多自然生态系统中都有所体现, 包括所有的陆地上和大部分海洋中。冰川消逝, 冰地融解, 海岸线附近的洪水灾害也在增加。区域性的变化包括海冰和浮冰, 海洋盐度, 风之形态, 干旱, 冰雹, 热浪的频率和热带气旋的强度。

最近, 气候变化已对生物多样性和生态系统造成了非常严重影响, 包括物种分布, 数量规模, 繁殖期或者迁徙期的时间, 以及害虫和疾病灾害

南极洲冬季期间, 根据平流层气象条件, 臭氧层破洞的严重情况每年都在变化。2011年数据表明, 预计破洞将在未来50年内恢复。

冰山 加卡·乔博士 (DR JO JACKA)

南极冰原是南大洋的"冰山制造工厂"。每年冰原分裂出的冰山体积约为2300立方公里，据估测，在任何时间段里，南大洋中始终保持有30万座冰山。冰山尺寸从几米（通常称为"残碎冰山"），到约5米（"小冰山"）至几公里。

一次又一次地，大块的冰山从冰原分裂开来。它们可能有几十公里，甚至是上百公里长。在任何时候，南大洋总会有四五座超过50公里长的巨型冰山，它们通常靠近南极海岸。2000年，世界上最大的冰山之一从罗斯海冰架分裂出来，它几乎与美国康涅狄格州的面积相当。它的淡水含量足够全世界使用超过一年。

这些大型的冰山成扁平状，从南极洲的大型冰架上（如罗斯冰架、菲尔希纳冰架（Fichner）或者埃默里（Amery）冰架）分裂出来。通常，这些冰山高度约为30~40米（海面高度），深度为300米。经过海风和海浪的侵蚀，并经过远离南极海岸的温暖海水温度的融化，这些平顶冰山会变得不稳定并翻腾起来，继而形成了锯齿状不规则的冰山，有的冰山山峰直插入空中高达60米，其水下部分甚至更加庞大，深入海底。最终，当冰山移动至北部暖流海域中后将会完全融化掉。

加卡·乔博士，《冰川学杂志》（Journal of Glaciology）科学主编

爆发的频率等。

对未来的预测

政府间气候变化专门委员会预测，如不采取任何缓解措施，从20世纪80年代至2100年，全球温度将升高1.8℃至4℃。如果全球温度上升超过1.5℃至2.5℃，估计将有高达30%的动植物物种会灭绝。那时，人类聚居的大陆平均温度将会是20世纪的两倍。

而到那个时候，预计全球平均海平面升幅为0.4米至2米（这个计算结果还是在不考虑融冰加速的情况下）。

其他变化的预测，包括海水的酸化，雪盖与海冰的减少，更多的热浪，更猛烈的冰雹气候，更强烈的热带旋风，以及更缓慢的大洋流。

根据国际自然保护联盟（International Union for Conservation of Nature，简称IUCN）的研究，有令人信服的证据表明气候的持续变化将导致大量生物物种灾难性的结局。建模结果说明，许多物种目前生活的环境将变得不再适合它们。因为它们将以不同速度迁移寻找新的栖息地，这样生态系统的群体结构就会遭到破坏，人类亦是如此。

对南极洲的影响

南极洲好比是全球气候变暖的一个预警系统。政府间气候变化专门委员会认为全球气候变暖在极地区域体现得最为剧烈。最近数据显示，自20世纪40年代以来，西部南极半岛区域的大气温度持续上升，升幅为2.8℃。平均冬季温度自20世纪50年代以来已升高6℃，这是世界上最快的升幅之一。

同气候变化一致的是南极半岛冰架分崩离析加速，以及大冰山的分裂加快。2012年的一项研究考查了从1972年至2011年的卫星数据，发现西南极洲冰架正缓慢地向陆地分开。具体来说，欧洲宇航局Envisat卫星观察到自2002年到2011年拉森-B（Larsen B）冰架已减少了4990立方公里

南极冰芯揭示大气层中温室气体水平与温度变化紧密相关。

20世纪以来，全球海平面已升高17厘米。南极冰原的融化引起30~50厘米的海平面升幅将淹没波利尼西亚群岛（Polynesian Islands）。如果西南极洲冰原变得不稳定并滑入海中，则将会使海平面升幅高达6厘米。

的冰。

最近，西南极洲的冰融化使得全球海平面每年上升1~2毫米，但是该升幅会随着冰融的加速而变大。另一项2012年研究表明变薄的冰原（同分裂相反）同时也导致冰川向海岸移动速度加快。

由于淡水融入海水，冰融速度加快还会导致罗斯海水盐度减少。

科学家还测出了自20世纪50年代以来，海冰面积减少了20%。这直接影响了企鹅群的繁殖。在半岛区域（自1978年以来，海冰覆盖时间减少了80多天），阿德利企鹅数量已减少了80%。其直接原因是气温变暖，同时它还影响了磷虾的繁殖，所以也影响了以磷虾为食的企鹅的食物总量。

随着气候变化，生态系统也随之改变。一些企鹅数量将会逐渐减少，如阿德利企鹅，将会逐渐减少。生活在无冰区域的帽带企鹅，曾被视为相对安全的物种，而2012年的观察研究发现，其数量也减少了（在一个被观察栖息地里帽带企鹅的数量下降了36%）。同阿德利企鹅一样，帽带企鹅也是以磷虾为食，所以也受到海冰减少带来的冲击。巴布亚企鹅的食物种类多样化，所以它的数量还没有受到海冰融化的影响（至目前写出这片文章时）。

相反地，根据2012年的一项研究，气候变化影响了南极洲海狗的数量，因为天气变暖，预计也会变得更为潮湿、多风，使得它们在脆弱的幼年时期无法享有一个温暖的环境。

国际反应

1992年在里约热内卢，包括美国在内的198个国家签署了《联合国气候变化框架公约》（UN Framework Convention on Climate Change，http://unfccc.int）。这是一项自愿协议，未包含任何有关减少温室气体排放的法律约束力承诺。经过两年谈判，达成《京都议定书》（Kyoto Protocol），并于2005年2月16日生效。这个具有法律效应的议定书旨在减少引起气候变化的温室气体。

尽管关于执行议定书所产生的成本和利益的争议不断，但它仍被视为目前所采纳的、在环保与可持续发展上影响最深远的协议。世界上大多数国家都一致认可并予以执行，但是美国没有接受。

2009年哥本哈根峰会（Copenhagen Summit）和2010年坎昆协议（Cancun Agreement）继续探讨制定下一步措施，保持全球温度升幅低于2℃。在坎昆，各国设定没有法律强制性的新减排目标，包括美国（目标是减排幅度为17%，使其低于2005年水平）和中国。（《美国碳排放上限和

测量冰原及气候变化

冰河学家测量出冰原上降雪的总量，将此数据与漂向海岸的冰（有时一天可移动9米）的总量进行比较，最后与分裂开成为冰山或融于温暖海岸的冰量进行比对。由于冰山上的冰都是由积雪形成，如果在数千年间没有气候变化的话，这些数据则应该是相同的。如果这些数据不同，则表明气候曾有所变化，降雪量和以前比或多或少。

冰河学家乘坐飞机飞越冰原行，或乘坐雪地牵引拖车横跨冰原，利用卫星检测技术测量冰原表面高度，利用俯视雷达测量冰厚度，利用全球定位卫星测量冰原上标识定位（见第212页），久而久之可发现冰流速度，还利用其他卫星测量冰的面积。

交易机制法案》（US cap-and-trade legislatioin）2010年在众议院通过，但在参议院未通过。）

2011年12月，《联合国气候变化框架公约》第十七次大会在南非德班举行，将《京都议定书》效力延长5年，至2017年。这次峰会还决定，到2015年，制定出新的协议并于2020年执行，成立绿色气候基金（Green Climate Fund）（每年投入一千亿美元）以帮助发展中国家对抗气候变化。该条约中的清洁发展机制（Clean Development Mechanism）扩大至对碳捕获和封存技术的补贴。然而，不久之后，加拿大退出《京都议定书》，且没有完成其2012年的减排目标（所以招致数十亿美元的罚款）。

伴随着中国、美国及其他国家技术的发展和商业化，个人领域的创新成为对气候变化挑战的另一种潜在回应。

尽管公众及个人都为此付出了极大努力，但碳排放量仍在增加，这导致完成《京都议定书》的目标变得不确定。但即便碳排放大国遵守规定，该目标是否确实能扭转这个局面仍然是个未知数。

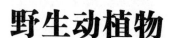

野生动植物

南极洲这片与世隔绝,貌似贫瘠的大陆,却孕育了许许多多令世人惊叹的野生物种——包括很多已经在这个地球其他地方无法再找到的物种。许多生物已在长期的进化中形成了适宜于南极生活的特殊生理特征,还有许多南极化石展现了那些早已灭绝的奇特生命形式,甚至还有恐龙(见102页)。

如今,南大洋中含有大量的浮游生物,因而为鱼类、贝类及软体动物营造了一个富足的生存环境。食物链中,有数量庞大的的磷虾提供给各种各样的捕食者:鲸鱼、海豹和海鸟,当然,还有永远都讨人喜欢的企鹅。由于南大洋环绕着南极洲,各种不同寻常的野生动物遍布整个南极洲大陆。

更多南极洲动物,参见彩色野生动物指南(见201页)

南极洲的永久居民中体积最大的是一种没有翅膀的小虫子(学名*Belgica antarctica*),它的身长仅仅只有1厘米。在南极洲不断有新的物种被发现:2012年,在南极洲深海热液喷口附近,确定了23种新的物种。

鲸鱼

鲸鱼(鲸类动物)通常寿命很长,主要被分为两大类:一是须鲸(其中蓝鲸是最大的物种),另外一种是齿鲸(海豚,抹香鲸和逆戟鲸)。须鲸通过其下颚上的鲸须板捕食小磷虾等贝类动物。

冬季来临,南极洲的鲸类通常会迁徙到北方暖流水域,享受暖冬并进行繁殖。幼鲸会随着母鲸一起游回南方(这样的过程将会持续很多年直到幼鲸长大独立),享受南极洲春季丰富的食物。

由于捕鲸导致鲸类物种濒临灭绝,有一些种类,比如蓝鲸,现在已经很少能见到,偶尔为之一观也足以令人兴奋不已了。另一方面,特别是小须鲸,数量还是相当丰富的。

蓝鲸

蓝鲸(学名*Balaenoptera musculus*)是一种称为"鳁鲸"(rorquals)(源于挪威一鲸鱼,意为有褶皱的鲸鱼)的须鲸的一个种群,蓝鲸身上的褶沟沿纵向从身下一直到嘴巴后面,这样它的嘴巴就可以张得很宽。所以,它们可以一口气吞下50吨水,然用250~400对鲸须板滤出那些小小的甲壳动物。一头蓝鲸一天要吃上4.5吨磷虾。

蓝鲸是世界上最大的动物,体重多达200吨,身长可达33.5米。在各个海域内都发现过蓝鲸的踪迹,最大的蓝鲸便是发现于南部海域之中。有一种小型蓝鲸(学名Brevicauda),身长25米,生活在北部的海域中。蓝鲸们通常独自活动，或者组对出游。

商业捕鲸活动急剧减少了鲸鱼物种的数量：单单是在20世纪，便有36万头蓝鲸遭到捕杀。目前估计的蓝鲸数量仅仅只有2300头，已被列为濒危物种。

长须鲸

长须鲸(学名*Balaenoptera physalus*)，须鲸的一种，是除蓝鲸之外的世界上第二大的鲸鱼。南半球的雌性长须鲸身长可达27米，而雄性可达25米。通常情况下，其前部颜色非对称分布：左下部的下颚为蓝灰色，而右边部分则为白色。

在各个海域都可见到长须鲸的踪迹。数量最多的长须鲸群通常不在海冰附近，而是生活在温暖海域和寒流海域。南极洲的鳍鲸以磷虾为食。

在20世纪的南半球，近75万头长须鲸被捕杀，它们被列为濒危物种。

观赏野生动物建议

观赏南极洲野生动物时，请注意保持距离。2011年南极洲旅行指南对此做出了明确要求——这对你和野生动物的安全都很重要。

尽管有些动物看起来对附近有人类并不在意，但实际上，它们心理上可能会存在一定的压力。即使人们是待在远离企鹅栖息地30米开外，但事实表明这样仍会导致这些小动物们的心跳急剧加速。而且，游客参观离开后长达三天内，企鹅们离开和回到栖息地点时甚至都可能会不选择平常习惯的路线。另外，你离动物们越远，它们也就会表现得越自然。正是因为如此，很多生物学家即便有时他们就身在海岸上也会选择用望远镜或者远距镜头观察动物。

南极游客指南：野生动物守则 (2011)

除非获得许可，禁止携走南极洲野生动物，或者干涉其生活。
当靠近野生动物时，请小心慢行，并尽量保持安静。

» 同野生动物保持适当距离。大多数情况下，距离越远越好，总的来说，最近距离不得小于5米（距离海狗不得小于15米）。具体情况请遵守各处实际观赏距离要求。

» 观察野生动物行为。如果野生动物改变行为，停止前进或者慢慢走远。

» 当野生动物进行繁殖时(包括孵巢时)，或处于换毛期时，对周边的干扰是极其敏感的。应停留在野生动物栖息地外的空地上，从远处进行观察。

» 分不同情况进行处理。注意地形及各处不同情况，因为这有可能会使野生动物受到打扰。

» 记得给野生动物们让道，不要挡住它们前往大海的道路。

» 请不要给野生动物喂食，或者将食物或食物残渣散落在地面上。

» 各类植物(包括苔藓及地衣)都很脆弱，而且生长十分缓慢。不得在苔藓苗床或地衣覆盖的石面行走、驾车或是站立；请沿着预先铺设好的道路行走。

» 请勿携带任何外来植物或者动物进入南极。

座头鲸

座头鲸(学名*Megaptera novaeangliae*)是须鲸的一个种，其巨大的鳍状肢占据了身体总长度的1/3，因此容易辨认。(其学名"Megaptera"原意即"巨大的翅膀")座头鲸通常为黑色，同时鳍状肢及尾部腹面会有不同面积的白色。雄性座头鲸身体长达17.5米，而雌性座头鲸则是19米。成年座头鲸重量可达40吨。

在各个海域都可见座头鲸的踪迹，它是哺乳动物中每年洄游期最长的动物，而且通常是群体进食(食用磷虾及小鱼)。他们可以从南极半岛游至墨西哥湾，路程长达25 000公里。

在20世纪60年代，由于捕杀导致座头鲸近乎绝种，但目前数量已有所回升。现在，估计世界上还有42 000头座头鲸。

小须鲸

根据物种起源研究，目前小须鲸被分为两大类：一种是体型较大的南极小须鲸(学名*Balaenoptera bonaerensis*)，另一种体型较小(学名*B. acutorostrata*)，统称为小须鲸。尽管小须鲸是须鲸科中排名第二小的物种，但其身长最长可达10.7米，体重至10吨，仍然属于大型动物。

夏季，小须鲸分布在极地附近，尤其是在浮冰群附近的数量众多。冬季来临时，小须鲸们则游向低纬度水域。小须鲸是南半球存有量最丰富的须鲸种类，数量可能达到50万头。这些以磷虾为食的小须鲸们完全适应了南大洋的生活：在密集的浮冰群中穿梭，通过其间的裂隙进行呼吸。每年都会有数百头小须鲸被日本的捕鲸者捕杀，日本捕鲸者打着科学研究的旗号捕杀鲸鱼，其实是将部分鲸鱼肉进行商业销售。(见199页框内文字)

逆戟鲸（即虎鲸）

逆戟鲸(学名*Orcinus orca*)，也被称为杀人鲸，是海豚家族中最多的成员。它们黑白相间的身体，以及高耸的背鳍(在成年雄性身上表现得尤为明显)明显与众不同。其雄性身长可达9米，雌性则是近8米，体重至少达6吨。

各个海域都可见逆戟鲸的踪迹，但在寒流海域数量较多一些。它们一般是群体集中出游，或者是召集同伴组群出游，数量高达50只。逆戟鲸以软体动物、鱼类、鸟类及其他海洋哺乳动物为食，包括企鹅、海豚及其他鲸鱼。它们可以翘翻浮冰以捕获正在上面休憩的海狮。有人见过它们进行团队合作，围住浮冰，掀起海浪将海狮从浮冰上冲落海中。还有人见过逆戟鲸在亚南极洲马里恩岛(Marion Island)将所有帝王鹅一举吞下。

目前，南大洋的逆戟鲸数量还是很可观的。据估测，在夏季它们的数量可达70 000头。最近的观察表明在南大洋的逆戟鲸群体中可能存在三种不同的种类，其中有一种体型较小(学名*O. glacialis*)，其活动范围限制在积冰附近。在1979~1980年以前，它们未曾遭到商业捕杀(但在1979-1980年期间，苏联捕鲸者捕杀了916头)，还有少量被捕获囚禁以供展览之用。

大须鲸

大须鲸(学名*Balaenoptera borealis*)，是须鲸科目中的一个种类，乃南大洋中体型排名第三大的鲸鱼种类。雌性大须鲸身长可达19.5米,体重45吨;雄性则会体长稍短,体重较轻。

在各个海域都可见到大须鲸的踪迹,但记录表明,在南极辐合带的大须鲸体积更为庞大。它们一般是以3~8只的小群体出动。它们捕食(包括桡足类,贝类浮游生物)是采取撇滤方式而非过滤方式。

在捕鲸盛行的时代,大须鲸惨遭商业捕杀几近灭绝,自1979年以后才受到全面保护。目前数量低于一万头,被视为濒危物种。

南露脊鲸

捕鲸者将游行速度缓慢、靠近海岸的南露脊鲸(学名*Eubalaena glacialis*)称为"适宜被捕杀的鲸鱼",因为相对而言它比较容易被追上,并被鱼叉刺中,死后其尸体会漂浮在海面上,可获取其长长的鲸须板和大量的鲸油。南露脊鲸身长可达17米,体重达90吨。其下颚及额前的白色硬结可作为区分个体的标识。

南露脊鲸生活在南大洋的20°S和50°S之间的区域,记录表明在南部海岛的北部周边也有其踪迹。

19世纪中叶早期,南露脊鲸惨遭捕杀几近灭绝,直至1935年才受到全面保护。目前估测其存有数量仅为7500头,被列为濒危物种。

抹香鲸

抹香鲸(学名*Physeter macrocephalus*),因"莫比·迪克"(Moby Dick)(来自美国小说家梅尔维尔著作《白鲸记》)的神勇名声而闻名于世,由于其既扁又平的巨大头部,布满牙齿的窄小下颚,很容易辨识。这是一种体型最大的齿鲸,其下颚上有50颗牙齿(每颗牙齿长达25厘米),上颚(几乎没有牙齿)的齿槽用以配合下颚牙齿的放置。雄性抹香鲸身长为18米,雌性则为11米,同时,其雄性体重达57吨。

在世界各个海域都能见到抹香鲸的踪迹,但是它一般很少出现在浅水海域。40°S以南大都是雄性成年抹香鲸。在10月到12月的繁殖季节,它们通常是以20~25头的数量组群出动,群体中包括雌性抹香鲸及其幼鲸,同时雄性抹香鲸随行。抹香鲸捕食中层至深海中的乌贼,有些乌贼体重可达200公斤。这些名副其实的海底幽灵生存于海底3公里以下的黑暗之中。

过去,由于鲸油、"龙涎香"(一种直肠分泌物)和鲸鱼牙齿的经济价值,抹香鲸遭到大量捕杀。现在,南大洋已对其实施全面保护,被列为濒危物种。

海豹

七种不同种类的海豹分布在亚南极和南极洲大陆上温度较低的南部岛屿上。有些是真正的海豹(不长耳朵),另外一些耳部有小片遮盖物(则是海狗),海狮(在福克兰群岛可见到海狮)也是它们的同类。有些海豹在栖息地进行繁殖交配,有一些则需要到积冰上,而对于行踪不定的罗斯海豹,则很难发现其交配地点。

抹香鲸有强大的声波定位系统,可潜至海底3200米,并在水中潜伏一个小时甚至更长时间以捕获大型软体动物等猎物。科学家通过采集鲸鱼、海豹、海鸟反刍时获得的未消化的乌贼的鹦嘴残渣(嘴部位置),进而推测出上述动物所食用乌贼的大小尺寸。

蓝鲸是世界上声音最洪亮的动物。它们可以发射出一种大于180分贝的低频声波,这种声波可传至几千公里之外。座头鲸在它们的繁殖地显得更为活跃,大多持续长达20分钟以上的声波是由成年的雄性座头鲸发出的。

尽管19世纪时曾遭到捕杀，但目前海豹数量还是很多，虽然没有濒临灭绝的危险，却仍然受到《南极海豹保护公约》的全面保护。

南极洲及亚南极海狗

在极地附近的南部海岛上能发现海狗的踪迹，有些岛上数量还会很多。它们已经到达南极洲大陆上了。相对于体型较小，偶尔还会进行杂交的亚南极海狗(A. tropicalis)而言，南极海狗(Arctocephalus gazella)出现在更靠南一些的地方。雄性海狗体重至少为200公斤，体长2米，远远超过体重为55公斤(体长1.3米)的雌性海狗。

海狗配偶为一雄多雌，且雄性海狗在面对竞争对手及游客时会表现得很凶悍。雄海狗会保卫所属的居住领地，在交配时会散发出浓烈的麝香气味，在12月份进行繁殖。海狗以乌贼、鱼类及甲壳类动物如磷虾等为食。有些雄性南极海狗还会捕食企鹅。

19世纪初，由于其皮毛价值，海狗遭到过度捕杀，目前其数量已经恢复过来。但是在某些地方，海狗数量众多，它们破坏信天翁的繁衍，并毁坏植物，以至于出现了是否对其实施保护的两难处境。在南乔治亚岛附近的伯德岛海岸线上聚集了近200万只南极海狗。

食蟹海豹

海狗，同海狮有亲缘关系，可四肢行走，同时在每800只海狗中会有一只皮毛为金黄色或乳白色。

食蟹海豹(学名Lobodon carcinophaga)的名称来源于德语单词krebs，意为甲壳类动物(如磷虾、螃蟹等)。它们拥有进化而来的特殊的牙齿，形成一个筛网，可以从水中滤出南极磷虾，这也是它们的主要食物。这些体型纤长的海豹身长可达2.5米，重400公斤。

食蟹海豹春季在积冰上进行交配。它们分布在极地附近，但喜欢生活在积冰上甚于远海海域。食蟹海豹是世界上数量最多的海豹，有人估计其数量现有15 000 000之多。

豹海豹

成年雄性豹海豹(学名Hydrurga leptonyx)身长可达2.8米，重320公斤。雌性体型则更大，长3.6米，重500公斤。豹海豹头部很大，并配有一张阔嘴，这使得它成为令人畏惧的捕食者。观察发现，夏季它们生活在积冰上，冬季则转至偏南部的亚南极岛上生活。

除了交配季节，豹海豹通常单独行动。由于它们生活在积冰上，因此对其交配细节所知无多。夏季则是它们的繁殖季节。豹海豹的食物包括企鹅及其他的海豹(特别是海豹幼崽)，还有鱼类、乌贼及磷虾等。

罗斯海豹

罗斯海豹(学名Ommatophoca rossii)居住在密集的积冰群上，是南极洲海豹中最不常见的一种。以它的发现者詹姆斯·克拉克·罗斯(James Clark Ross)(1839~1843年，英国南极远征队领队)对其进行命名。通常会发现这种离群索居的家伙单独或成对地跃至大块浮冰上。雌性身长2.4米，重200公斤，雄性体型稍小。

当罗斯海豹受到侵扰时，会垂直倒退，并张开嘴巴，鼓起喉咙。它们的声音也很有特点，如颤声，类似鸟鸣声及"隆隆声"。它们的食物主要是乌贼和鱼类。

南象海豹

南象海豹（学名Mirounga leonina）是世界上最大的海豹。雄性体重3吨长5米，雌性体重900公斤体长3米。它们分布在极地周围，经观察发现，它们大多生活在南部岛屿及南极半岛。

雄性南象海豹冬季生活在海中，在8月份转移到别处，雌性海豹随后跟上。雄性会为争夺居住地领地及配偶进行打斗。它们的长鼻子使得它们可以发出令人害怕的咆哮声。在没有食物，进行繁殖交配的时期，成年南象海豹会利用其厚厚的鲸脂层（由于鲸脂，它们曾经遭到捕杀）生存下来。

为大家所熟知的是，南象海豹的进化适应性使得它们可以接受大量食物（它们主要以乌贼及鱼类为食）以延长能量贮存。它们身形修长，丰富的血液中富含大量红血球（这样有利于它们在潜水时储存氧气），其独特的胸腔结构还可储存额外的血液，并且其肌肉也可以储存氧气。

威德尔海豹

南极洲常见的海豹，威德尔海豹（学名Leptonychotes weddellii），身长3.3米，体重500公斤，寿命长达20年。雌性体型稍稍大于雄性。

威德尔海豹分布在极地附近，与其他哺乳动物（除了人类）相比，生活在更南部的区域。它们终年生活在固定的海冰上（在海岸附近，或是在冰川之间），偶尔在积冰上也能看到它们的身影。10月份，它们将在居住地进行繁殖，其居住地靠近积冰的裂缝及洞口便于雌性威德尔海豹进入海中。雄性威德尔海豹则负责守护它们各自的洞口。

研究表明威德尔海豹可以潜入720米深的水中，并在海底持续待上一个小时以上。由于它们常常用门牙和犬齿打开呼吸孔，所以牙齿常常被磨损。有人发现它们会对着海冰下的缝隙中吹气泡以将隐藏在其中的食物（鱼类、乌贼和甲壳类动物）驱赶出来。由于生活在固定海冰上，而并非积冰群，人们更易于接近，因此威德尔海豹是南极洲海豹中最被人所熟知的。

鸟类

大约有45种鸟类在南极辐合带南部进行交配繁殖，包括17种企鹅中的9种，在南大洋的天空中和海面上经常能见到它们。然而，它们中只有极少数会在大陆陆地上进行交配繁殖。

企鹅

不同性别的企鹅看起来很相似，但有时雌性企鹅体型稍小。小企鹅们则常常挤成一团，好像待在"托儿所"里，这种情况在企鹅父母外出觅食时尤为常见。

野生动物 鸟类

南象海豹的血液含量相当大（占总体重的22%），心跳可降低至每分钟一拍。最深的潜水记录是不可思议的1930米；它们可以在水下待两个小时，而只需在水面稍稍休息片刻即可。

动物们，特别是海豹和企鹅，可通过遥控传感器采集数据。南象海豹冬季潜入海底900米，对于人类来说是很难进行研究的。所以将小型的传感器装在动物身上，当动物们浮到水面时可以传输卫星数据。

全球变暖带来的变化影响着企鹅种类,目前很多科学家都在研究全球变暖对企鹅数量及种群分布会有怎样的影响。具体可参见182页,环境章节。

帝企鹅食用鱼类、磷虾和乌贼,会潜水追捕食物,其潜水深度及持续时间都令人惊异:它可潜至535米深,持续时间达22分钟,是目前已知潜水最深和时间最长的水鸟。

阿德利企鹅

阿德利企鹅(学名*Pygoscelis adeliae*),南极洲常见的企鹅,由法国探险家迪蒙·迪维尔以其妻子的名字来命名。阿德利企鹅身上只有黑色和白色,这一点同巴布亚企鹅、帽带企鹅很相似,但阿德利企鹅有着很明显的白眼框。阿德利企鹅体重范围为3.9至5.8公斤,高度在46至75厘米之间。阿德利企鹅喜欢食用磷虾,潜水深度为150米,但它们通常会离水面很近。

在整个南极洲大陆,以及一些更靠南的亚南极岛屿,有很多阿德利企鹅的大型栖息地,在夏季,会有250万对企鹅在那里进行交配繁殖。它们用石子筑巢,并轮流守护两枚蛋卵。冬季它们生活在海冰上,如果可能,将在第二年返回同一个巢址交配产卵。

帽带企鹅

帽带企鹅(学名*Pygoscelis antarctica*)同阿德利企鹅一样是黑白相间的,但是脸颊下部有一条很明显黑线,这也是其名称帽带企鹅的来源。帽带企鹅体重范围是3~6公斤,高度为68厘米。是继马可罗尼企鹅之后,数量第二多的企鹅种类。目前,已经发现750万对帽带企鹅。

帽带企鹅捕食栖息地周边(南极半岛附近及南极辐合带南部的海岛)的磷虾及鱼类。它们会在11月产下2枚蛋卵,在来年3月小企鹅孵化出生。帽带企鹅会均分喂食两只小企鹅(同其他区别哺育幼崽的种类不同)。冬季,积冰群的北方区域也能见到它们的身影。

帝企鹅

帝企鹅(学名*Aptenodytes forsteri*)是世界上最大的企鹅,身高超过1米(尽管已发现身高达2米的企鹅化石),重达40千克。

已知的59.5万对繁殖期帝企鹅分布在44个地方,并且它们也没有转移到南极辐合带的北部。

帝企鹅是唯一在冬天进行繁殖交配的南极鸟类。雄性帝企鹅的脚下一般都会有一个待孵化的企鹅蛋,在极冷的冬季,它们会聚集在一起孵化以减少热量的损失。同时,雌帝企鹅会穿越海冰去冰隙中觅食。孵化期平均为66天,从11月至次年1月,小企鹅们便可以独立了。

巴布亚企鹅

黑白相间的巴布亚企鹅(学名*Pygoscelis papua*)长度在75~90厘米之间,由于其黄色的尖喙,以及眼睛上面和后面的白斑,很容易与体型稍小的阿德利企鹅和帽带企鹅区分开来。极地附近估计有30万对巴布亚企鹅,分布在亚南极群岛及南极半岛。巴布亚企鹅大量集中在南乔治亚岛(10万对),福克兰群岛(7万对)和Îles Kerguelen岛(3万对)。

在偏北部的亚南极岛屿,巴布亚企鹅在冬季繁殖交配,7月初产下2枚蛋卵,从10月到12月偏南部的岛屿和南极半岛上进行孵化。

巴布亚企鹅可潜入100米以下的水底捕食,包括磷虾、鱼类及乌贼等。国际自然保护联盟已将其列为近危物种。

国王企鹅

国王企鹅(学名*Aptenodytes patagonicus*)是世界上第二大的企鹅,体重达9~15公斤,高80厘米。现存数量估计有100万~150万对。它们在7个亚南极岛群上进行繁殖交配,主要以灯鱼和乌贼为食。可潜至300米处,持续15分钟。

国王企鹅通常在靠近海岸或岩石区域的大型栖息地进行交配繁殖。夏季中大概有55天,企鹅父母会轮流将每个蛋放在脚边进行孵化。他们可以缓缓前行以躲避海豹。刚出生的小企鹅通常是深褐色,曾被形容为"毛茸企鹅"而作为一个单独的种类。在漫长的繁殖交配期(14~16个月),整个冬天小企鹅们学习生存之道(挤在"托儿所"中取暖),在来年夏天才开始羽翼丰满,这样就无法当年进行交配。它们每三年只能交配两次。

马可罗尼企鹅

双眼间相连的橘色装饰羽毛将马克罗尼企鹅(学名*Eudyptes chrysolophus*)与体型较小(并且尖喙颜色较浅)的岩石企鹅明显地区分开来。马克罗尼企鹅体重5.3公斤,高70厘米。食用磷虾的马克罗尼企鹅在亚南极及南极洲企鹅中数量居首,在南极辐合带及南极半岛附近的岛群上的大型栖息地中,存在1180万对马可罗尼企鹅。在冬季,它们会穿越海洋,行程近1万公里。

夏季进行繁殖交配的马克罗尼企鹅会产2枚蛋,前一只较小于第二只(对鸟类而言不同寻常,但对长冠企鹅来说很普遍)。第一个蛋"A"通常会被第二个蛋"B"挤出巢外,只有一个蛋能接受孵化。大量研究针对这一行为而展开。

由于近期在亚南极繁殖交配地点的数量有所减少(归结于温度变化引起食物减少),所以国际自然保护联盟将马克罗尼企鹅列为易危物种。

岩跳企鹅

岩跳企鹅是最小的长冠企鹅(2.3~2.7公斤),其双眼间柠檬黄色的流苏状羽毛并未相连。目前已发现两个品种,一个是南岩跳企鹅(学名*Eudyptes chrysocome*),一种是羽冠更长更为华丽的北岩跳企鹅(学名*E. moseleyi*)。

岩跳企鹅(包括两个品种,估计约有370万对)均在亚南极和南部低温岛群进行繁殖交配。最大的岩跳企鹅群(数量为100万)在福克兰群岛。

它们可以在暴露在外的海岸岩石上进行交配繁殖(采用同马克罗尼企鹅同样的两蛋孵化系统),它们强有力的弹跳力及游泳能力使得它们可以从海里回到巢居地。

由于气候变化导致海水温度升高(这影响了企鹅捕食物链)两种岩跳企鹅的数量急剧减少,国际自然保护联盟也将岩跳企鹅列为近危物种。

皇家企鹅

皇家企鹅(学名*Eudyptes schlegeli*)类似于马克罗尼企鹅,但面部呈白色,仅在亚南极麦夸里岛发现其踪迹。1984~1985年的调查表明当时其数量为84.87万对,但现在看来,这显然低估了皇家企鹅的数量。

10月份,它们会在大型的海岸栖息地产下2枚蛋卵(第一枚蛋会被抛

由于其基因无法制造黑色素,白化(白化病)企鹅的羽毛为白黄色,而非白黑相间。科学家推测在南极洲企鹅白化病的比例为:阿德利企鹅是1:114 000,帽带企鹅是1:146 000,巴布亚企鹅是1:20 000。

弃），来年2月孵化出小企鹅。在非繁殖交配季节，它们会选择远离塔斯马尼亚的区域生活。

由于繁殖交配地点单一，皇家企鹅也被列为易危物种。多年以前，被称为"胖子"的换羽皇家企鹅，由于其脂油遭到捕杀，但对此的抗议使得麦夸里岛被划为第一个亚南极岛屿自然保护区。

信天翁

在环南极洋面上，令人入迷的信天翁会跟随船只飞行，但对它们进行分类并不容易。（根据分类学，有8~17种信天翁在岛上进行繁殖交配）。

它们都只产1枚蛋卵，有的两年才产一次。所有的信天翁都以水面上猎取的乌贼、鱼类及甲壳类动物为食。

信天翁名字源于Dio-medea，乃用以纪念特洛伊战争中的英雄Diomedes，他的同伴们被希腊诸神变成了白色大鸟。

许多信天翁在南大洋延绳钓渔业中被捕杀。当信天翁潜入水中捕食渔线上的鱼饵时便被咬住，然后渔场人员卷起长线，鸟儿们便落入水中溺亡。《南极洋生物资源保护公约》已将此问题纳入管辖行动，采用飘带之类物品吓跑鸟儿避免其食用鱼饵，确保鱼饵尽快随钩沉入水中，禁止在白天放线钓鱼，避免信天翁伤亡。其他的危险因素如渔网托索，外来的陆地食肉动物及环境污染。这些问题已经引起关注，如《信天翁和海燕保护协议》(the Agreement on the Conservation of Albatrosses and Petrels, www.acap.aq) 及一些非政府组织如国际鸟类联盟 (BirdLife International, www.birdlife.org)。目前，信天翁的保护等级从近危物种（如灰头信天翁）到濒危物种（如阿姆斯特丹信天翁）不等，它们的未来仍需密切关注。

黑眉信天翁（学名*Thalassarche melanophrys*）广泛分布在南大洋，在包括南乔治亚岛和福克兰群岛在内的9个岛群上进行繁殖交配。它是信天翁中体型最小的一个种群，有时被称为大海鸟，但它长达2.5米的翼幅，高达5公斤的体重，仍使其被归为大型鸟类。它身体白色，黄色鸟喙，头顶橙黄色，黑线穿过眼部，翼幅宽阔，翼尖深色。

灰头信天翁每两年繁殖交配一次。等到繁殖年份过去，它们便会在南大洋海面上一直飞行，有些行程长达12 000公里。

灰头信天翁（学名*Thalassarche chrysostoma*）因其灰色头部而容易辨认；宽边黑色由翼尖延至翼尾；上颌，下颚处均有橙色条纹。在极地附近进行繁殖交配，在南乔治亚岛，坎贝尔岛及麦夸里岛上都可见其踪迹。

皇家信天翁（学名*Diomedea epomophora*（北方），和 *D. sanfordi*（南方））属于大型信天翁的一个种群。在海面上，可以通过下列特征将其识别出来：巨大的身形，全白的尾羽，近黑色的上翼及成年后才出现的至上颌的黑线。它们在新西兰附近岛屿进行繁殖交配。

白顶信天翁（学名*Thalassarche cauta*）是南大洋最大的信天翁，翼幅长达2.6米。其显著的特点是在飞行时驼着背，上翼不像其他信天翁那么黑，不管是成年还是未成年，都会有窄边黑色由翼尖延至翼尾。它敢于靠近并跟随船只，这与"胆小"信天翁的称呼并不符合。它们在新西兰南部岛屿及塔斯马尼亚岛进行繁殖交配。然而，这种鸟类（目前被视为第四类）广泛分布在各个海域。

有两种乌信天翁：**深乌信天翁**（学名*Phoebetria fusca*），通常称为乌信天翁，通体巧克力黑，另一种是**浅乌信天翁**（学名*P. palpebrata*），背部颜色是与乌色相反的苍白色。深乌信天翁沿下颚处有一道黄色的凸槽，而浅乌信天翁是蓝色的。这两种乌信天翁分布在各个海域，但浅乌信天翁倾向于更南边一些，靠近积冰地带。可以通过它们各自繁殖交配的习惯反映出这一点。观赏信天翁在薄雾朦胧的悬崖附近成对地求偶飞翔，鸟鸣声不绝，已成为去南大洋旅游的一项重要体验。

漂泊信天翁（学名*Diomedea exulans*），其身形巨大与信天翁明显不同，翼幅长达3.5米。头颈部及身体均为白色，楔形尾羽，粉色的长嘴。在南大洋10个岛群上发现了漂泊信天翁的踪迹，遍布南大洋的辽阔海域，单程觅食可飞行几千公里，所以它很适合用漂泊这个名字。实际上，年轻的漂泊信天翁会在5年，甚至更长的时间内不会返回陆地，而是一直在海面上飞行。

其他的南部种类包括**黄鼻信天翁**（学名*Thalassarche chlororhynchos*和*T. carteri*），生活在一些偏远的岛上如特里斯坦-达库尼亚群岛（Tristan da Cunhas），以及**阿姆斯特丹信天翁**（学名*Diomedea amsterdamensis*），世界上最稀有的鸟类之一，仅在阿姆斯特丹岛（Île Amsterdam）发现其踪迹。

海燕

这个海鸟种群取这样的名字是因为海燕习惯在暴风雨出现时急速穿过，仿佛为穿越海面而来。海燕的英文隐有小彼得的意思，而小彼得就是跟随耶稣一起走过加利利海面的信徒。除了两个最大的种群，所有海燕仍然生活在海面上，只在繁殖交配时需要挖巢穴时才回到陆地上（这样做是为了保护自己避免受到其他捕食贼鸟类的袭击，如挪威贼鸥）。不幸的是，外来的猫鼠破坏很多繁殖岛屿，自然而然，海燕的种类延续性受到威胁。

大部分海燕以磷虾、鱼类及乌贼为食，主要是在飞行时快速接触水面捕食，同信天翁一样，海燕也受到延绳渔猎方式的威胁（见192页）。

巨型海燕是海燕家族里最大的成员。北方巨型海燕（学名*Macronectes halli*）和南方巨型海燕（学名*M. giganteus*）的鸟喙尖部颜色有很大差别：北方巨型海燕的鸟喙尖部是绿色，而南方巨型海燕的鸟喙尖部则为红褐色。在南大洋到处都可见巨型海燕的影子，同时南方巨型海燕生活在偏南一些的地域，有些是在半岛和阿黛丽地进行繁殖交配。与信天翁不同，巨型海燕在陆地上和海上都可觅食。在陆地上，它们能杀死体型如国王企鹅大小的鸟类，还可在海豹栖息地清理残渣。在海上，它们可捕获鱼类、乌贼及甲壳类动物，享用死去的鲸鱼和其他海鸟的残骸。由于南大洋中一些船只会采用延线捕鱼法捕杀金枪鱼和南极美露鳕，巨型海燕也会因此被误抓。

南极鹱（学名*Fulmarus glacialoides*），中等身形（重800克，翼幅1.2米），通过其苍灰色的翅膀，白色的脑袋，黑色的飞羽很好辨认。粉色的鸟喙尖部为黑色，加上深色的眼睛，都是它与众不同的特征。南极鹱是一种分布在极地附近海面上的南部物种，积冰边缘常见其踪迹。南极半岛附近、南奥克尼群岛、南桑威奇群岛、南极海岸周边以及布韦岛，都是它们的繁殖地。

南极海燕（学名*Thalassoica antarctica*）深色黑灰白条纹清晰粗重，比南极鹱体型稍小。只在南极洲大陆进行繁殖交配；已发现其最大的栖息地在毛德皇后地的第142号南极特别保护区（Svarthamaren），数量达25万对。

雪海燕（学名*Pagodroma nivea*），特征明显，纯白的翅膀，黑色鸟喙及乌黑的小眼睛。它们在南极洲大陆、南极半岛和布韦岛上至少有298处繁殖点。这种海鸟的分布范围不会靠近偏远的北部；而是大量聚集在密集的浮冰群中的冰山上。

雪海燕将胃液反刍作为一种保护机制。这种称为mumiyo的胃液沉淀物，堆积在其巢穴周围已有数千年历史，可用放射性碳测定年代。已测的最古老的栖息地可追溯至34 000年前。

锯鹱（学名*Pachyptila spp.*），也被称为鲸鱼鸟，身体是灰蓝白相间。通过末端至尾羽上部的黑色条纹很容易将其同蓝鹱区分开来。飞行时，能看到它们上身隐约有着一个M字母形状。它们的种类多达6种之多。它们可以在许多南部海岛上进行繁殖交配，一到两种不同种类的繁殖交配也可聚集在一起进行。在整个南大洋积冰北面，南极洲大陆水上，都可以见到锯鹱的踪迹，并且通常是群体出动。外来的物种猫和老鼠威胁着锯鹱的生命安全。如若能将这些外来物种彻底消除，则锯鹱的数量有望回升。

暴风燕是世界上最小巧轻便的海鸟。威尔逊暴风燕（学名*Oceanites oceanicus*）仅重35~45克。暴风燕分布在极地附近，在偏南的亚南极岛群进行繁殖交配，比如说南乔治亚岛、南极半岛和南极大陆，以及好望角附近岛屿，还有福克兰群岛。它们是世界上数量最多的海鸟。毫无疑问，其数量有数百万之众。它们通常跟随船只前行，与鲸鱼为伴。中型的黑腹蜂鸟（学名*Fregetta tropica*）及白腹蜂鸟（学名*F. grallaria*）具有极大亲缘关系；它们通过是否有中心黑纹及腹部白纹来进行区分。白腹蜂鸟在南大洋偏北部海岛进行繁殖交配，黑腹蜂鸟则在南乔治亚岛、Îles Crozet岛、Îles Kerguelen岛及南极半岛周边群岛上进行繁殖交配。灰背暴风燕（学名*Garrodia nereis*），下身为白色，脑袋及背部为深褐色，臀部为灰色。在南大洋能看到有灰背暴风燕出没，但并不是一直都有。在南大西洋，南印度洋及南澳大利亚的南部的繁殖交配地点附近有三个聚集地。

其他已被发现的海燕包括：蓝鹱（学名*Halobaena caerulea*），表面上看起来同锯鹱极为相似，但其从末端至尾羽上的条纹为白色，而且其繁殖交配地分布在迭戈拉米雷斯群岛、南乔治亚岛、爱德华王子群岛（Prince Edward Islands）、Îles Crozet岛、Îles Kerguelen岛、赫德岛及麦夸里群岛，并生活在极地附近的海上；岬海燕（学名*Daption capense*），身上满是深棕、黑和白色相间的斑块，使得人们给了另一个称呼"pintado"，在西班牙语中是"涂画"的意思，其广泛分布在极地附近的海上，并在从南极洲大陆至偏南的亚南极岛群上进行繁殖交配；南乔治亚鹈燕（学名*Pelecanoides georgicus*），在南乔治亚岛，南印度洋及新西兰附近的岛屿上进行繁殖交配；鹈燕（学名*P. urinatrix*），在从南乔治亚至特里斯坦—达库尼亚群岛（Tristan da Cunha group），以及新西兰南部一系列的岛屿上进行繁殖交配。白颏风燕（学名*Procellaria aequinoctialis*），在福克兰群岛、南乔治亚岛、爱德华王子群岛、Îles Crozet岛、Îles Kerguelen岛及新西兰的亚南极海岛上进行繁殖交配，其分布在极地附近海上，分布纬度范围较大。

其他鸟类

鸬鹚

目前对于鸬鹚（学名*Phalacrocorax spp.*）的具体种类数量还没有明确的定论，它们居住在南部海岛及南极半岛，蓬蓬鸟是它的另一个常用的称呼。按照分类学不同的标准，其种类可多达7种，也可视为仅有2种。所有鸬鹚都很相似，身体灰褐黑相间，长颈和长翅翼，善于快速拍打翅膀飞行。

鸬鹚在南极半岛，所有亚南极岛群，以及新西兰南部岛屿上进行繁殖交配。它们在夏季繁殖，在悬崖顶上和伸入海面上方的岩石上用栖息地的海草和陆生植物筑巢。它们以海底小鱼为主食，在水面将脑袋扎入水中，长时间的觅食（而不是从高处冲向水面进行捕食）。

黑背鸥

黑背鸥，或称为多米尼加鸥（学名*Larus dominicanus*）是南大洋唯一的海鸥种群。通常它们会以小群体的规模整年生活在南极半岛和大多亚南极岛群上。同大多数南极海鸟一样，黑背鸥也是在夏季进行繁殖交配。

黑背鸥食用企鹅栖息地及巨型海燕所猎食的动物尸体残渣，陆生无脊椎动物，例如蚯蚓、飞蛾，以及潮间带的贝壳类动物，例如帽贝。

鞘嘴鸥

鞘嘴鸥不属于海鸟类（它们没有脚蹼），但是同属于一个科目，符合涉水禽类或滨鸟的特征。它们是南极洲唯一生活在陆地上的鸟类，经常在企鹅栖息地游荡、吵闹。体型较大的鞘嘴鸥（学名*Chionis alba*），也因其美式名字而为人熟知，白面或粉面鞘嘴鸥——在南乔治亚岛、南设得兰群岛、南奥克尼群岛和南极半岛沿岸都能发现鞘嘴鸥的踪迹。冬季它们会从北方迁徙至南美洲和福克兰群岛。它们的翅膀白色，翼厚，身体强健。少数黑面鞘嘴鸥（学名*C. minor*），体型稍小，翅膀较短。它们只栖息在4个南印度洋的亚南极岛群上，每种鞘嘴鸥都拥有其自己的亚种。

夏季，鞘嘴鸥在岩石裂缝间筑巢，选址通常靠近企鹅栖息地，这样它们就可以食用企鹅蛋，喂食小企鹅时溢出的残渣，巨型海燕的猎物尸体。并且，它们也以潮间带的生物和泥炭地中的无脊椎动物为食。

贼鸥

贼鸥是一种体积大，身体重，貌似海鸥的鸟类，身体主要为褐色但在翅膀上有显眼的白色条纹。南极贼鸥（学名*Catharacta maccormicki*）身形明显比亚南极贼鸥，或褐贼鸥（学名*C. antarctica*）要小许多，翅膀颜色较浅。

亚南极贼鸥在大多南部岛屿繁殖交配，而南极贼鸥却是在南极洲大陆上繁殖交配。在南极半岛，两种贼鸥种群都存在，且记录表明这两者杂交也很普遍。

这两个贼鸥种群都是在夏季繁殖交配，通常在地上挖坑产下2枚斑驳的蛋卵。贼鸥是一种具有攻击性的捕猎者，以企鹅蛋及企鹅幼崽，还有栖息地的其他海鸟（包括成年的小型海鸟）为食，并食用动物尸体腐肉、南极洲磷虾、乌贼和鱼类。

冬季，这两种贼鸥都会离开繁殖地，它们大部分时间都是在海上飞翔，有时甚至会飞到北半球。

燕鸥

在南大洋可以看到几种不同的燕鸥（学名*Sterna spp.*）。南极燕鸥（学名*S. vittata*）及较为稀少的克尔格伦燕鸥（学名*S. virgat*）在南部的一些海岛上进行繁殖交配。前者分布更为广泛，也分布在南极半岛上。在海上你可能会见到从北半球长途迁徙而来的北极燕鸥（学名*S. paradisaea*）。克尔格伦燕鸥只待在它们生活的几个海岛上，而南极燕鸥则选择几千公里的迁徙到达南非水域过冬。

上述三个种群的燕鸥都是身形细长，长翼，灰白相间，大小相近。北极燕鸥额前为白色，鸟喙黑色；南极燕鸥及克尔格伦燕鸥则是红色鸟喙，且有显而易见的黑顶。

南极燕鸥及克尔格伦燕鸥在夏季进行繁殖交配,在分散的栖息地地面挖坑产下斑驳的蛋卵。它们以在水面捕获的小鱼为主食,或潜入浅滩捕食,通常是在水藻地带。数量稀少的克尔格伦燕鸥被视为近危物种。而陆地上凶猛的野猫也影响到了南极燕鸥和克尔格伦燕鸥的繁殖交配。

剪嘴鸥

大剪嘴鸥(学名*Puffinus gravis*),黑顶,尾部上方有白色条纹,仅在特里斯坦·达库尼亚群岛及戈福岛(Gough Island)进行繁殖交配(除了极少数会选择福克兰群岛)。黑白相间的小剪嘴鸥(学名*Puffinus assimilis*)通常两三只结伴而行,距繁殖地比较近,它们的繁殖地包括特里斯坦·达库尼亚群岛(Tristan da Cunha group)、戈福岛、Île St Paul岛及澳大利亚和新西兰周边岛屿。它们分布在南大洋及附近海上。黑色剪嘴鸥(学名*Puffinus griseus*)除翼尾是银色,全身黑褐色。分布在极地附近海上,在靠近新西兰及好望角的海岛上进行繁殖交配。

鱼类及深海生物

南大洋有270多种鱼类,仅仅是南极绕极流北部营养丰富的海域就造就了世界上数个最多产的大型渔场。南大洋中,有些靠近大陆的物种,或海底生物(深海区域)与其他大洋中截然不同。

科学家研究了几种令人惊奇的物种,比如南极鳕鱼或者美露鳕(学名*Dissostichus mawsoni*),由于血液中含有"抗冻"蛋白质,它们可以生活在零度以下的水域中而不被冰冻。南极鳕鱼同其他"鳕鱼"并无亲缘关系,身长可达2米,体重至135公斤。它们的心跳频率是每六秒一次。

作为冰鱼科家族成员的裘氏鳄头冰鱼(学名*Champsocephalus gunnari*),它的"白色血液"内不含血红细胞,而是通过血浆输送氧气,但血浆输送氧气的能力只有含血红细胞的鱼血的10%。为了弥补这一点,冰鱼血液含量多,心脏大,血管粗,鱼鳃面积广,它们甚至可以利用尾巴获取氧气。

环南极大洋所有鱼类都生长缓慢,大多数沿海鱼类要5~7年才可以进行交配,因此非常有必要制定出可持续发展的捕渔限制标准。由于起初无节制的捕鱼,有一些种群[如南极花纹鱼(学名*Notothenia rossii*)及裘氏鳄头冰鱼]现在也因商业捕捞而濒临灭绝。渔业公司则将目标转向新的种群[如巴塔哥尼亚齿鱼和智利海鲈鱼(学名*Dissostichus eleginoides*)]。南极海洋生物资源保护委员会努力通过年度捕捞配额系统及监督检查进行控制。然而,过度捕捞始终是一个威胁。

生活在南极海底的群体被称为"深海生物",其动植物品种都非常丰富。它们由南极本地的植物群及动物群组成,经过数千万年的进化逐渐适应了海底严寒的环境[如南极深海章鱼,学名(*Pareledone turqueti*)]。几乎每次取得的深海生物样本,都会发现一些新的未知品种。

无脊椎动物

南极磷虾

南极磷虾(学名*Euphausia superba*),它是一种身长6厘米的浮游甲壳生物,有时会在南极辐合带以南大量聚集。另外还有一类较小的物种,如冰磷虾学名（*E. crystallarophias*）。磷虾会被须鲸通过鲸须板筛留后吞食，同时它还是很多南部海鸟（特别是企鹅）、乌贼、鱼类和食蟹海豹的食物。如果没有磷虾，整个南大洋的生态系统便会崩溃。

　　南极磷虾已经成为渔业公司的捕捞对象，南极海洋生物资源保护委员会对此设置了捕捞定额，并鼓励对磷虾及捕食磷虾的动物进行研究。

陆生无脊椎动物

　　南极本土的陆生动物都是很小的无脊椎动物，许多已经通过进化适应了这里的特殊环境。它们包括螨虫、虱子、跳虫、蚊蠓及跳蚤。它们有些寄生在海豹和鸟类的身上。有些螨虫则生长在暴露的泥土中，在极为寒冷和干燥的条件下存活下来。对南极大陆的研究集中在微生物上：包括纤毛虫、轮虫、缓步虫及线虫（更多关于线虫信息，见103页）。

　　在亚南极岛群上引进的一些外来物种如蛞蝓、蜗牛、蚯蚓、蜘蛛等足类动物及蚜虫等，有些正在改变生态系统。

植物

　　南极植物的种类比你想象中的要多得多，但与其他纬度上的植物相比较，这些植物就显得太小，比较不起眼了。南极孕育了近400种地衣，100种苔藓和叶苔，以及数百种藻类——包括20种雪生藻类。

陆生植物

　　南极的植物与在亚南极岛群上发现的植物有很大不同。南极大陆上只有苔类、地衣和藻类，还有两种开花植物，一种是发草（学名 *Deschampsia antarctica*），另一种是垫型草或者称为漆姑草（学名 *Colobanthus quitensis*），漆姑草在相对而言温暖一点的南极半岛有一片据点。有意思的是，很多人相信全球变暖是这些草儿能茂盛生长的原因。

　　南极地区，尤其是南极半岛生长着大面积的地衣样本（有的已经存在超过500年了）及1米多深的苔藓。放射性碳测定显示大片苔藓基层年代历史已长达7000年。

　　在降水量多、夏季日照时间长的情况下，海岛上的物种多样化起来，有时甚至会出现茂盛的草木（从草丛的出现可以反映出这一点）。仅在南乔治亚岛便至少有50种导管植物生长出来，但不是树。沿北方的低温海岛，如特里斯坦·达库尼亚群岛和戈尔福群岛，出现了一些少量的当地新品种树木。

海洋植物

　　南部海岛的潮间带及潮下带区域生长着各种巨型海藻，如巨藻（学名 *Durvillea antarctica*），当大海波涛汹涌时，可以对海岸形成一道厚厚的保护带。这些巨藻"森林"也保护了鱼类、贝类、章鱼类及甲壳类动物，同时为沿岸觅食的鸟类，如鸬鹚及燕鸥提供了食物。

　　超过100种浮游生物生活在南大洋中。整个南极生态系统的繁荣都依靠着浮游生物群的光合作用，虽然这些浮游生物都是些漂浮在南大洋上

南极洲曾广泛使用狗来拉雪橇，但这一活动根据《南极条约环境保护议定书》被禁止。但在1994年，这一禁令被撤销。

野生动物　植物

层的微小的单细胞植物或者藻类微生物。冰藻将积冰染成粉色或灰色，雪生藻类则生长在积雪的顶部（粉雪，见94页）。在藻类蓬勃生长的时期，浮游生物的密度之大，可将整个海面覆盖。

南极野生动植物面临的威胁

南极探险直接目标便是捕获海洋哺乳动物，特别是海豹及鲸鱼。

如今，南极野生动物面临的威胁大多是由于生态系统的改变，比如说全球温室效应（更多有关生态系统改变信息，见178页。）

过去

鲸鱼

南极捕鲸活动始于1904年，在第一季，共有183头鲸鱼遭到捕杀。到1912~1913年，6个地面处理站，21艘工厂船只，62条捕鲸轮船，捕杀并加工处理了10 760头鲸鱼。南乔治亚是早期的捕鲸聚集地（见53页）。19世纪20年代，技术进步（特别是轮船滑道系统，整头鲸鱼可被吊在海上加工厂船上进行处理。）使得捕鲸者将捕鲸目的地转向远洋、公海。另外，这些远洋工厂船也可以逃避政府对于捕鲸数量的限定。1930~1931年，每年捕杀的鲸鱼数量增至4万头。由于第二次世界大战的影响停滞数年后，这样的捕鲸活动又持续进行了20年。每当一种鲸鱼被捕杀得所剩无几时，捕鲸者便转向另外一种鲸鱼进行捕杀。

国际捕鲸委员会（International Whaling Commission，简称IWC；http://iwcoffice.org）成立于1946年，对全球范围内"开展有秩序的捕鲸业"进行监管，规定自1986年起停止所有商业用途的捕鲸行为。

海豹

南极岛群周边近1/3的岛屿已被海豹捕杀者所涉足。这些捕杀者总是比探险家们先行一步，因此他们也是某种意义上的探险家（更多历史内容，见第152页和第52页）。海豹产品交易的后果相当严重。南设得兰群岛于1819年开始海豹产品交易，由于海豹捕杀者的大量涌入，海豹遭到捕杀已近灭绝，1823~1824年，这里的海豹捕杀活动便结束。

人们捕杀海狗是为了获取其厚重的皮毛，而对于南象海豹，则是为了它身上丰富的脂肪可提炼成油。

凯尔盖朗甘蓝菜（学名*Pringlea antiscorbutica*），发现于南印度洋海岛，19世纪，海豹捕猎者们用于预防坏血病。

野生动物

南极野生动物面临的威胁

关于被捕杀的鲸鱼数量统计，我们可以查看南乔治亚岛的记录，这里是陆上作业的主要场所。从1904年至1965年，即南乔治亚岛捕鲸活动停止的那一年，共有41 515头蓝鲸，87 555头长须鲸，26 754头座头鲸，15 128头大须鲸和3716头抹香鲸被捕杀。

岩藻

有些区域（如维多利亚地），由粗颗粒砂石形成的岩石表面被植物所包裹。这些植物生长在岩石里面，在颗粒之间的缝隙里生长，形成一层新的藻层、菌层或者地衣。每年只有很短的一段时间（有时会只有短短几天而已）才会有足够的光照进行光合作用，同时必须有雪水供应。植物释放出来的酸性物质慢慢溶掉岩体直至其外表面完全被破坏。这些植物的生长速度极其缓慢，有些甚至有数千年历史了。

南极科考

从最早的探险时代开始，南极便被视为发现之地。早期探险队大都肩负着一个"任务"——去探究传说中的未知南方大陆（Terra Australis Incognita）是否确实存在。当大陆的存在得到证实后，接着去确定其范围、属性和动植物。在现代，随着《南极条约》的制订，南极洲成为世界上受到保护的一块大陆，几乎成为专门的科研圣地。

南极洲科学研究有两个重要特点，一是研究成果众人皆可采撷，另一个是许多研究项目得到国际支持。南极洲研究科学委员会（SCAR; www.scar.org）从1957年就开始安排这种协调合作。近些年来，由极地信息共享组织（www.polarcommons.org）对信息进行集中收集。

研究发现，南极洲不仅适于研究其特殊环境和专门适应了此环境的生命形式，同时还对当今一些重要科学问题的研究至关重要。南极对气候改变的影响极其敏感，还成为影响全世界天气及全球模式的源头，同时又是监控气候改变的理想观察地点。虽然南极洲地处遥远，但是在那里进行的研究大多与地球人口聚居地区息息相关。

国际地球物理年（The International Geophysical Year）1957~1958（见170页）真正开启了现代南极洲的科学研究。与之配套的科学项目——国际极地年（International Polar Year）2007~2008（IPY; www.ipy.org; 见172页），推动南极科学研究提升到新的层次，并将其与地球如何运转的模型理论紧密结合起来。

研究领域

许多有待南极洲研究来解答的问题本质上来说都是跨学科的，并涉及相互关联的多个复杂系统。例如，气候变化怎样对风力和大气层、陆地和海洋温度产生影响，这些受到影响的因素又如何同冰架及冰盖相互作用？然后反过来，又如何影响海平面，继而可能影响全球气候？因此，书中列出的许多研究领域在概念和信息采集方面都与其他领域相联系。例如，从冰层，陆地和海底沉积物中的钻探取芯就被多国、多学科采用。

生态系统

较世界上其他地方而言，南极洲生态系统要简单一些。因此这里更便于观察因温室效应等不同因素所引起的生态系统变化。尽管自数百万年前雷克海峡（Drake Passage）出现之时，南极洲生物已开始独立进化演变，但是污染、紫外线辐射增强及气候变化等诸多问题正影响着其物种和生

推荐杂志与网络资源

» 《南极洲科学》（Antarctic Science），剑桥大学出版社

» 《极地生物》（Polar Biology），史宾格（Springer）

» 《北极，南极和阿尔卑斯研究》（Arctic, Antarctic & Alpine Research），科罗拉多大学（University of Colorado）

» 澳大利亚南极洲数据中心（Australian Antarctic Data Centre, http://data.aad.gov.au），南极洲观察结果交流中心。

» 南极洲高清图片（High-resolution image of Antarctica, http://lima.usgs.gov）

南极项目

国际组织

国家南极洲计划管理委员会（Council of Managers of National Antarctic Programs, COMNAP, www.comnap.aq)提供基地及项目的详细名录。

南极洲研究科学委员会（Scientific Committee on Antarctic Research , SCAR, www.scar.org)

国际极地年（International Polar Year）2007~2008 www.ipy.org

欧洲极地理事会（European Polar Board）www.esf.org/research-areas/polar-sciences.html

国家计划

澳大利亚 www.antarctica.gov.au

英国 www.antarctica.ac.uk

智利 www.inach.cl

中国 www.pric.gov.cn

法国 www.institut-polaire.fr

德国 www.awi.de

印度 www.ncaor.gov.in

日本 www.nipr.ac.jp

新西兰 www.antarcticanz.govt.nz

挪威 www.npolar.no

俄罗斯 www.aari.aq

南非 www.sanap.org.za

美国 www.usap.gov, www.nsf.gov

态系统，进而提供了研究不断发展变化的领域。

学科内容包括生物化学、生物学、生理学、基因学及生物进化学。

例如，自20世纪90年代起，在如帕默站（Palmer Station, http://oceaninformatics.ucsd.edu/datazoo/data/pallter），及麦克默多干燥谷（McMurdo Dry Valleys, www.mcmlter.org）进行的长期生态研究项目（Long Term Ecological Research, LTER)便开始记录系统之间相互作用的相关数据，并试图回答这个问题：面对更多地区的变化，这些生态系统是如何相互作用和改变的?

海洋生物

南极洲海洋生物调查组织（CAML; www.caml.aq），拥有17艘考察船及来自20个国家的科学家，负责监测南极洲海洋生物的数量及分布。这项研究需要的设施投入巨大——破冰船级的科考船舶，水肺潜水设施，研究站的实验室及卫星数据终端——以促进资源共享的国际研究。

研究涉及的各方面包括身体体型及成分、心血管控制、体温、新陈代谢、深潜及浮出水面时的血液含氧量（未出现快浮减压症）、食物可得性、及对海冰形成和消融的节奏的适应性等。

卫星信号传送器及其他电子设备的使用提供了众多显著的数据：例如，在海中，象海豹几乎90%时间都潜在水下，持续潜水时间高达两小时，下潜深度超过975米。关于它们是如何做到这一点的，则是广泛的生理学研究课题。同样的，安装在鸟背部的微型卫星信号传送器可以报告鸟的位置，而安装在鸟腿上的小导管可以收集鸟类在潜水捕食时的深度及持续时间。甚至可以自动测量飞行或游泳所需的氧气消耗量。

动物数量的监测，可通过为单个动物安装电子追踪器而直接清点的方式进行，但最近可以通过卫星观测。例如，2012卫星数据表明帝企鹅现存数量几乎是原来估测数量的两倍多（595 000：270 000），这是第一次通过太空对某一物种进行的完整的调查。总之，科学家研究范围广泛，从动物的繁殖习性、生长速度到饮食和气候变化的影响。

现已进行大量的研究，旨在确立鱼类种群的多样性、生命历史和范围。研究大多集中在数量最庞大的两类物种——南极鳕鱼（学名 *Nototheniidae*）和南极冰鱼（学名*Channichthyidae*）——主要关注种群的进化、冰水域中的生存能力、繁殖生长速度及种群年龄分布结构。

磷虾作为鲸鱼、海豹及海鸟最重要的食物，对其生命周期及生态情况的研究也已进行。

浮游植物或浮游藻类含有可以被卫星监测到的叶绿素。浮游植物从水中溶解的二氧化碳吸收碳成分，死亡时遗体会将碳带到海底沉积层。这大规模地激发了有关浮游植物究竟可以吸收大气层中多少二氧化碳的研究，甚至于有什么方式可以增加其二氧化碳吸收量？目前有关春季紫外线辐射增加对浮游植物影响的研究还在继续。

生活在南极洲附近海底的群体被称为深海生物，同热带珊瑚礁一样，其动植物种类极其丰富。研究课题主要集中在种类的发现与确认，以及深海生物的生物化学及生理学。

陆地生物

150年以来，南极洲植物同周边大陆上植物之间的关系一直吸引着植物学家们。目前研究持续开展，探究这些地衣和苔藓是如何在南极洲奇异的地形、极寒且极其干燥的冬季里生存的。

无脊椎动物，如螨虫及线虫，也是许多研究的对象。部分是因为它们能在这样极寒（许多具有抗冻机能）、缺少水分及氧气（有些采用特殊状态进行新陈代谢）、盐分含量高的土壤（也可见100页，干燥谷生物）中生存。

对南极洲微生物群体生存情况的研究越来越多。冰川消融露出光秃的岩石及土层，科学家采用新技术去探寻这里大规模繁殖的最早期阶段，同时也更好地理解复杂生命群体是如何发展起来的。比如说，2009年，在没有光线，没有热量，氧气稀薄的内陆冰川下发现了一种细菌（它们将铁化合物转化成能量）。2012年，一种名为SkyTEM (http://skytem.com)，可以对地下水及岩层的表面测图的新技术，测出了以前无法获得的干燥谷冰下的微生物系统图貌。

一项国际极地年合作项目正研究南极洲外来植物物种及无脊椎动物，及它们对本地生态系统的影响（见117页）。

科学读物

» 《极地生物学》(*The Biology of Polar Regions*), DN Thomas et al (2008)

» 《南大洋生物学》(*Biology of the Southern Ocean* (2nd edition)), G Knox (2006)

» 《残酷的夏天》(*The Ferocious Summer*), M Hooper (2007)

» 《海冰：海洋物理学，化学及生物学介绍》(*Sea Ice: An Introduction to its Physics, Chemistry and Biology*), DN Thomas & GS Dieckmann, 编辑 (2003)

» 《南极洲气象及气候学》(*Antarctic Meteorology and Climatology*), JC King & J Turner (1997)

» 《冰地天文学：南极宇宙观察》(*Astronomy on Ice: Observing the Universe from the South Pole*), Martin A Pomerantz (2004)

» 《南极洲百科全书》(*Encyclopedia of the Antarctic*), B Riffenburgh, 编辑(2007)

南极科考　研究领域

人类

科学家不仅仅研究动物，也研究驻扎在南极的人类，包括气候及紫外线的季节性变化带来的影响，冬季与世隔绝的感受，传染病，以及饮食和运动对健康的影响等。

有关科学考察站生活的更多内容请参见90页。

湖泊与溪流

在无冰区域周围分布着许多水塘湖泊（有些盐分很高，有些则毫无养分），其中最高级的动物是一种小虾，最复杂的植物是水生苔藓。许多湖泊由微生物群控制。这种生态系统简单性引起了科学家的兴趣：研究工作集中在泰勒干谷（Taylor Valley）、赖特谷（Wright Valley）（特别是汪达尔湖（Lake Vanda）、维斯特福尔德丘陵、邦戈丘陵及西格尼岛地区进行。另外，湖底的沉积物记录了其长达10 000年的变化情况，这有助确认南极洲近代气候历史。

冰下湖

钻探进入冰下湖（见133页）是一个引起科学家广泛兴趣但又备受争议的领域。像庞大的沃斯托克冰下湖（Lake Vostok），这个冰下湖两亿多年罕绝人迹，2012年俄罗斯科学家在此钻探。

地质学，地形学及古生物学

南极洲最完好的保存着气候变化的历史纪录。其陆地沉积物覆盖了过去20万年，海底沉积物则可追溯到数百万年前。甚至还有远古大陆时期的岩石。目前的海洋钻探项目包括**联合海洋钻探计划**（Integrated Ocean Drilling Program，www.iodp.org），和**南极洲地质钻探**（Antarctic Geologic Drilling，www.andrill.org）。

南极洲只有不到0.5%的岩石可以进行直接勘测。一些科学家称对冰下（特别是南极洲东部）地质和地形的知识比对火星地表了解的还少。事实上，干燥谷是地球上对火星地质地形最好的模拟，在那里进行的研究可能会对外星球冰冻海洋的生物研究有适用性。

一直以来，想弄清南部各大陆之间的联系、它们是怎样分裂开来以及分裂的原因，与探究冰穹A下的甘布尔泽夫山脉（Gamburtsev range）等冰下山体的起源等问题，仍然吸引着地质学家们。2012年，新的数据采集技术探测到南极洲东部裂谷系（the East Antarctic Rift System）（从印度向南极洲延伸2500公里的分裂运动）的一处以前未知的延长范围。

南极洲的冰川和地壳结构历史是相互联系的，同时由于没有高势地形，其冰盖形式大不相同。地貌学家研究南极洲陆地形式，主要关注冰盖对下面岩石的影响，此外也研究冰川的成分、当海平面下降后露出的古海滩上的遗留物以及多边形土的形成。

技术正在快速发展以便更好地观察这些体系，以后的研究将由空中雷达、远程飞机、激光观测、重力及磁场数据及新一代的环保快钻系统（用于冰芯及沉积层核心）完成。

地震学与火山学

极地地球观察网（The Polar Earth Observing Network，Polenet；www.polenet.org）的地震研究部署于2012年完成，在南极洲约1/3的地方放置了感应器。这些感应器记录地震活动，也为地质学的研究提供信息支持，同时对基岩的上升的毫米进行GPS监控，用于计算冰盖的变化情况。

南极远程地球科学和地震情报局（见146页）监测全球的地震情况，而埃里伯斯火山情报站（the Mt Erebus Volcano Observatory, http://erebus.nmt.edu）研究监测这座活火山（见112页）。

矿物与土壤

南极洲冰盖下会有大量贵重金属及矿藏吗？威德尔海及罗斯海海底会有大型的油气田吗？南极洲地质学家正致力于研究已知的矿藏（见160页）如何形成，并发掘地质形成过程。

南极洲的土壤是最原始的、几乎不含任何有机物质，并且十分干燥、盐分含量极高。科学家在干燥谷的土壤研究中已经发现其中有些土壤已经有500万年的历史，为研究山谷的冰何时融化提供了可能的年代。

化石

化石向我们提供了南极洲存在过远古生命的证据。欧内斯特·沙克尔顿和罗伯特·斯科特船长都发现了南极横贯山脉（Transantarctic Mountains）里的煤层及植物化石，清楚地证明了南极并不是一直为冰面所覆盖。随后更多冰川期以前的化石表明南极并没有被冰层覆盖。南极洲甚至曾经存在过恐龙（见101页）。

化石证明远古时期冈瓦纳大陆（Gondwana）各部分之间的联系，为南极洲数百万年的气候变化提供了间接信息，同时为南极洲现有物种的进化过程提供了线索。

许多沉淀物种包含植物化石，木化石（有时单片长度可达20米），及花粉化石，但动物化石比较少见。有些地区蕨类及森林物种的化石也保存完好。

陨石

人类所掌握的大部分陨石知识均源于对南极洲所发现陨石的研究，南极洲可被视为一个大型的陨石收集场（见128页）。

冰和南大洋

研究南极洲冰盖，冰架及海冰对理解气候变化、海平面变化及各种内在一相关体系的相互作用至关重要。

随着南极洲冰架沿大陆边缘消失，大陆冰块向海洋移动速度加快。2002年和2012年的研究都表明冰架消失的主要原因是海洋温度升高，从地下空穴破坏了冰架结构。另外，据测风力增大会使底层海水上升速度加快，导致冰下消融变快。

关于冰盖的介绍，它的动态及尝试的测量方法，见174页。

目前，关于南极洲的冰，海洋和气候变化，还有很多问题等待科学家解答。比如说，主要冰盖夏季温度保持在冰点以下，当温度遽变时冰盖该如何反应？还有海洋、陆地及大气层温度、风、冰架，及冰盖、海水盐分和酸度、大洋环流、底层海水、及碳的变化，它们之间是如何相互作用的？

理解南大洋汹涌海水的流动过程对了解整个地球洋流体系也非常关键。南大洋环流是全球大洋环流的中心，它还是所有大洋海水汇集的深层海水上涌至表层的发生地点。科学家研究这些过程及南极洲深层海水带

在整个南极洲随处可见的多边形、圆形、条带形、有时甚至是圆丘形的地形被称之为"多边形土"。它们的形成是由于土壤中的水分结冻和融解现象交替出现，导致横向出现粗颗粒及细颗粒的分隔层。

20世纪原子弹试验造成的原子尘微粒，从南极洲冰盖钻探冰芯中看得很清楚，可以同具体事件联系起来。

南极科考 研究领域

来的影响。

冷水能更多地吸收人类产生的二氧化碳。另外，冰融化后的淡水酸度是海水的10倍。南极洲水中二氧化碳含量增加使得碳酸钙减少，而碳酸钙是许多海洋生物的骨或壳所需要的物质，这引发了严重的问题。这些生物会适应这种情况吗？选择迁徙？它们会在哪里找到低温水域？国际南极洲海洋生命调查组织（The International Census of Antarctic Marine Life）研究南大洋，关注于这些课题。

作为世界海洋环流实验（The World Ocean Circulation Experiment，http://woce.nodc.noaa.gov）的一部分，该实验对全球范围洋流模式进行监测，以改进预测气候变化的现有电脑模型，有些国家已在南极洲附近海底放置了水流探测仪。而通常由卫星汇报数据的潮汐探测装置，在很多南极洲考察站也已安装。

冰川和浮冰架

我们现在已有充分历史数据研究冰川在过去几十年的变化。对南极半岛周边的244座冰川进行估测，证明其中87%在过去50年中出现消融迹象，超过300座冰川流向海洋速度加快。冰川学家可通过卫星数据监测大型冰山崩解。

冰架研究的其他课题集中在冰离开大陆的速度，以及冰架因下部融解而变薄的速度。

长期目标是为研究者们提供一个电脑模型，同其他气候和海洋模型结合便可以准确预测冰块在南大洋消融的情况。现在已经可以采用遥控机车（ROVS）观察冰架下部情况。

海冰

南极洲海冰覆盖面积会随季节变化，从2月份最少的400万平方公里到9月份最多的2000万平方公里，这样大的季节性变化有极大的影响。海冰改变着热交换、海洋及大气层循环，同时海冰生态系统必须适应低温、缺乏光亮的冰下等环境。建立海冰影响海洋和空气之间的能量转换模型是一个重要的科研课题。

通过卫星监测海冰开始于1979年，现在南极洲项目海冰物质平衡组织（The Sea Ice Mass Balance in the Antarctic project，Simba；http://utsa.edu/lrsg/Antarctica/SIMBA）使用雷达和测高数据建立未来测量的基准线，这样可以帮助解答问题：这一切是如何同气候相互作用的？

为验证卫星数据，必须在浮冰内部进行研究，新技术包括漂移浮标，可以提供气象学和海洋学数据以及更多海冰移动的信息。

气候学和天气预报

南极洲和南大洋直接同全球气候系统相联系——大气层、全球海洋循环和转向循环，以及二氧化碳吸收速度。要了解世界气候系统，我们必须先了解南极洲和南大洋。而且，气候、冰川、海冰和海洋都是有互动关联的。

采用这一互动关联理论，科学家重建了过去的气候条件（古气候学）以研究现代气候，建立模型预测未来情况。这些都需要通过钻探沉积物、研究冰芯和化石记录、了解地球运动轨道和温室气体成分变化才能实现。

南极科考 研究领域

目前，南极洲海冰按照不同的区域出现增加和减少。与总circ环模式相反，南极洲海冰每十年平均增加1%，科学家正在研究其原因。他们预测海冰会急剧减少，特别是当臭氧消耗冷却作用完全逆转时（当臭氧空洞消失）。

目前正在进行的建模尝试包括 **"公共地球系统模型"** （Community Earth System Model）（www.cesm.ucar.edu/working_groups/Polar）和 **"公共冰盖模型"** （The Community Ice Sheet Model）（CISM；http://oceans11.lanl.gov/trac/CISM）。

冰芯：钻孔回到过去 加卡·乔博士 *(DR JO JACKA)*

由于积雪堆积在的南极洲冰盖表面，那些大气中的、溶解并混在雪里的各种化学物质和气体一起被封困在冰中。通过钻探冰盖，分析冰及气泡中的气体成分，冰川学家可获得本地和全球以往气候变化的详细记录。钻探是一项艰巨的工作，技术含量高、且常常持续数年。冰盖总在移动，除非使用钻液保持钻孔上下通畅，否则钻孔总是被挤变形或者是遭挤压堵塞。

融冰样品的同位素氧比例（或差值）同积雪变成冰时的温度有关。所以，可通过测量冰盖下部表面同位素氧差值推测气候的历史情况。在俄罗斯沃斯托克站，甚至有一颗冰芯被钻至3623米深。这颗冰芯底端的冰已有42.6万年历史，其同位素氧差值表明了几个冰川周期；也就是几个冰川期和较温暖的间冰期。最古老的冰芯（3公里深）来自南极冰穹C，有80万年历史。还有历史更久远的冰，据估计最久远的冰有150万年，位于南极洲东部内陆。

冰盖表面雪粒之间的气穴在厚厚的冰下由于高压作用变成气泡。这些气泡含有早期的大气层样本。分析气泡中的被封困的气体可使冰川学家检测大气层中不同气体浓度过去是如何变化的。

有些冰芯（如沃斯托克湖冰芯）可以将气候历史追溯到数十万年前，但是无法确定准确的年代。而另外一些冰芯，位于积雪相对较厚的地方，如果每年雪层厚度足够的话，则可以提供精准的年代，因为每一年的雪可有几份样本来分析比对。这种冰（相比较而言）不是那么深，所以数据只有几千年的历史。

冰芯的历史年份可通过以下方式确定，年层（过氧化氢的周期循环性）数量、自然同位素的衰减率；对不同时期冰流变化进行建模以及硫酸盐含量水平测定。硫酸盐是由爆发的火山喷入大气层中，然后扩散于全球。通过检测冰芯中硫酸盐浓度，冰川学家可以"看到"曾经的火山爆发。与火山学家配合，他们可以根据冰中的硫酸盐特征发现对应的是哪座火山爆发及爆发时间。他们也可以借此研究世界污染课题。

有关冰芯及气候数据，请访问网站www.ncdc.noaa.gov。下面是三个冰芯项目：南极洲西部冰盖分冰芯（West Antarctic Ice Sheet Divide Ice Core，WAIS Divide; www.waisdivide.unh.edu)、富士圆顶冰芯（Dome Fuji Ice Core，www.ncdc.noaa.gov）以及欧洲南极冰芯计划(European Program for Ice Coring in Antarctica, Epica; www.esf.org)。

加卡·乔博士，《冰川学杂志》（Journal of Glaciology）主编

大气科学

全球温室效应及臭氧消耗使研究大气层气体成为南极洲研究的一个重要课题。通过卫星、遥控飞机、定高气球及自助式小飞艇获得的观察结果也可应用于其他课题。

大气化学与臭氧消耗

在南极洲进行的最著名的项目可能要算是英国哈雷站的平流层臭氧层监测项目。1985年《自然》(Nature)杂志上发表的论文提供了臭氧层破坏速度加快的证据，敲响了警钟，促使全球达成禁用含氯氟烃（chlorofluorocarbons, CFCs）的共识。同时，它也大幅促成了极地化学研究的增加。更多关于臭氧消耗内容，见179页"环境"章节。

冰上的开放水域被称为冰间湖,每年都出现在浮冰深处同样的地方。对其我们所知最少,只有最强劲的破冰船才可以靠近。数据表明,它们对海洋和大气层之间的能量转化非常重要。

温室气体及全球温室效应

测量全球温室气体的含量,例如二氧化碳和甲烷,你需要尽可能地远离产生这些温室气体的工业区。所以在1956年,美国选择南极作为二氧化碳含量测量地点。这一系列的测量工作仍在运行,且是世界上最重要的监测活动之一,测量地点也已扩展到世界其他地方。

被确定为加剧温室效应的其他气体(一氧化二氮、氢氟碳化物、全氟化碳、六氟化钠)含量也在增加。更多关于温室气体、气候变化及温室效应的内容,见179页。

地磁学和太空气象

南极洲上方地球磁场的特殊结构,使得它成为在地球上观察太阳活动是如何影响电离层的最佳地点(北极没有大陆,因此它不适宜常年的观测活动)。太阳射出的连续的、含高能量颗粒的电离子流,这种现象被称为"太阳风"。当它与其他颗粒碰撞,或者进入磁场,其能量则会被引入并开始放电。这种放电活动唯一可见的现象便是两极的极光。

为研究这一情况,物理学家使用极光雷达系统观察南极。他们利用光线之间的重叠位置制作极地上方电离层变化的3D照片。从这个数据使"太空气象"地图得以制作,测绘了磁暴的时间及周期,磁暴对我们所依赖的许多卫星具有毁灭性的影响。

最近研究发现,在冰川时期海平面变化超过130米,冰川时期结束前出现二氧化碳含量升高的现象。

太空气象预报中心(The Space Weather Prediction Center ,www.swpc.noaa.gov),及美国科学基金会(NSF)中心的联合空间气候建模机构(Integrated Space Weather Modeling ,www.bu.edu/cism)对此进行研究预测,致力于监测并了解太阳活动周期。

天文学

南极洲表面上方的大气层情况不可思议地稳定(高、寒、干燥及透明的稀薄大气层——没有任何空气污染或光污染),加上得天独厚的地理位置(物体可以看见,且高于地平线),使得南极洲成为世界上最适于进行天文学观测的地方。再加上如南极点和南极洲东部等地非常低的天空噪音(冬季大气湍流小及缺少日照加热),这正是天文学家梦寐以求的地方。

如今科技的发展使南极洲一跃成为天文学研究的前沿,在这里成功获取了一些世界上最精确的测量值。南极点是一个主要的天文观测站,配备红外线天文望远镜(用以观测恒星信息),及大型的新式南极望远镜(见145页)。

2012年,中国在位于冰穹 A的自动化高原监测站架设了世界上最大的光学望远镜(AST3-1)。AST3-1视野大,可远程调控,在南极整个冬季都可观测夜空。它是架设的三架望远镜中的第一个,希望藉此能发现其他恒星周围的行星,并执行一些从前只能在太空中进行的观察任务。

天文学的新分支日震学也在发展,在研究太阳对于地球的影响方面正在取得进展。

寻找宇宙的起源

南极洲研究(特别通过极地天文望远镜及定高气球得出的数据)在探

索宇宙来源时扮演了重要的角色。南极望远镜是特别设计的,用来寻找构成宇宙73%的暗能量,也有助于发现大量的中微子。它还可用于研究宇宙微波背景辐射,即人们所认为的大爆炸的残留回音。南极洲高灵敏度的设备进行监测可表明是否存在背景辐射的空间结构。

与此相似的是,"冰立方"(IceCube,见145页)观察到空间射线在探测中微子时莫名加速至极高能量,而中微子是几乎无质量不带电的粒子,其来源方向是可追踪的。在接入互联网后极短时间内,"冰立方"就提供了新信息——在2012年4月,有数据表明,如果中微子就是空间射线高能量的来源,在伽马射线暴发(Gamma Ray Bursts,GRB)的它们数量更少,这使科学家将对伽马射线暴发和空间射线模型进行重新计算推测。

南极科考的未来

由于对发展地球模型、试图预测世界未来的兴趣与日俱增,南极洲的重要性得以凸显。在南极洲,直接观察结果与成熟数据模型相结合可使对气候、物种进化、天文物理等更多方面的预测准确性大大增加。2011年,有一项提议,使南大洋观测系统(Southern Ocean Observing System,SOOS)成为全球海洋观测体系(Global Ocean Observing System,www.ioc-goos.org)的一部分,创建一个广泛的观察设备网络,以监控大气层、冰盖、海冰及海洋。

来自30多个国家的科学家活跃在南极洲,现在越来越强调研究大课题必须依靠互相协助的国际合作。另外,新技术正在不断发展,例如DNA排序(目前在罗斯海进行)、传感器网络,以及冰下湖无污取样技术。

这些致力追求、相互配合的努力利用南极洲的特殊性去解答科学谜

沃伦·扎波尔:美国极地研究理事会,美国北极委员会

沃伦·扎波尔(Warren Zapol)已无数次进入南极,领导9次探险以研究威德尔海豹的潜水机制。该项研究成果已应用于治疗低氧症的新生儿,在美国每年可挽救10 000名婴儿。2011年,他担任美国国家科学院南极洲未来科学研究和南大洋委员会(The National Academy of Sciences' Future Science Opportunities in Antarctica and the Southern Ocean Committee)主席。

现在南极洲科考的热点课题是什么?

钻探沃斯托克冰下湖:2012年俄罗斯考察队对南极洲最大的冰下湖进行钻探。他们称钻探时伴随着一种象是沼气的气味,为什么会这样?什么东西会在冰下湖下面存在长达数百万年?

气候变化研究:当海水温度随着温室效应而升高时,温度变高的海水融解并破坏了冰架、冰川和冰盖的稳定结构。情况比北极严重(北极冰漂浮在海上,所以融解并不会升高海平面),南极洲将严重影响海平面(如果所有的冰都化掉,海平面将升高60米)。大多数旅行者到访的南极半岛西部,实际上是全球温度升高最快的地方之一。

甘布尔泽夫山脉(Gamburtsev Mountains)成像课题:其范围同欧洲阿尔卑斯山脉一样广阔,但是完全被南极洲东部的冰盖所覆盖。采用数字成像设备比如可穿透冰层的雷达,科学家们正第一次绘制山脉的地图,并了解它们是怎样形成的。

太阳上强烈的太空气象（磁暴）将高能量颗粒射向地球，扰乱GPS卫星及地球表面的电力系统。在1859年发生过这样一起事件，世界到处可见极光，并且导致电报系统着火。

南极科考

南极科考的未来

题。与以前相比，使用最新型的工具，研究者可更精准地测绘出南极洲地图，以对大陆及地球变化做出评估。使用地理信息系统，科学家可对大不相同的数据类型进行整合，以便更好地理解冰川是如何同气象及地质相互作用的。借助现代数据库系统，所有数据可被世界科学及教学机构共享。

目前，科学家及后勤支持人员必须继续使用灯光、交通、制热、饮用水及安全设备措施等，但同时又必须尽量减少对自然环境造成的影响。不断发展的新的、清洁、节能的技术将有助于保护及维持南极大陆和它未来的科研财富。

南大洋周边国家对南极洲现代气象学很感兴趣。强烈的西风及相关气候系统在整个南大洋及以外区域掀起风暴，同时海冰的季节性形成和消融对南半球天气有着很大的影响。12个国家分布在南极洲100个不同地点的南极考察基地和自动化气象站对每天的气象观测数据实现共享。

生存指南

出行指南

签证

» 南极洲不受任何一个国家控制，所以游客不需要签证。所有属于南极条约签署国旅行公司、游艇、研究人员及独立的探险者需要获得其本国的许可进入南极洲（各个国家情况不一样）。

» 邮轮乘客已包括在由旅游公司人员申请的许可内。

» 由于从阿根廷乌斯怀亚登船进入南极，持中国护照的游客需要申请阿根廷签证。需要说明的是，阿根廷使领馆不接受中国游客个人送签的材料，自由行需要挂靠在使馆备案、有代签资质的旅行社做"一个人的团体签"。北京、上海、广州等区对递签材料的要求也不一样。

» 若你对阿根廷签证如何办理毫无头绪，那么建议你先发封邮件，向阿根廷使领馆要一张名为lista de agencia de China

registrada en consulado的表（上海领事馆有电邮，其他的要通过电话），上面罗列了在使馆备案、有代签资质的国内旅行社。然后逐个联系、找到合适的代办旅行社后，再按其要求逐一准备材料。以下列出的是阿根廷旅游签证的常用材料，可能根据地区不同会有变化。至于需不需要先买船票再递签，也最好和旅行社沟通商量后再决定，根据旅行者不同的资质，判断风险的大小。

» 签证所需文件：护照（白本护照可能会被拒签）、两张护照照片、户口本、资金证明（银行存款证明，6个月以上的银行卡对账单，信用卡复印件及对账单）、申请人在中国公司／学校的在职／在读证明及中西文公证和认证（用公司盖章抬头纸做好中文在职证明后，送公证处做中西文公证，公证件好后再拿外办做认证。公证和认证要花费几个工作

日，所以尽量提前办理，以免时间不够加急办理支付高额费用。公证认证办法参考（http://cs.fmprc.gov.cn/fwxd/blgzyrz/）。受理签证申请大概需要4~5天或更长时间。建议最少比计划出境时间提前八周申请签证。

» 不同地区的游客，应分别向阿根廷驻华大使馆、阿根廷驻上海总领事馆和阿根廷驻广州总领事馆申办来阿根廷签证。居住在上海市、浙江、江苏和安徽省的公民可向阿根廷驻上海总领事馆签证处递交签证申请；居住在广东、广西、福建和海南省的公民可向阿根廷驻广州总领事馆递交签证申请；阿根廷驻华大使馆签证处受理居住在其他地区的我国公民的签证申请。

» 阿根廷驻华大使馆（☎010-65321406 65322090 65322142；地址：三里屯东5街11号）

» 阿根廷驻上海总领事馆（☎021-6339 0322；地址：上海市延安东路58号高登金融大厦12楼1202、1203室；☙星期一至星期五，10点到12点；13点到16点）

» 阿根廷驻广州总领事馆（☎020-38880328；地址：广州市天河路208号粤海天河城大厦2405室）

» 游艇乘客／船员、探险者、科研人员及其他乘飞机进入南极洲的人员，须同其所在国政府确认所需文件齐备。

» 由于从阿根廷乌斯怀亚登船进入南极，持中国护照的游客需要申请阿根廷签证。

» 如果不清楚自己的状况，请同旅游公司联系。还有，你需

要准备开始/结束游船之旅所到达的那些国家的签证。

保险

强烈推荐旅行险，因为取消预订罚金苛刻，且医疗救援十分昂贵。大多数旅游公司提供附加的保险业务（同你的旅游公司确认）。查询www.lonelyplanet.com/travel_services，可提供全球范围的旅游保险。仔细确认文件上保险细则条款，常见医疗情况不包括在内。

南极游的保险比较特殊。由于南极地理情况特殊，在中国国内目前又并非旅客大规模前往的旅游目的地，因此在去之前订好合适的保险不仅仅是为了"应付"签证官，而且是为自己这不同寻常的旅行做好后援。

需要注意的是，大多数邮轮公司有明确的医疗转运保额要求。由于额度较大（大多为20万美元左右），中国国内一些保险公司符合不了额度要求。而太平洋保险等额度在100万人民币的，又没有南极旅游保险业务。建议电话咨询清楚，并与邮轮公司沟通，再确定保险方案。美亚（AIG）和中德安联（Allianz）有提供相应保险。

现金

每艘船上的经营管理方式不同，但一般是先签单在旅程结束时付账。账单可用现金、旅行支票或信用卡支付，具体情况请同旅行公司确认。

» **ATM自动取款机/银行：** 南极洲没有ATM自动取款机/银行；请携带现金及信用卡。

» **岸上货币：** 智利及阿根廷各有自己的货币（都称为比索）。福克兰群岛使用英镑或本地福克兰岛镑（FK£）。

» **基地：** 所属国家货币或者美元，欧元及英镑。

» **小费：** 有些游船费用中已包含部分小费（请同旅游公司确认）。当费用中未包含小费时，虽然不是必须的，但对船员及工作人员优质的服务提供小费是适宜得体的。在航行接近尾声时，大多旅游公司负责人员会给予指导建议（例如7~10美元/每天）。

电源

船上： 每艘船上都会按照原产国要求配备电源；在购买转换器前请同旅行社联系确认。许多船只是俄罗斯籍，电源类型是220伏，50赫兹，电源插座符合欧洲标准两针圆形插头。

阿根廷： 220V/50Hz；V形、扁片插头，及欧式圆脚插头。

智利： 220V/50Hz；欧式圆脚插头。

福克兰群岛： 220V/50Hz；英式直方型插头。

住宿

船上住宿详细内容请见章节：计划你的南极之旅，第21页。

气候

南极洲就是寒冷的代名词，这是由于其极地位置、高海拔、大气层中缺少保持热量的水蒸气、常年冰雪覆盖（导致80%的阳光辐射被反射回太空）。南极半岛则是南极洲全年最温暖的地方。

» **南极洲内部平均温度：** 最冷

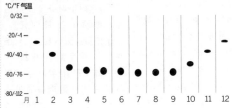

阿蒙森–斯科特(美)

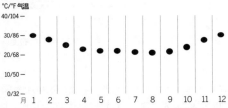

莫森站(澳)

的月份-40℃ 至-70℃; 最暖和的月份-15℃ 至 -35℃.

» **海岸温度:** 冬季-15℃ 至-32℃;夏季 5℃ 至 -5℃.

» **降水量:** 南极洲内陆尽管冰雪覆盖,但由于极寒冻住了空气中的水分,尽管有冰原覆盖,但南极洲内陆仍是世界上最干燥的地带,比沙漠还要干,年降雪量相当于不到5厘米的年降水量。在南极洲暴风雪天气很普遍,但通常只是强风吹起多年的未融积雪,并非真正降雪。

» **风力:** 南极洲经受着世界上最强劲的风,这是由于从极地高原向海岸线袭来的密集寒冷气流下行引起的,风速可高达每小时320公里。相比之下,极地高原地带的风力通常都很小。

地图

» **卫星图片下载:** http://lima.usgs.gov

» **格雷厄姆地(Graham Land),** 南设得兰群岛(South Shetlands Islands),英国南极调查所/英国南极洲遗产信托(British Antarctic Survey/UK Antarctic Heritage Trust)(www.ukaht.org, 12英镑)对游客而言是最好的南极半岛地图; 沿反向的斯科舍海(Scotia Sea,比例为1:400万)包括火地岛南部,福克兰群岛,南桑威奇群岛,南乔治亚岛及南极半岛北部的情况。另外,《阿根廷布拉班特省群岛地图》(Brabant Islands to Argentine Islands, 10英镑)

也不错,可从UKAHT及洛克罗伊港(Port Lockroy)获得。

» **南极洲卫星地图,** 美国国家地理学会(http://shop.nationalgeographic.com;US$11)精细的4500帧卫星扫描数据拼接图,并保持更新。

» **海洋探险家系列**(Ocean Explorer series)包括南极洲,南乔治亚岛及福克兰群岛的情况(每册10美元至13美元),在南极洲连接站(Antarctic Connection, www.antarcticconnection.com)获得,还有多种地图提供。

邮局

通过邮局从南极洲寄送明信片是很新奇的体验(寄给他人或自己!),要清楚邮寄速度很慢(通常2~3个月。有些邮局不接受游客的信件。

电话及传真

船上通信使用国际海事卫星系统(INMARSAT),通常收费很高(每分钟5欧元),由于位置及天气及大气层条件状况,信号有时会中断。在南极洲可使用铱星电话,普通手机在海上或南极洲无法使用。

上网

船上会提供不同的上网服务:有的可以在舱内通过Wi-Fi上网,有的使用公共电脑付费上网(如:每100分钟30欧元)。上网速度比陆地上要

慢,而且由于地点及天气等情况,网络会中断。

时间

南极洲没有时区。夏天日照时间一天长达20小时,但冬天刚好相反。大多数游船时钟以离/到港口为准。

» **智利:** GMT-4 小时。(比北京时间晚12小时)

» **阿根廷:** GMT-3 小时。(比北京时间晚11小时)

健康

下面是一些去南极洲游客所遇到的常见不适症状。也可参考第25页内容有关健康及医疗事宜注意事项部分。

晕船

令许多游客头疼的问题,晕船是人体对海水运动的自然生理反应。

» 少量进食,但不得空腹。

» 预订能减轻晃动感的舱位:船体中部,下层舱位会令人觉得舒服些。

» 呼吸新鲜空气及眺望天际通常会缓解晕船症状。

» 避免读书、抽烟、喝酒及吸入船只排出的柴油废气。

» 随船医生会提供一或两种预防晕船药剂,但是要提前准备好最适合自己的药物,即便从未有过晕船症状。

» 预防晕船药剂必须在出现晕船反应之前使用:

» 乘晕宁(茶苯海明,咀嚼型),敏克静(美克洛嗪,博

宁）：晕船常用药，但会使人产生睡意。

» 异丙嗪（非那根）：减少晕船所产生的不适，促使机体逐渐适应动荡。但仍会令人产生睡意，出现头晕及口干症状。

» 莨菪碱（晕船贴型）

» 非药物治疗方案：

» 生姜

» 穴位按压防晕船腕带

其他不适症状

在其他各类的不适症状中（见第141页：适应南极），去南极点和南极洲东部内陆的游客会碰到**高原反应症**。

» **冻疮** 最容易出现在鼻子，脸颊，下巴，手指及脚趾头上。最开始的症状是感觉麻木，皮肤发红，然后出现蜡状、白色或黄色的疮块。注意多穿几层，戴上帽子，保持干爽（要求穿上防水外套），及时更换湿衣服，袜子或者手套。

» **低体温症** 出现在身体热量消耗速度大于其产生速度时，核心体温下降；通常由刮风、着湿装、疲倦以及饥饿等共同引发。症状还包括体力衰竭，感觉麻木（特别是手指头，脚趾

头出现麻木），颤抖，说话含糊不清，举止不正常或暴躁，昏昏沉沉，蹒跚不稳，头晕目眩，肌肉痉挛及躁动。应立即避免受风淋雨，更换湿衣服，喝些热饮（非酒精饮料），食用高热量，易于消化的食物，如果可能的话，冲个温水澡（水不要太烫）。

» **脱水症** 南极洲极为干燥的环境会导致脱水症的发生。症状为尿液呈深黄色，或感觉疲倦。注意每天至少要喝4升水，避免饮用咖啡及茶。

» **日光灼伤** 即便是在阴天，也非常容易晒伤，且会眼部不适，因为雪、冰及海水会反射紫外线。戴上抗紫外线太阳镜，并涂抹防晒霜会起到一定防护作用。

儿童

南极洲的儿童游客相对而言很少。南极洲美得令人窒息的风光及大量的野生动物会让年轻人非常兴奋，但海上时光却是相当乏味。在登船前及航行中，帮助儿童了解南极洲的相关知识，并鼓励他们向船员交流提问。梅雷迪斯·胡

珀（Meredith Hooper）是儿童南极探险故事的著名作家。

残障旅行者

船上生活、橡皮船的使用及冰面登陆对每个人来说都是一种生理挑战，无论他们的身体条件如何。尽管如此，残障旅行者还是应与旅行社作出特别安排，尤其是有体格健壮的人随行。请同旅行公司联系确定能否满足你的要求（有些游船有电梯和直升机）。

工作

科学家通常因为特定的考察目的进入南极。后勤支持成员通常由国家计划组挑选（通常是公民/拥有合法工作权的人员）。可以联系本国南极洲计划项目（见210页详细清单）。美国是在南极洲的最大雇主；人员由私人机构 **Lockheed Martin** (www.lockheedmartin.com) 雇用，该机构为美国南极考察基地雇用了从厨师、职员、理发师到建筑师各类人员约600人。

交通指南

到达和离开

大多旅行者通过团队游方式乘船到达南极，但也有其他的方式。可通过www.lonelyplanet.com/travel_services在线预订。

进入南极

有关签证内容，见222页签证许可要求信息。

飞机

飞往南极内陆的航班

南极洲物流及探险(Antarctic Logistics & Expeditions, ALE; www.antarctic-logistics.com)拥有南极洲旅行行业先驱的南极航空公司(Adventure Network International, ANI; www.adventure-network.com)，是第一家提供可进入南极洲腹地的航班的公司。

ALE的伊尔(Ilyushin)IL76型飞机，经智利的彭塔阿雷纳斯(Punta Arenas)飞抵在联合冰川(Union Glacier)的新跑道(4.5小时)，另外一条原有的跑道是在爱国者丘陵(Patriot Hills)东南方向70公里。ALE的私有营地(于2010年建立)位于罗斯曼山(Mt Rossman)山麓。

» 帝企鹅群栖息地游 US$ 38 250

» 向导陪同攀登文森峰 US$ 38 000

» 乘飞机前往南极点（在90°S度停留4小时）US$ 42 950

» 向导陪同，为期65天从大陆边缘至南极点的滑雪之旅 US$ 63 950

» 南极公司(The Antarctic Company, TAC; www.antarctic-company.info)的伊尔IL76型飞机从南非开普敦至诺瓦航空基地（Novo Airbase, 6小时），该基地在南极洲东部的俄罗斯新拉扎列夫站西南方向15公里。TAC也对非政府组织、独立远征队以及探险旅游者们提供支持。

» 毛德皇后地（Queen Maud Land）（3天）€15 600

» 帝企鹅观赏游（10天）€23 000起

» 南极点至海岸线（10天）€37 000

» 白色沙漠(White Desert, www.white-desert.com)的12座湾流（Gulfstream）G-IV客机和伊尔IL76客机，从开普敦飞往诺瓦航空基地。该公司设

气候变化与旅行

任何使用含碳燃料的交通形式，都会产生二氧化碳排放，这是人类影响气候变化的最主要原因。现代旅行方式主要依靠飞机，与各种汽车相比，飞机每人每公里平均消耗的燃料较少，且距离更远。但在一定的海拔高度，飞机排放的废气（含二氧化碳）及颗粒，则是影响气候变化的因素。很多网站提供"碳排放计算器"，使得人们可以估算他们的旅程所衍生的碳排放量，那些愿意为此"买单"的人士，可向世界上气候友好行动的项目组合捐款以抵销旅行对温室气体的排放造成的影响。Lonely Planet一直实行所有员工及作者差旅碳足迹抵销计划。

有一个临时营地，用风能及太阳能供电，航班加入了碳抵消计划。

» 三日探险游 €25 200

» 帝企鹅群及山脉旅游 €37 400

» 帝企鹅群及南极点旅游 €56 000

飞往乔治国王岛的航班

Aeroví as DAP (www.dapantartica.cl)在夏季（天气允许的情况下）开设从智利彭塔阿雷纳斯（Punta Arenas）飞往乔治国王岛（南设得兰群岛）上的Frei站(Frei Station)，采用10座的比奇空中国王涡轮螺旋桨飞机（Beechcraft King Air turboprop），及70座的BAE-146飞机。

» 一日游 US$ 3960

» 两日一夜游 US$ 4960

空海联航旅游

AntarcticaXXI (www.antarcticaxxi.com)采用70座的BAE-146飞机，从智利彭塔阿雷纳斯飞往乔治国王岛Frei站（1.5小时）。在返航之前，改乘68座的海洋新星（Ocean Nova）进行为期数天的南设得兰岛和南极半岛的海洋之旅。费用US$9700起。

还有几家邮轮公司也提供空海联航旅游。

观景飞行

澳洲航空（Qantas airlines）及克洛伊登旅行公司（Croydon Travel, www.antarcticaflights.com.au）使用波音747客机，在每个夏季提供一或两次的全天观景飞

行服务（含导游）。除经济舱中间座位，所有座位轮换。价格范围：经济舱中间座位A\$999，豪华经济舱A\$2599，头等舱A\$7299。

乘坐飞机观景的游客可以通过轮换座位享受到从不同视角观景的乐趣。但毕竟是一分钱一分货，有些机票全程没有靠窗的机会，你可能要越过别人的肩膀来观景。

海路

几乎所有的游客都是从海路乘船而来，且大部分是从乌斯怀亚出发。关于预订，包括费用在内的详细信息，见21页。

邮轮

下面是建立最早，发展最完备的开通南极洲邮轮旅游的公司，更多信息，请查看国际南极旅游经营者协会（IAATO; http://iaato.org）网站。

Abercrombie & Kent (www.abercrombiekent.com) "北方"号（Le Boreal, 载客199人）。全部为阳台舱；奢华之旅。

Antarctic Shipping S.A. (www.antarctic.cl) "南极梦想"号（Antarctic Dream, 载客80人）。可选皮划艇，空海联航旅游等。

Aurora Expeditions (www.auroraexpeditions.com.au) "南极先锋"号（Polar Pioneer, 载客56人）；"玛莲娜·斯维特娜"号（Marina Svetaeva, 载客100人）。两架直升飞机；水肺潜水，皮划艇，登山及露营。

Compagnie du Ponant (www.ponant.com) 载客264人豪华邮轮；法国公司。

Fathom Expeditions (www.fathomexpeditions.com) 各种不同小型船只。

Hapag-Lloyd Kreuzfahrten (www.hlkf.de) 豪华驱冰船："汉萨同盟"号（Hanseatic, 载客188人）；"不莱梅"号（Bremen, 载客

可持续的旅游

所有列出的邮轮公司，大部分的游艇公司，许多航空公司都是国际南极旅游经营者协会（International Association of Antarctica Tour Operators，IAATO; http://iaato.org）的成员，这个组织提倡南极洲的环保旅游。在它的官方网站列出了对运营商及旅游者的指导要求。

从2012年开始，夸克远征（Quark Expeditions, www.quark-expeditions.com），同碳信用额贸易公司合作以抵销其所属的海洋钻石（Ocean Diamond）号的碳排放（海洋钻石号是南极洲第一艘碳中和（carbon-neutral）邮轮）。空中探险公司白色沙漠（White Desert，www.white-desert.com），对实行班机碳抵销计划，甚至连你飞往公司开普敦基地的航班也包括在内。

164人）。部分航程安排罗斯海或麦夸里岛游览。

Heritage Expeditions (www.heritage expeditions.com) "恩德比精神"号 (*Spirit of Enderby*, 载客50人)。两艘气垫船；新西兰亚南极群岛、麦夸里岛、罗斯海游览。

Holland America (www.hollandamerica.com) "普林森丹"号 (*Prinsendam*, 载客835人)。邮轮旅行（不靠岸停留），从美国佛罗里达州劳德代尔堡 (Fort Lauderdale) 出发，68天游，南极洲地区4日。

Lindblad Expeditions (www.expeditions.com) 国家地理学会"奋进"号 (National Geographic *Endeavour*, 载客110人)；国家地理学会"发现"号 (National Geographic *Explorer*, 载客148人)。皮划艇。

Mountain Travel–Sobek (www.mtsobek.com) 皮划艇，空海联航旅游。

Oceanwide Expeditions (www.oceanwide expeditions.com) 载客46至52人不同邮轮；水肺潜水。

One Ocean Expeditions (www.oneoceanexpeditions.com) "阿卡德米科·约飞"号 (*Akademik Ioffe*, 载客96人)；"阿卡德米科·谢尔盖·瓦维洛夫"号 (*Akademik Sergey Vavilov*, 载客107人)。皮划艇和露营。

Quark Expeditions (www.quarkexpeditions.com) 载客107至189人不同邮轮，包括碳中和的海洋钻石

航海资料

» 《南极航海指南》(The Antarctic Pilot)，2004年第6版，英国海军水文工作者；是内容最全面的航海指南，New York Nautical (www.newyorknautical.com)可得到资料；

» 另外还有《南极洲航海指导说明》(Sailing Directions (Planning Guide & Enroute) for Antarctica)，2007年第6版。New York Nautical同样提供。

» 南大洋航行 (Southern Ocean Cruising) (2007)，作者莎莉与杰罗姆·庞塞特 (Sally & Jérôme Poncet)，环境研究及评测公司 (Environmental Research & Assessment，www.era.gs)提供该资料。

号。宿营，皮划艇，滑雪，雪鞋行走及攀登；空海联航旅游。

Rederij Bark Europa BV (www.barkeuropa.com)三桅横帆船 "欧罗巴"号 (*Europa*)，配备14名专业船员，再加上48名"付费游览型船员"。行程各异，有一趟从乌斯怀亚至开普敦。

Students on Ice (www.studentsonice.com) 高中或大学生团队游。

WildWings/WildOceans Travel (www.wildwings.co.uk)鸟类，野生动物类专项游览，及一些新西兰亚南极群岛游览。

Zegrahm Expeditions (www.zeco.com)不同船只的南极半岛巡游，偶尔有罗斯海巡游。

帆船旅游

在南极洲30多年的游船历史中，只有200次帆船航行至大陆。每年会有几百名旅行者付费乘帆船至南极洲旅行。

虽然各国南极项目无权管理帆船旅行者——因为南极洲对所有人开放——但是，必须获得许可证，大多科考站要求提前几周甚至几个月提出参观申请。

帆船游客必须遵守与其他邮轮游客相同的守则，详情见**IAATO网站**(www.iaato.org)。

下列帆船机构提供南极洲帆船旅行服务：Club Croisiere Pen Duick (www.club-croisiere.com)，Ocean Voyages Inc (www.oceanvoyages.com)。

Evohe (www.evohe.com) 25m 钢制双桅纵帆船；载客12人。

Fernande (www.fernandexp.com) 21m 铝桅帆船；载客10人。

Golden Fleece (www.goldenfleecexp.co.fk) 19.5m 钢制纵帆船；由经验丰富的南极洲帆船手杰罗姆·庞塞特 (Jérôme Poncet) 带队，IAATO成员；载客8人。

Kotick (www.kotick.

net) 15.8m 钢制单桅帆船；IAATO成员；载客5人。

Le Sourire (www.leso urire.com.ar) 19.6m 铝制快型帆船；IAATO成员；载客8人。

Northanger (www. northanger.org) 15.6m 双桅纵帆船；载客4人。

Ocean Expeditions (www.ocean-expeditions. com) *Australis*号：23m 钢制机动帆船，载客9人；*Philos*号：14m 钢制纵帆船，five座；IAATO成员。

Pelagic Expeditions Ltd (www.pelagic.co.uk) *Pelagic*号：16.5m 钢制单桅帆船，载客6人；Pelagic Aust-*ralis*号：23m 铝制单桅帆船，载客10人；IAATO成员。

Sarah W Vorwerk (www.sarahvorwerk.net) 16m 钢制单桅帆船，载客8人。

Seal (www.expedi tionsail.com) 17m 铝制快型帆船；载客6人；IAATO成员。

Spirit of Sydney Expeditions (www.spirito fsydney.net) 18m铝制快型帆船；载客8人；IAATO成员。

Tiama (www.tiama. com) 15.2m钢制快型帆船；

载客6人；IAATO成员。

Tooluka (www.tool uka.com) 14.2m钢制单桅帆船；载客6人。

Vaihéré(www.vaihere. com) 23.9m 钢制纵帆船；载客10人；IAATO成员。

Xplore (www.xplore expeditions.com) 20.4m钢制快型帆船-刚性单桅；载客8人；IAATO成员。

补给船

法国籍补给船"玛丽昂杜弗雷斯内二世"号（*Marion Dufresne II*，载客110人）从留尼汪（Réunion）至法属南方和南极洲领地（法国Terres Australes et Antarctiques Françaises，包括克罗泽群岛、凯尔盖朗群岛、圣保罗及阿姆斯特丹群岛），为科考站运送人员及补给用品。有向导陪同游客登陆（每年约30名游客）；航行持续一个月。费用€8030起，通过巴黎旅行机构Mer et Voyages (www.mer et-voyages.com)进行预订。

团队游

所有邮轮/团队游都有向导陪同。你可通过像大学这样的第三方组织寻找专业向导。

哈佛博物馆自然历史旅游项目 (Harvard Museum of Natural History Travel Program，www.hmnh.harvard.edu/ travel)，有一流的向导及小型团体。

当地交通

橡皮船（Zodiac），通常被称为RIBs（刚性充气船，也被冠以Naiad，Avon或Polarcirkel之名）是旅行者在南极洲旅行的主要交通工具。这些通过船舷外侧引擎发动的小型（9~16人）的充气船吃水线很浅，适于在冰山之间及在其他交通工具无法靠近的地带登陆。

橡皮船在水中十分平稳，根据设计，即便是在6个独立充气囊的一个甚至多个扎破时也能保持漂浮状态。

橡皮船安全守则：

» 禁止吸烟。

» 穿救生衣。

» 由于充气船会激起浪花，防水装备很重要，如防水背包（或者防水袋在包里面）。

» 登船及离船要极为小心。

» 站立前须同驾驶员确认，听从船员指示。

术语表

经许可，下列部分术语含义援引自Bernadette Hince的《南极辞典》(2000)。

ANARE——澳大利亚国家南极研究探险队（Australian National Antarctic Research Expeditions）

Antarctic Convergence——南极汇流圈。温度较低的南极海流和与温度较高的北方水流在该区域融汇，也称之为"极面"（Polar Front）

ASPA——南极特别保护区（Antarctic Specially Protected Area）

aurora australis——南极光

BAS——英国南极调查局（British Antarctic Survey）

beachmaster——海豹首领，即在某一地盘保卫众多雌海豹并与之交配的雄海豹

berg——冰山

boondoggle——休闲活动，(美国) 从考察站出发的趣味之旅；可参考雪橇之旅

brash ice——残冰，大冰块分裂后的碎冰

cairn——堆冢，金字塔状的石堆或冰堆，或切割下的雪堆起来作为标记

calve——崩解，冰山从冰川或冰架脱离

Camp——营地，福克兰群岛边区地带；斯坦利外部所有区域

CCAMLR——南极海洋生物资源养护委员会（Convention for the Conservation of Antarctic Marine Living Resources）

crèche——托儿所，成群企鹅雏鸟挤在一起形成小团体，特别是在企鹅父母外出觅食时

factory ship——加工厂船，配有加工鱼类、鲸鱼、海豹设备的海上船舶

fast ice——固定冰，附着在海岸的海冰或冰山之间的海冰

fata morgana——海市蜃楼，景象垂直堆叠的幻像

GPS——全球定位系统（global positioning system），通过卫星采用三角测量方式得出地理位置的一种定位系统，误差不超过10米

green flash——绿闪光，日出或日落时地平线上出现的绿色光线

growler——残碎冰山，浸在海浪中的小冰山或者冰块

guano——鸟粪，海鸟粪；或是榨取油脂后，鲸鱼肉和骨头的残留物经干燥后加工成的粉

halo and horizontal parenthely——日晕和地平线光晕，太阳的光晕现象

harem——一雄多雌，由一头雄性海豹首领谨慎守护海滩繁殖地的一群雌性海豹

IAATO——国际南极旅游经营者协会（International Association of Antarctica Tour Operators），是产业贸易协会组织

Ice, the——南极洲

IGY——国际地球物理年（International Geophysical Year），从1957年7月1日起至1958年12月31日止

INMARSAT——国际海事卫星（International Maritime Satellite），用于船舶通讯

IPY——国际极地年（International Polar Year）2007~2008年

IWC——国际捕鲸委员会（International Whaling Commission），于1946年成立以管理捕鲸活动

katabatic——下降风，从极地高原带下来的寒冷厚重气流因重力作用形成下降风

lead——**冰山通道**, 大浮冰之间的积冰地带的开放水域

manhaul——**人力拖运**, 古语词, 意为进行南极点之旅时, 人在滑雪或步行时拖着载有供给物资和食物的雪橇

moon dog——**幻月**, "假月", 是由空气中漂浮的冰晶折射月光引起的光学现象, 见幻日

mumiyo——**海燕的胃液反刍现象**, 是一种防御机制

NGO——**非政府组织**(non-governmental organization)

NSF——**美国国家科学基金会**(National Science Foundation), 美国政府负责美国南极计划的部门

nacreous clouds——**珠母云**, (极地平流层云层) 彩色云层现象

nilas——**尼罗冰**, 波浪作用下弯曲但未折断的浮冰薄冰壳层

nunatak——**冰原岛峰**, 矗立在冰盖上的孤峰或者大型岩石

OAE——**南极洲曾经的探索者**(Old Antarctic explorer), 用以形容曾在南极考察站工作过的人员

oasis——**绿洲**, 没有冰雪覆盖的裸露岩石区域, 因冰盖的消融、变薄或因降雪融化而形成

pancake ice——**饼状冰**, 海冰形成初期的圆形冰

PI——**首席研究员**, 项目的学科带头人

polynya——**冰间湖**, 海冰中间的水域, 整个冬天都不会结冰

refugio——**庇护小屋**

rookery——**群栖地**, 动物繁殖栖息地, 通常指鸟类

SANAP——**南非国家南极计划**(South African National Antarctic Programme)

sastrugi——**雪面波纹**, 风在积雪表面形成的波状褶皱

SCAR——**南极研究科学委员会**(Scientific Committee on Antarctic Research), 前身是南极研究专门委员会(The Special Committee on Antarctic Research)

snow bridge——**雪桥**, 壳状盖, 通常覆盖在冰裂隙上面

sun dog——**幻日**, "假日", 或更准确点称之为幻日现象。因小冰晶折射阳光产生的光学现象。冰晶被称为钻石尘, 漂浮在空气中

sun pillar——**日柱**, 日出或日落时出现的垂直光柱, 也是因为大气中的冰晶引起的

tabular berg——**平顶冰山**, 四周垂直, 顶部坦的冰山, 说明冰山崩裂的时间较近期

tide crack——**潮汐冰裂**, 裂缝将海冰从岸边分开

try-pot——**炼油锅**, 用来将鲸鱼、海豹或者企鹅脂肪熬制成油的大煮锅

UKAHT——**英国南极遗产信托**(UK Antarctic Heritage Trust)

USAP——**美国南极计划**(US Antarctic Program)

whiteout——**乳白天空**, 天空云层笼罩着地平线, 导致地面与天空浑然一体, 消除了所有感知属性; 飞行员将此形容为"就像在牛奶碗中飞行"

winterovers——**越冬者**, 整个漫长黑暗的冬天都留在南极考察站的人员

Zodiac——**橡皮船**, 一种充气橡胶艇, 通过船外发动机驱动, 用于在海岸登陆

术语表

幕 后

说出你的想法

我们很重视旅行者的反馈 —— 你的评价将鼓励我们前行, 把书做得更好。我们同样热爱旅行的团队会认真阅读你的来信, 无论表扬还是批评都非常欢迎。虽然很难一一回复, 但我们保证将你的反馈信息及时交到相关作者手中, 使下一版更完美。我们也会在下一版特别鸣谢来信读者。

请把你的想法发送到**china@lonelyplanet.com.au**, 谢谢!

请注意: 我们可能会将你的意见编辑、复制并整合到Lonely Planet的系列产品中, 例如旅行指南、网站和数字产品。如果你不希望书中出现自己的意见或不希望提及你的名字, 请提前告知。请访问lonelyplanet.com/privacy了解我们的隐私政策。

声明

气象图表数据引用自Peel MC, Finlayson BL & McMahon TA (2007) 'Updated World Map of the Köppen-Geiger Climate Classification' ,*benton sans Italic*, 11, 1633-44。

封面图片: 在漂浮冰山上的巴布亚企鹅, Momatiuk Eastcott, Corbis。

本书部分地图由中国地图出版社提供, 审图号GS (2013) 2081号。

关于本书

这是LonelyPlanet《南极》的第五版, 由Alexis Averbuck调研并撰写。乌斯怀亚、阿根廷部分由 Carolyn McCarthy调研并撰写。第四版由Jeff Rubin撰写, 其中John Cooper撰写了"野生动物"章节。

本书为中文第一版, 由以下人员制作完成:

项目负责	李小坚
内容统筹	叶孝忠
翻译统筹	肖斌斌 史阳
翻译	欧阳茜 周华
内容策划	王菁 谭川遥
视觉设计	李小棠 陈斌
协调调度	崔晓丽 丁立松
责任编辑	李军
特约编辑	菜畦

地图编辑	马珊
制图	刘红艳
终审	朱萌
流程	张澜
排版	北京梧桐影电脑科技有限公司

感谢张琳洁、杨玲、徐丽娟、余皓、王懋莹、张静怡为本书提供帮助。

记事本

记事本

000 地图页码
000 图片页码

如何使用本书

以下符号能够帮助你找到所需内容：

- 👁 景点
- 🏊 海滩
- 🏃 活动
- 🎒 课程
- ☞ 团队游
- 🎏 节日和活动
- 🛏 住宿
- 🍴 就餐
- 🍷 饮品
- ☆ 娱乐
- 🛍 购物
- ℹ 实用信息/交通

请留心如下标志：

- 推荐 作者的大力推荐
- 免费 不需要任何费用
- 🍃 绿色或环保选择

本书作者恪守可持续发展的承诺，推荐本书中的旅游地点，例如支持本地社区和生产商，贯彻环保和友善的旅行方式，支持保护项目。

下列符号所代表的都是重要信息：

- ☏ 电话号码
- ⊙ 营业时间
- Ｐ 停车场
- ⊘ 禁止抽烟
- ❄ 空调
- @ 上网
- 📶 Wi-Fi
- 🏊 游泳池
- 🥬 素食菜品
- 🇬🇧 英语菜单
- 👨‍👩‍👧 适合家庭
- 🐾 允许携带宠物
- 🚌 公共汽车
- ⛴ 轮渡
- Ⓜ 地铁
- Ⓢ 城铁
- ⊖ 伦敦地铁
- 🚈 轻轨
- Ⓡ 铁路

根据作者偏好排列顺序。

地图图例

景点
- 🏊 海滩
- 🏯 佛教场所
- 🏰 城堡
- ✝ 基督教场所
- 🕉 印度教场所
- ☪ 伊斯兰教场所
- ✡ 犹太教场所
- 🗿 纪念碑
- 🏛 博物馆/美术馆
- 🏛 历史遗址
- 🍇 酒庄/葡萄园
- 🐾 动物园
- ◎ 其他景点

活动、课程和团队游
- 潜水/浮潜
- 划艇
- 滑雪
- 冲浪
- 游泳/游泳池
- 徒步
- 帆板
- 其他活动/课程/团队游

住宿
- 🏠 住宿场所
- ⛺ 露营地

就餐
- ⊗ 餐馆

饮品
- 🍷 酒吧
- ☕ 咖啡馆

娱乐
- 🎭 娱乐场所

购物
- 🛍 购物场所

实用信息
- 💲 银行
- 使领馆
- @ 网吧
- 医院/医疗机构
- 警察局
- 邮局
- 电话
- 公厕
- 旅游信息
- ℹ 其他信息

交通
- ✈ 机场
- 过境处
- 公共汽车
- 缆车/索道
- 自行车路线
- 轮渡
- 地铁
- 单轨铁路
- Ｐ 停车场
- 加油站
- 出租车
- 铁路/火车站
- 有轨电车
- 其他交通方式

路线
- 收费公路
- 高速公路
- 一级公路
- 二级公路
- 三级公路
- 小路
- 未封闭道路
- 购物中心/商业街
- 台阶
- 隧道
- 步行天桥
- 步行游览路
- 步行游览支路
- 小路

地理
- 🏠 棚屋/栖身所
- 灯塔
- 瞭望台
- ▲ 山峰/火山
- 绿洲
- 公园
-)(关隘
- 野餐区
- 瀑布

人口
- ❀ 首都、首府
- ◉ 一级行政中心
- ● 城市/大型城镇
- • 镇/村

境界
- 国界
- 州界/省界
- 未定国界
- 地区界/郊区界
- 海洋公园
- 悬崖
- 墙

水文
- 河流、小溪
- 间歇河
- 沼泽/红树林
- 暗礁
- 运河
- 水域
- 干/盐/间歇湖
- 冰川

地区特征
- 海滩/沙漠
- +++ 基督教墓地
- ××× 其他墓地
- 公园/森林
- 运动场
- 一般景点(建筑物)
- 重要景点(建筑物)

南极洲野生动物观赏指南

放眼望去，南极这片偏远的大陆到处是冰雪覆盖。连同大陆周围的南大洋，这里生活着世界上许多珍奇的物种。这些鲸鱼、企鹅、海豹及海鸟经过千万年的进化，在这片不寻常的环境里繁衍生长。同时，南极洲也是世界上近距离观赏野生动物的最佳地点之一。作为一个进入野生动物王国的看客，那种第一次在远海看到鲸跃，见到企鹅沿着海冰憨头憨脑地行走的感觉无与伦比。每一次南极洲旅行都几乎是一次野生动物观赏探险，所以，为这些惊鸿一瞥及精彩的不期而遇做好准备吧。

冰面上的阿德利企鹅和威德尔海豹

鲸鱼

南大洋中丰富的虾类吸引着地球上最大的哺乳动物：须鲸和齿鲸，前者有体型庞大的蓝鲸和数量众多的小须鲸（明克鲸），后者有逆戟鲸（杀人鲸）和抹香鲸。每年，这些大家伙们都会在回到北方进行繁殖交配前游至南极海域。观赏时就睁大双眼尽情享受吧！

座头鲸

1 座头鲸，由于其如岩石般厚重的身躯，相对于其他鲸类而言，游行速度较慢，但是，它们在海面上非常活跃，常常跃出水面，并用占身体总长近1/3的鲸鳍拍击水面。（见186页）

逆戟鲸（杀人鲸）

2 杀人鲸的游泳速度可高达55公里每小时，这在野生动物中是极其少见的。它们出生在数量高达50头的近亲鲸鱼族群中，该族群用自己独有的方言互相联络，并进行群体猎食。（见186页）

小须鲸（明克鲸）

3 这些小型鲸鱼是目前南大洋中数量最多的鲸种。它们的游泳速度极快且充满好奇心，常常靠近缓慢行驶的轮船，偶尔会群体猎食。（见186页）

蓝鲸

4 蓝鲸是地球上有史以来体型最大的动物。这个罕见的庞然大物的特别之处在于它习惯潜水时翘起尾鳍。预测，现存世数量约为2 300头，曾遭捕杀几乎濒临灭绝。

长须鲸

5 体型第二大的鲸鱼，成年长须鲸游泳速度可达37公里每小时。它们可以整个冬天不进食，而用其自身储藏的鲸脂作为能量消耗来源。（见185页）

从左上角顺时针
1. 跃出水面的座头鲸　2. 逆戟鲸和它的幼崽
3. 小须鲸

2

海豹

无论是懒洋洋地晒太阳，还是从冰上跃入南极洲的冰水之中，海豹总能给人一些极佳的观赏体验。象海豹和海狗的大规模的繁殖居住地集中在亚南极群岛的海岸上，南极洲的7种海豹种类中，还有几种海豹隐居在积冰之中。

食蟹海豹

1 这种以磷虾为食的海豹常年生活在积冰地带，其数量估测为1500万头，是世界上数量最多的大型动物（除人类以外）。观赏地点：积冰区域。（见188页）

威德尔海豹

2 威德尔海豹是南极洲的永久居民，它们性情温和，也是居于地球最南端的哺乳动物。它们用牙齿在冰层上凿开洞口用以潜水，幼崽在一周大时便开始学习游泳。观赏地点：大陆冰面。（见189页）

海狗（毛皮海豹）

3 这是最小型的海豹，同海狮和海狗有很近的亲缘关系。由于其毛皮的经济价值，在19世纪曾遭捕杀几乎濒临灭绝，但是目前数量已恢复。观赏地点：亚南极群岛。（见188页）

南象海豹

4 因该品种雄性海豹的大鼻子而得此名，这种最大的海豹在陆地上行走时动作笨拙而迟缓，但进入水中则姿态优美。已发现它们潜水深度可达2 000米，持续潜水时间可达2个小时。观赏地点：亚南极群岛、南极半岛。（见189页）

豹海豹

5 豹海豹仿佛为"奔跑"而生。它们体型修长，身体滑溜，大嘴巴，张开时露出锋利的犬牙及尖锐的臼齿。观赏地点：亚南极南部群岛的积冰上。（见188页）

从左上角顺时针

1.食蟹海豹　**2.**威德尔海豹和它的幼崽　**3.**南极海狗

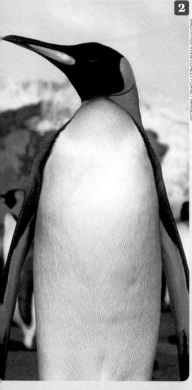

RALPH HOPKINS/LONELY PLANET IMAGES©

2

企鹅

　　对很多人而言，提到南极便马上会想到企鹅。这里生活着9种不同的企鹅——有一些仅生活在南部群岛上，而高傲的帝企鹅则一直生活在陆地上。可以欣赏它们潜水捕食，或在栖息地海岸上（或坚冰上）进行繁殖。

帝企鹅

1　南极洲色彩绚丽的大型企鹅，脖颈上有金色羽毛点缀。它们以冬季繁殖、深潜和令人惊异的生存技能而广为人知。观赏地点：威德尔海、毛德皇后地、恩德比地、伊丽莎白公主地和罗斯海。（见190页）

国王企鹅

2　与帝企鹅相比，国王企鹅与之外形相似但身形稍小，在靠近海岸的大型栖息地进行繁殖交配。观赏地点：亚南极群岛。（见191页）

帽带企鹅

3　此名源于它们头部下的黑色条纹，杂技演员帽带企鹅可以用腹部快速溜行（就像是一个"平底雪橇"），并且一跃之下可以跳出很长一段距离。观赏地点：南极半岛、南设得兰群岛、南乔治亚岛和南桑威奇群岛。（见190页）

马可罗尼企鹅

4　世界上数量最多的企鹅，同皇家企鹅有近亲关系。与其他长冠企鹅相比，马可罗尼企鹅的不同之处在于它橘色羽毛的"眉毛"及黑色脸颊。观赏地点：南乔治亚岛、Îles Crozet岛、Îles Kerguelen岛和南极半岛。（见190页）

阿德利企鹅

5　这种小小的穿着燕尾服的企鹅生活在整个南极洲大陆上的大型繁殖栖息地中，但在冬天会迁往向北600米。观赏地点：大陆海岸、南设得兰群岛、南奥克尼群岛、南桑威奇群岛。（见190页）

MICHAEL AW/LONELY PLANET IMAGES©

3

从顶部顺时针
1.帝企鹅和它们的幼崽　2.国王企鹅
3.帽带企鹅　4.马可罗尼企鹅

海鸟

不必成为鸟类研究学家，你同样可以在南大洋周边享受观鸟乐趣，从不可思议的独行侠漂泊信天翁，到大相径庭择地而栖的群居鸟。只有很少几个种类会在大陆上进行繁殖。在远洋，信天翁优雅地跟随着船只飞行；在近陆，鸬鹚扎入水中觅食。

信天翁

1 在柯勒律治（Coleridge）的诗歌《古舟子咏》（The Rime of the Ancient Mariner）中镌刻出了它不灭的形象。而羽翼宽大的信天翁也确不负盛名。它可以飞行数天进行觅食，行进里程达数百公里。观赏地点：亚南极群岛、海面上。（见192页）

贼鸥

2 南极贼鸥的特别之处在于它们是生活在地球最南端的鸟类：有些确实实曾出现在极地（或者是因为迷路？）。强悍的贼鸥既是腐食动物，也是具有侵略性的捕食者。观赏地点：亚南极洲群岛、南极半岛。（见195页）

鸬鹚

3 近岸捕食鸟类，离开大陆一般见不到其身影。起雾时，如果船边出现它们的身影则表明船正在靠近陆地。观赏地点：亚南极群岛、南极半岛。（见194页）

海燕

4 这种鸟类着陆只是为了繁殖交配，几乎所有种类都是在南大洋上绕着天空飞翔。南极洲海燕的不同之处在于只在陆地上繁殖交配。观赏地点：到处都可见。（见193页）

从左上角顺时针

1. 坎贝尔岛黑眉信天翁
2. 奥克兰群岛大贼鸥

我们的故事

一辆破旧的老汽车，一点点钱，一份冒险的感觉——1972年，当托尼（Tony Wheeler）和莫琳（Maureen Wheeler）夫妇踏上那趟决定他们人生的旅程时，这就是全部的行头。他们穿越欧亚大陆，历时数月到达澳大利亚。旅途结束时，风尘仆仆的两人灵机一闪，在厨房的餐桌上制作完成了他们的第一本旅行指南——《便宜走亚洲》(Across Asia on the Cheap)。仅仅一周时间，销量就达到了1500本。Lonely Planet从此诞生。

现在，Lonely Planet在墨尔本、伦敦、奥克兰、德里和北京都设有公司，有超过600名员工及作者。在中国，Lonely Planet被称为"孤独星球"。我们恪守托尼的信条："一本好的旅行指南应该做好三件事：有用、有意义和有趣"。

我们的作者

亚丽克西斯·艾弗巴克 (Alexis Averbuck)

曾有过一次在麦克默多站过夏、过冬的经历。在那里，她体验了城镇生活、也体会了难以想象的无聊。她观察了潜泳的帝企鹅和冰下的威德尔海豹。她陶醉在数周的日出日落中，陶醉在余晖中映射出的山峦和海冰。隆冬季节，她在一条冰沟中露营，观赏南极光。Alexis探索了冰岩，飞跃了埃里伯斯山，最终又到达了地理南极点。也在南极交到了一帮朋友。

南极永远地改变了她的生活。作为一个有着二十年经验的旅行作者，Alexis曾乘帆船横跨太平洋，出版了她在亚洲和美洲的游记。她现居伊德拉岛（Hydra）。她也曾为Lonely Planet撰写过《希腊》和《法国》。

南极给了她绘画的灵感，因为有些景致用言语实在难以表述。登录www.alexisaverbuck.com，可以看到她的画作，关于Alexis更多信息，请见lonelyplanet.com/members/alexisaverbuck。

特约作者
卡洛琳·麦卡锡 (Carolyn McCarthy)

撰写了本书的乌斯怀亚章节。除去她钟爱的目的地巴塔哥尼亚，Carolyn还参与了Lonely Planet十几本书的撰写。她同时还为《国家地理》(National Geographic)，《户外》(Outside)和《孤独星球》(Lonely Planet Traveller)等杂志撰稿。她的美洲博客地址是www.carolynswildblueyonder.blogspot.com。

南 极

中文第一版

书名原文：*Antarctica*（5th edition, Nov 2012）
© Lonely Planet 2013
本中文版由中国地图出版社出版

© 书中图片由图片提供者持有版权，2013

图书在版编目 (CIP) 数据

  南极 / 澳大利亚 LonelyPlanet 公司编；欧阳茜等译
.-- 北京：中国地图出版社，2013.9（2014.3 重印）
  书名原文：Antarctica
  ISBN 978-7-5031-8011-8

  Ⅰ . ①南… Ⅱ . ①澳… ②欧… Ⅲ . ①南极 – 普及读
物 Ⅳ . ① P941.61-49

  中国版本图书馆 CIP 数据核字 (2013) 第 198576 号

出版发行	中国地图出版社
社　　址	北京市白纸坊西街 3 号
邮政编码	100054
网　　址	www.sinomaps.com
印　　刷	北京华联印刷有限公司
经　　销	新华书店
成品规格	197mm × 128mm
印　　张	7.625
字　　数	400 千字
版　　次	2013 年 9 月第 1 版
印　　次	2014 年 3 月北京第 3 次印刷
定　　价	49.00 元
书　　号	ISBN 978-7-5031-8011-8/Z·114
审 图 号	GS（2013）2081 号
图　　字	01-2013-3108

如有印装质量问题，请与我社发行部（010-83543956）联系

Lonely Planet
（公司总部）ABN 36 005 607 983
Locked Bag 1, Footscray, Victoria 3011, Australia
电话：+61 3 8379 8000
传真：+61 3 8379 8111
联系：lonelyplanet.com/contact